学习资源展示

课堂案例·课堂练习·课后习题

课堂案例：制作花瓶
所在页码：44页
技术掌握：学习"CV曲线工具""控制顶点"编辑模式、"旋转"菜单命令的使用方法

课堂案例：制作茶壶
所在页码：49页
技术掌握：学习通过曲线制作NURBS模型的方法

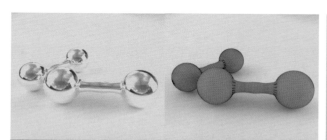

课堂案例：制作哑铃
所在页码：54页
技术掌握：学习创建NURBS基本体的方法

课堂案例：制作杯子
所在页码：62页
技术掌握：学习创建NURBS常用工具的运用

课堂练习：制作沙漏
所在页码：65页
技术掌握：掌握NURBS曲线、NURBS基本体建模的思路和方法

课后习题：制作高脚杯
所在页码：70页
技术掌握：练习"CV曲线工具""控制顶点"编辑模式、"移动工具""旋转"的使用方法

课堂案例：制作钻石
所在页码：74页
技术掌握：学习创建和编辑多边形基本体的方法

课堂案例：制作茶具
所在页码：78页
技术掌握：学习导入外部模型文件和对模型进行圆滑的方法

课堂案例：制作扳手
所在页码：88页
技术掌握：学习"创建多边形工具""分割多边形工具"以及"布尔"的使用方法

课堂练习：制作司南
所在页码：92页
技术掌握：学习多边形面片制作模型和软编辑模型的方法

课后习题：制作水晶
所在页码：94页
技术掌握：学习创建和编辑多边形基本体的方法

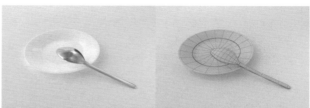

课后习题：制作餐具
所在页码：94页
技术掌握：练习通过多边形面片制作模型和软编辑模型以及"挤出"工具的使用方法

课堂案例：制作角色灯光雾
所在页码：97页
技术掌握：学习聚光灯、灯光雾的使用方法

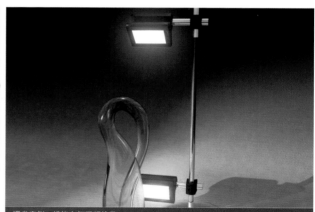

课堂案例：模拟台灯照明效果
所在页码：103页
技术掌握：学习"点光源"的使用方法、"辅助光"的补光方法

课堂案例：模拟自然照明效果
所在页码：106页
技术掌握：学习"光线跟踪阴影"的使用方法

课堂练习：模拟太阳光效果
所在页码：109页
技术掌握：学习"物理太阳和天空"的使用方法

课堂案例：测试景深效果
所在页码：113页
技术掌握：学习摄影机的创建方法、学习景深的制作方法

课后习题：制作景深效果
所在页码：122页
技术掌握：练习摄影机的创建方法、景深的制作方法

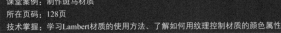

课堂案例：制作斑马材质
所在页码：128页
技术掌握：学习Lambert材质的使用方法、了解如何用纹理控制材质的颜色属性

课堂案例：制作卡通鲨鱼
所在页码：133页
技术掌握：学习Blinn材质的、"着色贴图"的使用方法

课堂案例：制作金属材质
所在页码：135页
技术掌握：学习Phong材质的使用方法

课堂案例：制作酒瓶标签
所在页码：140页
技术掌握：学习"蒙版纹理"的用法

课堂练习：制作玻璃材质
所在页码：146页
技术掌握：学习玻璃材质的制作方法

课堂练习：制作冰雕材质
所在页码：148页
技术掌握：练习冰雕材质的制作方法

课后习题：制作卡通材质
所在页码：150页
技术掌握：练习卡通材质的制作方法

课后习题：使用Blinn制作金属材质
所在页码：150页
技术掌握：练习使用Blinn材质制作金属的方法

课堂案例：用Maya软件渲染变形金刚
所在页码：153页
技术掌握：学习金属材质的制作方法、学习Maya软件渲染器的使用方法

课堂案例：用mental ray模拟全局照明
所在页码：159页
技术掌握：学习"全局照明"的使用方法

课堂案例：用mib_cie_d灯光节点调整色温
所在页码：161页
技术掌握：学习如何用mib_cie_d灯光节点调整灯光的色温

课堂练习：用mental ray制作葡萄
所在页码：170页
技术掌握：学习misss_fast_simple_maya材质

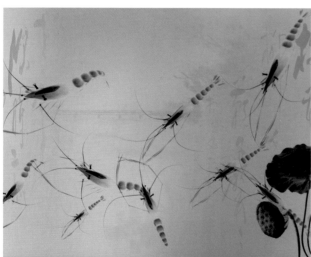

课堂练习：用"Maya软件"制作水墨画
所在页码：172页
技术掌握：练习水墨材质的制作方法及Maya软件渲染器的使用方法

课后习题：用mental ray制作焦散特效
所在页码：176页
技术掌握：学习"间接照明"选项卡的"焦散"选项的功能

课堂案例：制作帆船航行动画
所在页码：178页
技术掌握：学习如何为对象的属性设置关键帧

课堂案例：制作人体腹部运动
所在页码：188页
技术掌握：学习"抖动变形器"的使用方法

课堂案例：制作运动路径关键帧动画
所在页码：199页
技术掌握：学习"设定运动路径关键帧"命令的使用方法

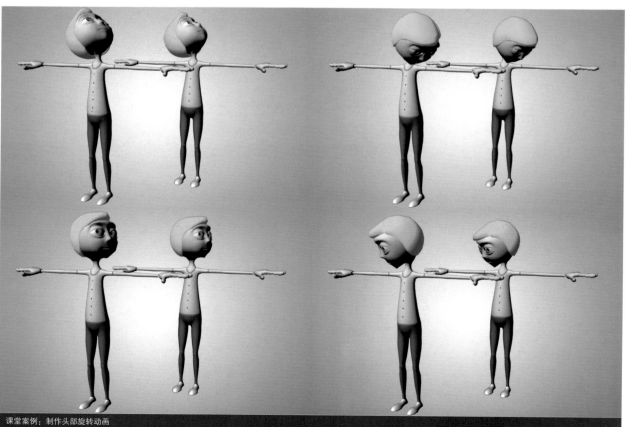

课堂案例：制作头部旋转动画
所在页码：202页
技术掌握：学习"方向"约束的使用方法

课堂练习：制作生日蜡烛
所在页码：206页
技术掌握：练习"扭曲""挤压""扩张"和"弯曲"变形器的使用方法

课后习题：制作路径动画
所在页码：208页
技术掌握：巩固"连接到运动路径"命令的使用方法

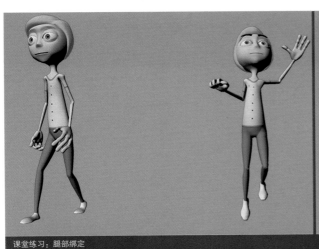

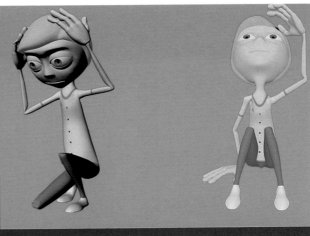

课堂练习：腿部绑定
所在页码：231页
技术掌握：练习腿部骨架绑定的方法

课堂案例：鲨鱼的刚性绑定与编辑
所在页码：219页
技术掌握：学习刚性绑定NURBS多面片角色模型、编辑角色模型刚性蒙皮变形效果

课堂案例：制作雪景特效
所在页码：236页
技术掌握：学习"粒子系统""动力场"的使用方法

课堂案例：台球动画
所在页码：247页
技术掌握：学习"刚体"的使用方法

课堂案例：制作海洋特效
所在页码：256页
技术掌握：学习"海洋"的使用方法

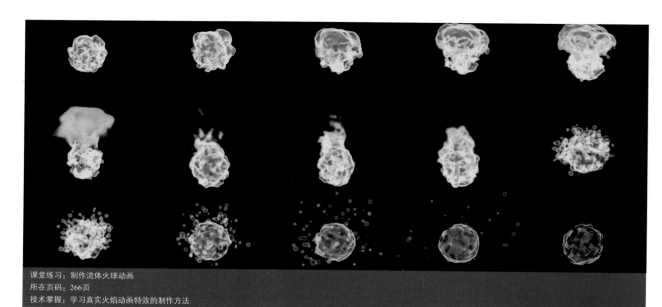

课堂练习：制作流体火球动画
所在页码：266页
技术掌握：学习真实火焰动画特效的制作方法

课后习题：制作深冬雪景
所在页码：268页
技术掌握：练习使用"粒子系统"制作雪景特效的方法

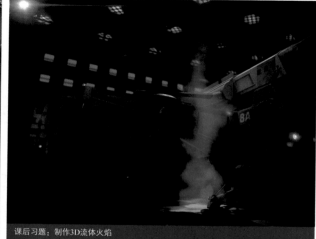

课后习题：制作3D流体火焰
所在页码：268页
技术掌握：练习制作3D流体特效的方法

中文版
Maya 2014
基础培训教程

张高萍 编著

人民邮电出版社
北 京

图书在版编目（CIP）数据

中文版Maya 2014基础培训教程 / 张高萍编著. --
北京：人民邮电出版社，2016.12
ISBN 978-7-115-43864-5

Ⅰ. ①中… Ⅱ. ①张… Ⅲ. ①三维动画软件－教材
Ⅳ. ①TP391.41

中国版本图书馆CIP数据核字(2016)第253056号

内 容 提 要

本书全面系统地介绍了 Maya 2014 的基本操作方法及实际运用，包含 Maya 的建模、灯光、摄影机、材质、纹理、渲染技术、动画技术和特效。本书针对零基础读者而编写，是入门级读者快速而全面掌握 Maya 2014 的必备参考书。

书中内容均以课堂案例为主线，通过对案例的实际操作，学生可以快速上手，熟悉软件功能和实例制作思路。书中的软件功能解析部分使学生可以深入学习软件功能；课后习题可以拓展学生的实际应用能力，提高学生的软件使用技巧；课堂练习是相对比较综合的案例实训，可以帮助学生快速掌握 Maya 的设计思路和方法，顺利达到实战水平。

本书的配套学习资源包括案例文件、素材文件、PPT 课件和多媒体教学视频，读者可通过在线方式获取这些资源，具体方法请参看本书前言。

本书适合作为院校和培训机构艺术专业课程的教材使用，也可以作为 Maya 2014 及 Maya 2014 以下所有版本自学人员的参考用书。

◆ 编　著　张高萍
　 责任编辑　张丹丹
　 责任印制　陈　犇

◆ 人民邮电出版社出版发行　　北京市丰台区成寿寺路 11 号
　 邮编　100164　　电子邮件　315@ptpress.com.cn
　 网址　http://www.ptpress.com.cn
　 三河市海波印务有限公司印刷

◆ 开本：787×1092　1/16
　 印张：16.75　　　　　　　　彩插：4
　 字数：493 千字　　　　　　2016 年 12 月第 1 版
　 印数：1 – 3 000 册　　　　 2016 年 12 月河北第 1 次印刷

定价：35.00 元

读者服务热线：(010)81055410　印装质量热线：(010)81055316
反盗版热线：(010)81055315

前　言

　　Maya是Autodesk公司旗下的三维制作软件之一，是通用的三维制作平台，具有应用范围广、用户群体多和综合性能强等特点。由于Maya功能强大、交互简易且效果突出，因此一直受CG艺术家的喜爱。Maya在模型塑造、场景渲染、动画及特效等方面都能制作出高品质的效果，这也使其在影视特效制作中占据重要地位。快捷的工作流程和批量化的生产使其也成为游戏行业不可缺少的软件工具。

　　目前，我国很多院校和培训机构的艺术专业，都将Maya作为一门重要的专业课程。为了帮助院校和培训机构的教师比较全面、系统地讲授这门课，帮助学生能够熟练地使用Maya进行影视、动画制作。我们对本书的编写体系做了精心的设计，按照"课堂案例——软件功能解析——课堂练习——课后习题"这一顺序进行编写，力求通过课堂案例演练使学生快速熟悉软件功能与制作思路；通过软件功能解析使学生深入学习软件功能和制作特色；通过课堂练习和课后习题拓展学生的实际操作能力。在内容编写方面，我们力求通俗易懂、细致全面；在文字叙述方面，我们注意言简意赅、突出重点；在案例选取方面，我们强调案例的针对性和实用性。

　　本书的配套学习资源中包含本书所有案例的场景文件和案例文件。同时，为了方便学生学习，本书还配备了所有案例和课后习题的大型多媒体有声视频教学录像，这些录像是专业人士录制的，详细记录了每一个步骤，尽量让学生一看就懂。另外，为了方便教师教学，本书还配备了PPT课件等丰富的教学资源，任课老师可直接拿来使用。

　　本书参考学时为64学时，其中教师讲授环节为40学时，学生实训环节为24学时，各章的参考学时如下表所示。

章序	课程内容	学时分配	
		讲授	实训
第1章	初识Maya	4	1
第2章	NURBS建模	4	3
第3章	多边形建模	4	3
第4章	灯光技术	4	2
第5章	摄影机技术	2	1
第6章	材质与纹理	6	3
第7章	渲染技术	4	3
第8章	基础动画	4	2
第9章	高级动画	4	3
第10章	动力学与特效	4	3
课程计时		40	24

　　本书所有的学习资源文件均可在线下载（或在线观看视频教程），扫描封底的"资源下载"二维码，关注我们的微信公众号即可获取资源文件下载方式。资源下载过程中如有疑问，可通过在线客服或客服电话与我们联系。在学习的过程中，如果遇到问题，也欢迎您与我们交流，我们将竭诚为您服务。

　　您可以通过以下方式来联系我们。

　　官方网站：www.iread360.com

　　客服邮箱：press@iread360.com

　　客服电话：028-69182687、028-69182657

编者

2016年10月

目　录

第7章 渲染技术 151

第8章 基础动画 177

第1章
初识Maya

本章将带领大家进入Maya 2014的神秘世界。本章先讲述Maya 2014的应用领域，然后介绍Maya 2014的工作界面组成，通过实例的方式让大家边操作边认识基本工具、各个组件的作用和使用方法。通过本章的学习，可以让大家对Maya 2014有个基本的认识，同时掌握其重要工具的使用方法。

本章学习要点

- Maya节点
- Maya的工作界面
- Maya的视图操作
- 对象的基本操作方法
- 编辑菜单的功能
- 修改菜单的功能
- 快捷菜单的功能
- 文件菜单的功能

1.1 Maya简介

Autodesk Maya是三维动画软件之一，由于Maya的强大功能，使其一直受到CG艺术家们的喜爱。

在Maya推出以前，三维动画软件大部分都应用于SGI工作站上，很多强大的功能只能在工作站上完成，而Alias公司推出的Maya采用了Windows NT作为作业系统的PC工作站，从而降低了制作要求，使操作更加简便，这样也促进了三维动画软件的普及。Maya继承了Alias所有的工作站级优秀软件的特性，界面简洁合理，操作快捷方便。

2005年10月Autodesk公司收购了Alias公司。Maya 2014的功能较之前的版本发生了很大的变化。

1.1.1 Maya的应用领域

作为一款优秀的三维动画软件，Maya在影视动画制作、电视与视频制作、游戏开发和数字出版等领域都占据着重要地位。

1.影视动画制作

在影视动画制作中，Maya是影视行业数字艺术家当之无愧的首选软件，它被广泛应用于影视特效制作。如《阿凡达》《变形金刚》和《复仇者联盟》等近年来的影视作品中的一些特效都是由Maya参与完成的，如图1-1和图1-2所示。

图1-1　　　　　　　　　　　　　图1-2

2.电视与视频制作

使用Maya不仅能够制作出优秀的动画，还能够制作出非常绚丽的镜头特效，现在很多广播电影公司都采用Maya来制作镜头特效，如图1-3和图1-4所示。

图1-3　　　　　　　　　　　　　图1-4

3.游戏开发

Maya被应用于游戏开发，是因为它不仅能用来制作流畅的动画，还提供了非常直观的多边形建模和UV贴图工作流程、优秀的关键帧技术、非线性以及高级角色动画编辑工具等，如《使命召唤》和《刺客信条》等游戏就是由Maya参与开发的，如图1-5和图1-6所示。

图1-5　　　　　　　　　　　　　图1-6

4.数字出版

现在很多数字艺术家都将Maya作为制作印刷载体、网络出版物、多媒体和视频内容编辑的重要工具，因为将Maya制作出的3D图像融合到实际项目中可以使作品更加具有创意优势。

1.1.2 Maya 2014的安装要求

每升级一次软件，除了更新功能以外，对于计算机硬件和系统的需求也会越来越高。在一般情况下，Maya 2014适用于Windows 8专业版、Windows7专业版，中英文都可以。另外，显卡驱动性能建议支持DirectX 11、OpenGL Legacy和GL4 Core Profile。

Maya 2014只有64位版本，没有32位版本。Maya 2014对系统的要求有如下6点。

第1点：支持的系统包括Microsoft® Windows® 10、Windows® 8.1专业版、Windows® 7 (SP1)、Apple® Mac OS® X 10.9.5 and 10.10.x、Red Hat® Enterprise Linux® 6.5 WS和CentOS 6.5 Linux。

第2点：需要的浏览器包括Apple® Safari®、Google Chrome™、Microsoft® Internet Explorer®和Mozilla® Firefox®，建议安装最新版本。

第3点：64位Intel®或者AMD®的多核处理器。

第4点：4GB的RAM是最低要求，建议是8GB的RAM。

第5点：4GB的可用磁盘空间，用于安装Maya 2014。

第6点：三键鼠标。

1.2 Maya的节点

Maya是一个节点式的软件，里面的对象都是由一个个节点连接组成的，为了帮助大家理解，下面举例进行说明。

1.2.1 课堂案例：认识层次节点

场景位置	Scenes>CH01>A1>A1.mb
实例位置	Examples>CH01>A1>A1.mb
难易指数	★☆☆☆☆
技术掌握	认识Maya的层级关系

（1）启动Maya 2014，打开素材文件夹中的Scenes>CH01>A1>A1.mb文件，如图1-7所示。

图1-7

疑难问答

问：如何打开场景文件？

答：执行"文件>打开场景"菜单命令或按快捷键Ctrl+O，可以打开场景文件。还有一种更简便的方法，即直接将要打开的场景文件拖曳到视图中。

（2）选择两个豹模型，然后执行"编辑>分组"菜单命令或按快捷键Ctrl+G，将两个模型群组在一起，如图1-8所示。

（3）执行"窗口>大纲视图"菜单命令，打开"大纲视图"对话框，如图1-9所示，在该对话框中可以观察到场景对象的层级关系。

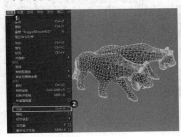

图1-8

图1-9

（4）执行"窗口>Hypergraph:层次"菜单命令，打开"Hypergraph 层次"对话框，如图1-10所示，在该对话框也可以观察到场景对象的层级关系。

图1-10

提示 从图1-10中可以观察到对象group 1是由a和a1组成的，在这里可以把a和a1看成是两个节点，而group 1是由节点a和节点a1通过某种方式连接在一起组成的。

通过这个实例可以对节点有个初步的了解，下面将通过材质节点来加深对节点的理解。

1.2.2 课堂案例：认识材质节点

场景位置	Scenes>CH01>A2>A2.mb
实例位置	Examples>CH01>A2>A2.mb
难易指数	★☆☆☆☆
技术掌握	认识Maya的材质节点

（1）打开素材文件夹中的Scenes>CH01>A2>A2.mb文件，如图1-11所示。

图1-11

（2）执行"窗口>渲染编辑器>Hypershade"菜单命令，打开Hypershade对话框，可以观察到已经创建了5个材质，如图1-12所示。

图1-12

疑难问答

问：为什么材质窗口中有8个材质球，而创建的却是5个材质呢？

答：另外3个材质是基本材质。很多材质都是基于这3种材质来创建的，在后面的内容中将详细讲解这3种材质的用法。

（3）选择Gift10材质球，然后单击工具栏上的"输入和输出链接"按钮，展开Gift10材质球的节点网络，如图1-13所示；同时在Maya界面的右边会显示出Gift10材质的"属性编辑器"对话框，如图1-14所示。

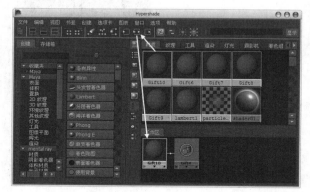

图1-13

图1-14

（4）单击"颜色"属性后面的按钮，如图1-15所示，打开"创建渲染节点"对话框，然后单击"文件"节点；接着在"文件属性"卷展栏下单击"图像名称"后面的按钮，最后在弹出的对话框中选择素材文件夹中的Examples>CH01>A2>3duGiftText5.jpg文件，如图1-16所示。

图1-15

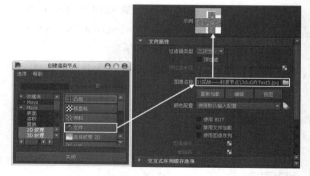

图1-16

（5）按6键以材质方式显示场景对象，效果如图1-17所示，然后用相同的方法为另外几个模型赋予贴图，完成后的效果如图1-18所示。

图1-17

图1-18

（6）Gift10材质的节点结构，如图1-19所示。Gift10材质由3个材质节点组成，其中Gift10的Phone材质是最基本的材质节点，可以用来控制一些基本属性，如颜色、反射、透明度等；file1是一个2D纹理节点，可以将file1节点连接到Gift10材质节点的颜色属性上，这样颜色就会被贴图颜色所替换；最左侧的是一个2D坐标节点，用来控制二维贴图纹理的贴图方式。

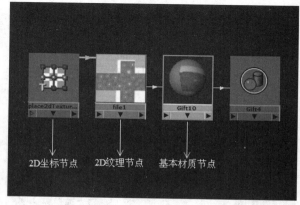

图1-19

1.3 Maya 2014的工作界面

Maya的工作界面是非常灵活的。用户可根据需要，自由地进行布置，以满足不同用户的需求。

1.3.1 课堂案例：自定义Maya工作界面

场景位置	无
实例位置	无
难易指数	★☆☆☆☆
技术掌握	学习如何设置工作界面

（1）打开中文版Maya 2014，工作界面如图1-20所示。

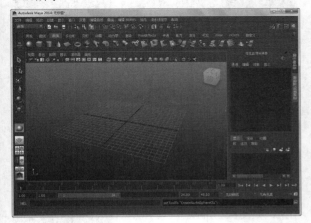

图1-20

（2）按快捷键Alt+B（可多次操作），如图1-21所示，视图背景颜色发生了变化，大家可以用此方法来选择喜欢的背景。

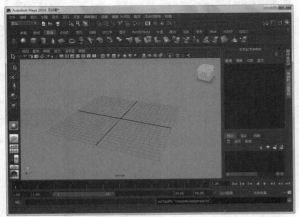

图1-21

（3）双击"通道盒/编辑器"的标题处，如图1-22所示，此时"通道盒/编辑器"会呈浮动状态，如图1-23所示。

图1-22

图1-23

（4）执行"显示>显示UI"菜单命令，在弹出的列表中取消选择"工具架""时间滑块""范围滑块""命令行""帮助行""属性编辑器""通道盒/层编辑器"选项，如图1-24所示。选择完成后，工作界面如图1-25所示，此时工作界面的视图很大，比较利于创建模型。

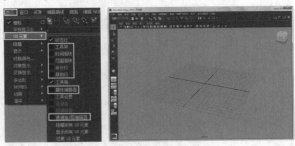

图1-24　　　　　　　　　　　　图1-25

提示 这里笔者是根据自己的习惯来设置的工作界面，读者在了解其工作界面后，可以根据自己的喜好来设置自己的工作界面。

1.3.2 操作界面的组成元素

在安装好中文版Maya 2014以后，可以采用以下两种方法来启动Maya。

第1种：在桌面上双击快捷图标 即可启动软件。图1-26所示为Maya 2014的启动画面。

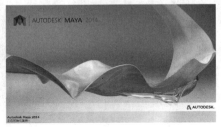

图1-26

第2种：执行"开始>所有程序>Maya 2014"命令，如图1-27所示。

图1-27

技术专题01 使用基本技能影片

在启动Maya 2014时，会弹出一个"1分钟启动影片"对话框，如图1-28所示。在该对话框中列出了6个基本技能影片，用户只需要单击相应的影片即可在播放器中进行观看。

图1-28

如果不想在启动软件时弹出"1分钟启动影片"对话框，可以在该对话框的左下角选择"启动时显示此"选项，

如图1-29所示。如果要重新打开"基本技能影片"对话框，可以执行"帮助>1分钟启动影片"菜单命令，如图1-30所示。

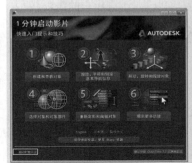

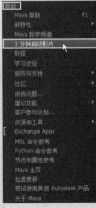

图1-29　　　　　　图1-30

1.设置新特性亮显

在初次启动Maya 2014时，会弹出一个"新特性亮显设置"对话框，如图1-31所示。在该对话框中选择"亮显新特性"选项，然后单击"确定"按钮 确定 ，Maya 2014的新功能便会在操作界面中以高亮绿色显示出来，如图1-32所示。

图1-31　　　　　　图1-32

如果不想让新功能以绿色高亮显示出来，可以在"帮助>新特性"菜单下关闭"亮显新特性"选项，如图1-33所示，或者在"新特性亮显设置"对话框中关闭"启动时显示此"选项。

图1-33

2.界面组成元素

启用完成后将进入Maya 2014的操作界面，如图1-34所示。Maya 2014的操作界面由11个部分组成，分别是标题栏、菜单栏、状态行、工具架、工具箱、工作区、通道盒/层编辑器、时间滑块、范围滑块、命令行和帮助行。

图1-34

3.设置界面UI元素

在工作时，往往只需要将一部分界面元素显示出来，这时可以将界面隐藏起来。隐藏界面的方法有很多，这里主要介绍下面两种。

第1种：在"显示>UI元素"菜单下选择或关闭相应的选项可以"显示/隐藏"对应的界面元素，如图1-35所示。

图1-35

第2种：执行"窗口>设置/首选项>首选项"菜单命令，打开"首选项"对话框；然后在左侧选择"UI元素"选项；接着选中要显示或隐藏的界面元素；最后单击"保存"按钮 保存 即可，如图1-36所示。

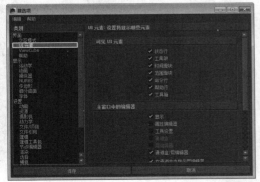

图1-36

疑难问答

问：如何恢复默认的首选项设置？

答：如果要恢复到默认状态，可以在"首选项"对话框中执行"编辑>还原默认设置"命令，将所有的首选项设置恢复到默认状态。

1.3.3 标题栏

标题栏用于显示文件的一些相关信息，如当前使用的软件版本、目录和文件等，如图1-37所示。

图1-37

1.3.4 菜单栏

菜单栏包含了Maya所有的命令和工具，因为Maya的命令非常多，无法在同一个菜单栏中显示出来，所以Maya采用模块化的显示方法。除了10个公共菜单命令外，其他的菜单命令都归纳在不同的模块中，这样菜单结构就一目了然，如"动画"模块的菜单栏可以分为3个部分，分别是公共菜单、动画菜单和帮助菜单，如图1-38所示。

图1-38

15

1.3.5 状态栏

状态栏中主要是一些常用的视图操作按钮，如模块选择器、选择层级、捕捉开关和编辑器开关等，如图1-39所示。

模块选择器　场景管理　　选择模式　　选择遮罩　　　捕捉开关　　历史开关　渲染　　　　　　　编辑器开关

图1-39

 疑难问答

问：为何状态栏中的工具那么少？

答：在默认情况下，状态栏中的某些工具图标是没有显示出来的，如果要显示所有的工具图标，可以单击▶图标进行操作；如果要隐藏某些工具图标，可以单击▌图标进行操作。

1.模块选择器

模块选择器主要是用来切换Maya的功能模块，从而改变菜单栏上相对应的命令，共有6大模块。分别是"动画"模块、"多边形"模块、"曲面"模块、"动力学"模块、"渲染"模块和nDynamics模块。6大模块下面的"自定义"模块主要用于自定义菜单栏，如图1-40所示，制作一个符合自己习惯的菜单组可以大大提高工作效率。按快捷键F2~F6可以切换相对应的模块。

图1-40

2.场景管理

管理场景的工具包含3个，分别是"创建新场景"▣、"打开场景"▱和"保存当前场景"▤。

功能介绍

创建新场景▣：对应"文件>新建场景"菜单命令，用于创建新场景。

打开场景▱：对应"文件>打开场景"菜单命令，用于打开场景文件。

保存当前场景▤：对应"文件>保存场景"菜单命令，用于保存场景文件。

提示 新建场景、打开场景和保存场景对应的快捷键分别是Ctrl+N、Ctrl+O和Ctrl+S。

3.选择模式

选择模式的工具包含4个，具体介绍如下。

功能介绍

选择模式菜单 对象　：设置可以使用"选择工具"▶选择组件类型。

按层级和组合选择▣：可以选择成组的物体。

按对象类型选择▣：使选择的对象处于物体级别，在此状态下，后面选择的遮罩将显示物体级别下的遮罩工具。

按次组件类型选择▣：举例说明，在Maya中创建一个多边形球体，这个球是由点、线、面构成的，这些点、线、面就是次物体级别，可以通过这些点、线、面再次对创建的对象进行编辑。

4.捕捉开关

捕捉开关的工具包含4个，具体介绍如下。

功能介绍

捕捉到栅格▣：将对象捕捉到栅格上。当激活该按钮时，可以将对象在栅格点上进行移动。快捷键为X键。

捕捉到曲线▣：将对象捕捉到曲线上。当激活该按钮时，操作对象将被捕捉到指定的曲线上。快捷键为C键。

捕捉到点▣：将选择对象捕捉到指定的点上。当激活该按钮时，操作对象将被捕捉到指定的点上。快捷键为V键。

捕捉到视图平面▣：将对象捕捉到视图平面上。

5.渲染工具

渲染工具包含4个，具体介绍如下。

功能介绍

打开渲染视图▣：单击该按钮可打开"渲染视图"对话框，如图1-41所示。

渲染当前帧（Maya软件）▣：单击该按钮可以渲染当前所在帧的静帧画面。

图1-41

IPR渲染当前帧（Maya软件）▣：一种交互式操作渲染，其渲染速度非常快，一般用于测试渲染灯光和材质。

显示"渲染设置"窗口（Maya软件）▣：单击该按钮可以打开"渲染设置"对话框，如图1-42所示。

图1-42

6.编辑器开关

编辑器开关的工具包含3个，具体介绍如下。

功能介绍

显示或隐藏属性编辑器 ：单击该按钮可以打开或关闭"属性编辑器"对话框。

显示或隐藏工具设置 ：单击该按钮可以打开或关闭"工具设置"对话框。

显示或隐藏通道盒/层编辑器 ：单击该按钮可以打开或关闭"通道盒/层编辑器"。

> **提示** 以上讲解的都是一些常用按钮的功能，其他按钮的功能介绍将在后面的实例中进行详细讲解。

1.3.6 工具架

"工具架"在状态栏的下面，如图1-43所示。

图1-43

Maya的"工具架"非常有用，它集合了Maya各个模块下最常用的命令，并以图标的形式分类显示在"工具架"上。这样，每个图标就相当于相应命令的快捷链接，只需要单击该图标，就等效于执行相应的命令。

"工具架"分上下两部分，最上面一层称为标签栏。标签栏下方放置图标的一栏称为工具栏，标签栏上的每一个标签都有文字，每个标签实际对应着Maya的一个功能模块，如"曲面"标签下的图标集合对应的就是曲面建模的相关命令，如图1-44所示。

图1-44

单击"工具架"左侧的"更改显示哪个工具架选项卡"按钮 ，在弹出的菜单中选择"自定义"

命令可以自定义一个"工具架"，如图1-45所示。这样可以将常用的工具放在"工具架"中，形成一套自己的工作方式，还可以单击"用于修改工具架的项目菜单"按钮 ，在弹出的菜单中选择"新建工具架"命令，这样可以新建一个"工具架"，如图1-46所示。

图1-45

图1-46

1.3.7 工具箱

Maya的"工具箱"在整个界面的最左侧，这里集合了选择、平移、旋转和缩放等常用工具，如图1-47所示。

选择工具
套索工具
绘制选择工具
移动工具
旋转工具
缩放工具

通用操纵器（最后使用的工具）

图1-47

> **提示** 这些工具非常重要，其具体操作方法将在后面的内容中进行详细讲解。

1.3.8 快捷布局工具

在"工具箱"的下方，还有一排控制视图显示样式的工具，如图1-48所示。

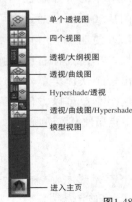

单个透视图
四个视图
透视/大纲视图
透视/曲线图
Hypershade/透视
透视/曲线图/Hypershade
模型视图

进入主页

图1-48

提示 Maya将一些常用的视图布局集成在这些按钮中，通过单击这些按钮可快速切换各个视图。如单击第1个按钮就可以快速切换到单一的透视图，单击第2个按钮则是快速切换到四视图，其他几个按钮是Maya内置的几种视图布局，用来配合在不同模块下进行工作。

1.3.9 工作区

Maya的工作区是作业的主要活动区域，大部分工作都在这里完成。图1-49所示为一个透视图的工作区。

图1-49

提示 Maya中所有的建模、动画和渲染都需要通过这个工作区来进行观察，可以形象地将工作区理解为一台摄影机，摄影机从空间45°来观察Maya的场景运作。

1.3.10 通道盒/层编辑器

"通道盒"是用于编辑对象属性的最快最高效的主要工具，而"层编辑器"可以显示3个不同的编辑器来处理不同类型的层。

1.通道盒

"通道盒"用来访问对象的节点属性，如图1-50所示。通过它可以方便地修改节点的属性，单击鼠标右键会弹出一个快捷菜单，通过这个菜单可以方便地为节点属性设置动画。

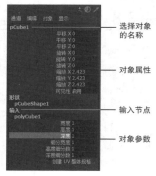

图1-50

提示 这里的"通道盒"只列出了部分常用的节点属性，而完整的节点属性需要在"属性编辑器"对话框中进行修改。

参数详解

通道：该菜单包含设置动画关键帧、表达式等属性的命令，和在对象属性上单击右键弹出的菜单一样，如图1-51所示。

图1-51

编辑：该菜单主要用来编辑"通道盒"中的节点属性。

对象：该菜单主要用来显示选择对象的名字。对象属性中的节点属性都有相应的参数，如果需要修改这些参数，可以选中这些参数后直接输入要修改的参数值，然后按Enter键即可。移动光标选出一个范围可以同时改变多个参数，也可以在按住Shift键的同时选中这些参数后再对其进行相应的修改。

显示：该菜单主要用来显示"通道盒"中的对象节点属性。

提示 有些参数设置框用"启用"和"关闭"来表示开关属性，在改变这些属性时，可以用0和1来代替，1表示"启用"，0表示"关闭"。

另外还有一种修改参数属性的方法。先选中要改变的属性前面的名称，然后用鼠标中键在视图中拖曳光标就可以改变其参数值。单击按钮将其变成按钮，此时就关闭鼠标中键的上述功能，再次单击按钮会出现3个按钮。按钮表示再次开启用鼠标中键改变属性功能；按钮表示用鼠标中键拖曳光标时属性变化的快慢，按钮的绿色部分越多，表示变化的速度越快；按钮表示变化速度成直线方式变化，也就是表示变化速度是均匀的，再次单击它会变成按钮，表示变化速度成加速度增长。如果要还原到默认状态，可再次单击按钮。

2.层编辑器

Maya中的层有3种类型，分别是显示层、渲染和动画，具体介绍如下。

功能介绍

显示层：用来管理放入层中的物体是否被显示出来，可以将场景中的物体添加到层内，在层中可以对其进行隐藏、选择和模板化等操作，如图1-52所示。

渲染：可以设置渲染的属性，通常所说的"分层渲染"就在这里进行设置，如图1-53所示。

动画： 可以对动画设置层，如图1-54所示。

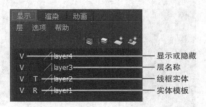

图1-52

提示 单击 ✎ 按钮可以打开"编辑层"对话框，如图1-55所示。在该对话框中可以设置层的名称、颜色、是否可见和是否使用模板等，设置完毕后单击"保存"按钮可以保存修改的信息。

图1-55

图1-53　　　　　　　　图1-54

1.3.11　动画控制区

动画控制区主要用来制作动画，可以方便地进行关键帧的调节。在这里可以手动设置节点属性的关键帧，也可以自动设置关键帧，同时也可以设置播放起始帧和结束帧等，如图1-56所示。动画控制区的右侧是一些与动画播放相关的设置按钮。

设置动画的开始时间　设置播放范围的开始时间　设置动画的开始时间　　　设置播放范围的结束时间　　设置动画的结束时间　　设置当前时间　　动画首选项

图1-56

功能介绍

转至播放范围开头 ｜◀：将当前所在帧移动到播放范围的起点。

后退一帧 ◀｜：将当前帧向后移动一帧，快捷键为Alt+,（逗号）。

后退到前一关键帧 ◀｜：返回到上一个关键帧，快捷键为,（逗号）。

向后播放 ◀：从右至左反向播放。

向前播放 ▶：从左至右正向播放。

前进到下一关键帧 ▶｜：将当前帧前进到下一个关键帧，快捷键为.（句号）。

前进一帧 ▶｜：将当前帧向前移动一帧，快捷键为Alt+.（句号）。

转至播放范围末尾 ▶｜：将当前所在的帧移动到播放范围的最后一帧。

1.3.12　命令栏

命令栏是用来输入Maya的MEL命令或脚本命令的地方，如图1-57所示。Maya的每一步操作都有对应的MEL命令，所以Maya的操作也可以通过命令栏来实现。

命令输入栏　　　　　　　　　　　　　错误提示栏　　　　　　　　　　　　脚本编辑器

图1-57

1.3.13　帮助栏

帮助栏是向用户提供帮助的地方，用户可以通过它得到一些简单的帮助信息，给学习带来了很大的方便。当光标放在相应的命令或按钮上时，在帮助栏中都会显示出相关的说明；当旋转或移动视图时，在帮助栏里会显示相关坐标信息，给用户直观的数据信息，这样可以大大提高操作精度，如图1-58所示。

显示工具和当前选择的简短帮助提示

图1-58

1.4 视图操作

使用任何一款软件，首先除了了解该软件的界面构架，还要熟练地进行视图操作。众所周知，在众多主流的三维软件中，Maya的视图操作是最方便、最人性化的。

1.4.1 课堂案例：为摄影机视图创建书签

场景位置	Scenes> CH01>A4>A4.mb
实例位置	Examples> CH01>A4>A4.mb
难易指数	★☆☆☆☆
技术掌握	学习如何创建摄影机视角书签

（1）打开素材文件夹中的Scenes>CH01>A4>A4.mb文件，如图1-59所示。

（2）执行"创建>摄影机>摄影机和目标"菜单命令，在场景中创建一盏目标摄影机，如图1-60所示。

图1-59

图1-60

（3）调整好摄影机与对象的距离和角度，如图1-61所示；然后执行视图菜单中的"面板>透视>camera1"命令，将视图调整成摄影机视图，如图1-62所示。

图1-61

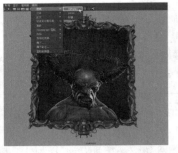
图1-62

（4）执行视图菜单中的"视图>书签>编辑书签"命令，打开"书签编辑器"对话框；然后单击"新建书签"按钮 新建书签 ，将当前视角创建为书签，如图1-63所示。

（5）单击"添加到工具架"按钮 添加到工具架 ，可以将书签放到"工具架"中，单击书签图标，即可快速将视图切换到刚才设置好的视图，如图1-64所示。

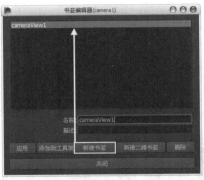

图1-63　　　　　　　　　　图1-64

疑难问答

问：如何删除工具架书签？

答：如果要删除工具架上的书签，可以使用鼠标中键将其拖到"工具架"最右侧的"垃圾桶"按钮 上。

1.4.2 课堂案例：观察灯光照射范围

场景位置	Scenes> CH01>A5>A5.mb
实例位置	Examples> CH01>A5>A5.mb
难易指数	★☆☆☆☆
技术掌握	学习如何在视图中观察灯光的照射范围

（1）打开素材文件夹中的Scenes>CH01>A5>A5.mb文件，如图1-65所示。

（2）执行"创建>灯光>聚光灯"菜单命令，在透视图中创建一盏聚光灯，然后按W键激活"移动工具" ，接着将聚光灯拖曳到图1-66所示的位置。

图1-65　　　　　　　　　　图1-66

（3）保持对聚光灯的选择，执行视图菜单中的"面板>沿选定对象观看"命令；接着旋转并移动视图，圈内为灯光所能照射的范围，通过调整视图的位置可以改变灯光的照射范围，如图1-67所示。

图1-67

1.4.3 视图的基本控制

在Maya的视图中可以很方便地进行旋转、缩放和推移等操作，每个视图实际上都是一个摄影机，对视图的操作也就是对摄影机的操作。

在Maya里有两大类摄影机视图，一种是透视摄影机，也就是透视图，随着距离的变化，物体大小也会随着变化；另一种是平行摄影机，这类摄影机里只有平行光线，不会有透视变化，其对应的视图为正交视图，如顶视图和前视图。

1.旋转视图

对视图的旋转操作只针对透视摄影机类型的视图，因为正交视图中的旋转功能是被锁定的。

> **提示** 可使用快捷键Alt+鼠标左键对视图进行旋转操作，若想让视图在以水平方向或垂直方向为轴心的单方向上旋转，可以使用快捷键Shift+Alt+鼠标左键来完成水平或垂直方向上的旋转操作。

2.移动视图

在Maya中，移动视图实质上就是移动摄影机。

> **提示** 可使用快捷键Alt+鼠标中键来移动视图，同时也可以使用快捷键Shift+Alt+鼠标中键在水平或垂直方向上进行移动操作。

3.缩放视图

缩放视图可以将场景中的对象进行放大或缩小显示，实质上就是改变视图摄影机与场景对象的距离，可以将视图的缩放操作理解为对视图摄影机的操作。

> **提示** 可使用快捷键Alt+鼠标右键或快捷键Alt+鼠标左键+鼠标中键对视图进行缩放操作；用户也可以使用快捷键Ctrl+Alt+鼠标左键选择出一个区域，使该区域放大到最大。

4.使选定对象最大化显示

在选定某个对象的前提下，可以使用F键将所选择对象在当前视图最大化显示。最大化显示的视图是根据光标所在位置来判断的，将光标放在想要放大的区域内，再按F键就可以将选择的对象最大化显示在视图中。

> **提示** 使用快捷键Shift+F可以一次性将全部视图进行最大化显示。

5.使场景中所有对象最大化显示

按A键可以将当前场景中的所有对象全部最大化显示在一个视图中。

> **提示** 使用快捷键Shift+A可以将场景中的所有对象全部显示在所有视图中。

1.4.4 创建视图书签

在操作视图时，如果对当前视图的角度非常满意，可以执行视图菜单中的"视图>书签>编辑书签"命令，打开"书签编辑器"对话框，如图1-68所示。然后在该对话框中记录下当前的角度。

图1-68

参数详解

名称： 当前使用的书签名称。

描述： 对当前书签输入相应的说明，也可以不填写。

应用 [应用]：将当前视图角度改变成当前书签角度。

添加到工具架 [添加到工具架]：将当前所选书签添加到工具架上。

新建书签 [新建书签]：将当前摄影机角度记录成书签，这时系统会自动创建一个名字cameraView1、cameraView2、cameraView……（数字依次增加），创建后可以再次修改名字。

新建二维书签 [新建二维书签]：创建一个2D书签，可以应用当前的平移/缩放设置。

删除 [删除]：删除当前所选择的书签。

> **提示** Maya默认状态下带有几个特殊角度的书签，可以方便用户直接切换到这些角度，在视图菜单"视图>预定义书签"命令下，分别是透视、前、顶、右侧、左侧、后和底，如图1-69所示。

图1-69

1.4.5 视图导航器

Maya提供了一个非常实用的视图导航器，如图1-70所示。在视图导航器上可以任意选择想要的特殊角度。

图1-70

视图导航器的参数可以在"首选项"对话框里进行修改。执行"窗口>设置/首选项>首选项"菜单命令，打开"首选项"对话框，然后在左边选择ViewCube选项，显示出视图导航器的设置选项，如图1-71所示。

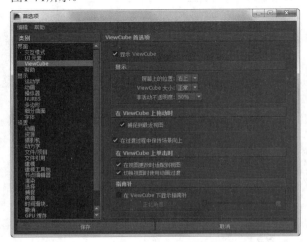

图1-71

参数详解

显示ViewCube：选择该选项后，可以在视图中显示出视图导航器。

屏幕上的位置：设置视图导航器在屏幕中的位置，共有"右上""右下""左上"和"左下"4个位置。

ViewCube大小：设置视图导航器的大小，共有"大""正常"和"小"3种大小。

非活动不透明度：设置视图导航器的不透明度。

在ViewCube下显示指南针：选择该选项后，可以在视图导航器下面显示出指南针，如图1-72所示。

图1-72

正北角度：设置视图导航器的指南针的角度。

提示 在执行错误的视图操作后，可以执行视图菜单中的"视图>上一个视图"或"下一视图"命令恢复到相应的视图中，执行"默认视图"命令则可以恢复到Maya启动时的初始视图状态。

1.4.6 摄影机工具

对视图的旋转、移动和缩放等操作都有与之相对应的命令，全部都集中在"视图"菜单下的"摄影机工具"菜单中，如图1-73所示。

图1-73

参数详解

侧滚工具：用来旋转视图摄影机，快捷键为Alt+鼠标左键。

平移工具：用来在水平线上移动视图摄影机，快捷键为Alt+鼠标中键。

推拉工具：用来推移视图摄影机，快捷键为Alt+鼠标右键或Alt+鼠标左键+鼠标中键。

缩放工具：用来缩放视图摄影机，以改变视图摄影机的焦距。

侧滚工具：可以左右摇晃视图摄影机。

方位角仰角工具：可以对正交视图进行旋转操作。

偏转-俯仰工具/飞行工具：这两个工具都是不改变视图摄影机的位置而直接旋转摄影机，从而改变视图。

1.4.7 视图布局

视图布局也就是展现在前面的视图分布结构，良好的视图布局有利于提高工作效率。图1-74所示为调整视图布局的命令。

图1-74

参数详解

透视：用于创建新的透视图或者选择其他透视图。

立体：用于创建新的正交视图或者选择其他正交视图。

沿选定对象观看：通过选择的对象来观察视图，该命令可以以选择对象的位置为视点来观察场景。

面板：该命令里面存放了一些编辑对话框，可以通过它来打开相应的对话框。

Hypergraph面板：用于切换"Hypergraph层次"视图。

布局：该菜单中存放了一些视图的布局命令。

保存的布局：这是Maya的一些默认布局，和左侧"工具箱"内的布局一样，可以很方便地切换到想要的视图。

撕下：将当前视图作为独立的对话框分离出来。

撕下副本：将当前视图复制一份出来作为独立对话框。

面板编辑器：如果对Maya所提供的视图布局不满意，可以在这里编辑出想要的视图布局。

> **提示** 如果场景中创建了摄影机，可以通过"面板>透视"菜单中相应的摄影机名字来切换到对应的摄影机视图，也可以通过"沿选定对象观看"命令来切换到摄影机视图。"沿选定对象观看"命令不只限于将摄影机切换作为观察视点，还可以将所有对象作为视点来观察场景，因此常使用这种方法来调节灯光，可以很直观地观察到灯光所照射的范围。

1.4.8 面板对话框

面板对话框主要用来编辑视图布局，打开面板对话框的方法主要有以下4种。

第1种：执行"窗口>保存的布局>编辑布局"菜单命令。

第2种：执行"窗口>设置/首选项>面板编辑器"菜单命令。

第3种：执行视图菜单中的"面板>保存的布局>编辑布局"命令。

第4种：执行视图菜单中的"面板>栏目编辑器"命令。

打开的"面板"对话框如图1-75所示。

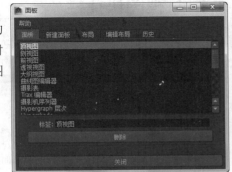

图1-75

参数面板

面板：显示已经存在的面板，与"视图>面板"菜单里面的各类选项相对应。

新建面板：用于创建新的栏目。

布局：显示现在已经保存的布局和创建新的布局，并且可以改变布局的名字。

编辑布局：该选项卡下的"配置"选项主要用于设置布局的结构；"内容"选项主要用于设置栏目的内容。

历史：设置历史记录中储存的布局，可以通过"历史深度"选项来设置历史记录的次数。

1.4.9 视图显示

Maya强大的显示功能为操作复杂场景时提供了有力的帮助。在操作复杂场景时，Maya会消耗大量的资源，这时可以通过使用Maya提供的不同显示方式来提高运行速度，在视图菜单中的"着色"菜单中有各种显示命令，如图1-76所示。

图1-76

参数详解

线框：将模型以线框的形式显示在视图中。多边形以多边形网格方式显示出来；NUBRS曲面以等位结构线的方式显示在视图中。

对所有项目进行平滑着色处理：将全部对象以默认材质的实体方式显示在视图中，可以很清楚地观察到对象的外观造型。

对选定项目进行平滑着色处理：将选择的对象以平滑实体的方式显示在视图中，其他对象以线框的方式显示。

对所有项目进行平面着色：这是一种实体显示方式，但模型会出现很明显的轮廓，显得不平滑。

对选定项目进行平面着色：将选择的对象以不平滑的实体方式显示出来，其他对象都以线框的方式显示出来。

边界框：将对象以一个边界框的方式显示出来，这种显示方式相当节约资源，是操作复杂场景时不可缺少的功能。

点：以点的方式显示场景中的对象。

使用默认材质：以初始的默认材质来显示场景中的对象，当使用对所有项目进行平滑着色处理等实体显示方式时，该功能才可用。

着色对象上的线框：如果模型处于实体显示状态，该

功能可以让实体周围以线框围起来的方式显示出来，相当于线框与实体显示的结合体。

X射线显示：将对象以半透明的方式显示出来，可以通过该方法观察到模型背面的物体。

X射线显示关节：该功能在架设骨骼时使用，可以透过模型清楚地观察到骨骼的结构，以方便调整骨骼。

X射线显示活动组件：是一个新的实体显示模式，可以在视图菜单中的面板菜单中设置实体显示物体之上的组分。该模式可以帮助用户确认是否意外选择了不想要的组分，如图1-77所示。

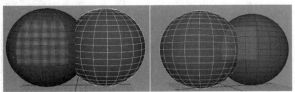

图1-77

交互式着色：在操作的过程中将对象以设定的方式显示在视图中，默认状态下是以线框的方式显示。例如，在实体的显示状态下旋转视图时，视图里的模型将会以线框的方式显示出来；当结束操作时，模型又会回到实体显示状态。可以通过后面的□按钮打开"交互显示选项"对话框，在该对话框中可以设置操作过程中的显示方式，如图1-78所示。

图1-78

背面消隐：将对象法线反方向的物体以透明的方式显示出来，而法线方向正常显示。

平滑线框：以平滑线框的方式将对象显示出来。

在主菜单里的"显示>对象显示"菜单下提供了一些控制单个对象的显示方式，如图1-79所示。

图1-79

参数详解

模板/取消模板："模板"是将选择的对象以线框模板的方式显示在视图中，可以用于建立模型的参照；执行"取消模板"命令可以关闭模板显示。

边界框/无边界框："边界框"是将对象以边界框的方式显示出来；执行"无边界框"命令可以恢复正常显示。

几何体/无几何体："几何体"是以几何体方式显示对象；执行"无几何体"命令可以隐藏对象。

快速交互：在交互操作时将复杂的模型简化并暂时取消纹理贴图的显示，以加快显示速度。

1.4.10 灯光照明方式

在视图菜单中的"照明"菜单中提供了一些灯光的显示方式，如图1-80所示。

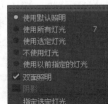

图1-80

参数详解

使用默认灯光：使用默认的灯光来照明场景中的对象。

使用所有灯光：使用所有灯光照明场景中的对象。

使用选定灯光：使用选择的灯光来照明场景。

不使用灯光：不使用任何灯光对场景进行照明。

双面照明：开启该选项时，模型的背面也会被灯光照亮。

> **提示** Maya提供了一些快捷键来快速切换显示方式，大键盘上的数字键4、5、6、7分别为网格显示、实体显示、材质显示和灯光显示。
>
> Maya的显示过滤功能可以将场景中的某一类对象暂时隐藏，以方便观察和操作。在视图菜单中的"显示"菜单下取消相应的选项就可以隐藏与之相对应的对象。

1.4.11 视图快捷栏

视图快捷栏位于视图上方，通过它可以便捷地设置视图中的摄影机等对象，如图1-81所示。

图1-81

功能介绍

选择摄影机：选择当前视图中的摄影机。

摄影机属性：打开当前摄影机的属性面板。

书签：创建摄影机书签。直接单击即可创建一个摄影机书签。

图像平面：可在视图中导入一张图片，将其作为建模的参考，如图1-82所示。

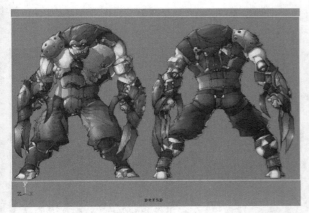

图1-82

二维平移/缩放❷：使用2D平移/缩放视图。

栅格❷：显示或隐藏栅格。

胶片门❷：可以对最终渲染的图片尺寸进行预览。

分辨率门❷：用于查看渲染的实际尺寸，如图1-83所示。

图1-83

门遮罩❷：在渲染视图两边外面将颜色变暗，以便于观察。

区域图❷：用于打开区域图的网格，如图1-84所示。

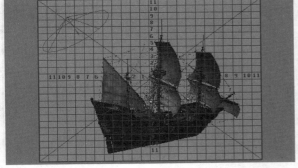

图1-84

安全动作❷：在电子屏幕中，图像安全框以外的部分将不可见，如图1-85所示。

图1-85

安全标题T：如果字幕超出字幕安全框（即安全标题框）的话，就会产生扭曲变形，如图1-86所示。

图1-86

线框❷：以线框方式显示模型，快捷键为4键，如图1-87所示。

图1-87

对所有项目进行平滑着色处理📷：将全部对象以默认材质的实体方式显示在视图中，可以很清楚地观察到对象的外观造型，快捷键为5键，如图1-88所示。

图1-88

着色对象上的线框📷：以模型的外轮廓显示线框，在实体状态下才能使用，如图1-89所示。

图1-89

带纹理📷：用于显示模型的纹理贴图效果，如图1-90所示。

图1-90

使用所有灯光📷：如果使用了灯光，单击该按钮可以在场景中显示灯光效果，如图1-91所示。

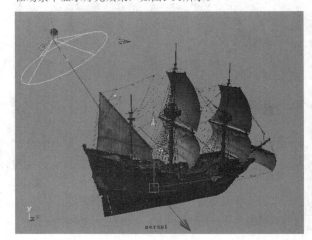

图1-91

阴影📷：显示阴影效果。图1-92和图1-93所示为没有使用阴影与使用阴影的效果对比。

图1-92　　　　　　　　　　图1-93

高质量📷：以高质量模式显示对象。这种模式能获得更好的光影显示效果，但是速度会变慢。图1-94和图1-95所示为未启用与启用该模式的光影对比，可以发现图1-95所示的光影效果要真实很多。

图1-94

图1-95

隔离选择 ：选定某个对象以后，单击该按钮则只在视图中显示这个对象，而没有被选择的对象将被隐藏。再次单击该按钮可以恢复所有对象的显示。

X射线显示 ：以X射线方式显示物体的内部，如图1-96所示。

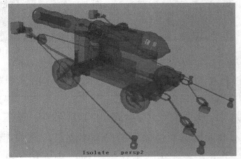

图1-96

X射线显示活动组件 ：单击该按钮可以激活X射线成分模式。该模式可以帮助用户确认是否意外选择了不想要的组分。

X射线显示关节 ：在创建骨骼的时候，该模式可以显示模型内部的骨骼，如图1-97所示。

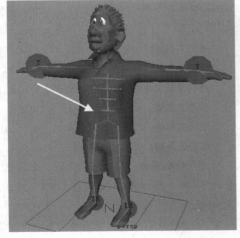

图1-97

1.5 对象的基本操作

Maya的三维视图是一个虚拟的世界，需要艺术家在这个虚拟的三维世界里创造精美的艺术品。那么在这个虚拟的三维世界里就要我们学会对创造的物体进行编辑。

1.5.1 课堂案例：观察参数变化对对象的影响

场景位置	无
实例位置	Examples>CH01>A6>A6.mb
难易指数	★☆☆☆☆
技术掌握	学习如何修改对象的参数

（1）执行"创建>多边形基本体>立方体"菜单命令，在透视图中随意创建一个立方体，系统会自动将其命名为pCube1，如图1-98所示。

（2）按5键进入实体显示方式，以便观察。这时可以在"通道盒"中观察控制立方体的属性参数，如图1-99所示。

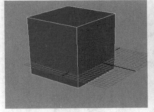

图1-98　　　　　　　　　　图1-99

（3）试着改变"通道盒"中的参数，拖曳光标选中"平移 *x*/*y*/*z*"这3个选项的数字框，并将这3个参数都设置为0，这时可观察到立方体的位置回到了三维坐标为（0，0，0）的位置，如图1-100所示。

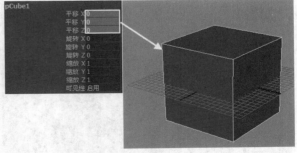

图1-100

（4）设置"旋转 *x*"选项的数值为45，这时可观察到立方体围绕*x*轴旋转了45°（恢复其数值为0，以方便下面的操作），如图1-101所示。

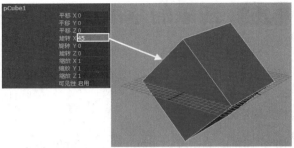

图1-101

（5）单击"输入"属性下的polyCube1选项，展开其参数设置面板，在这里可以观察到里面记录了立方体的宽度、高度、深度以及3个轴向上的细分段数，然后将"宽度"设置为2、"高度"设置为4、"深度"设置为3，如图1-102所示。

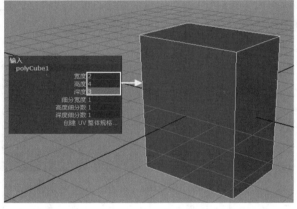

图1-102

（6）设置"宽度""高度"和"深度"值为1，这时可以观察到立方体变成了边长为1个单位的立方体，如图1-103所示。

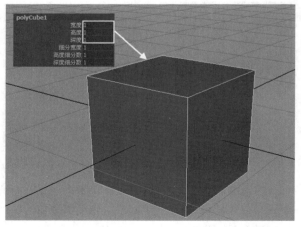

图1-103

（7）设置"细分宽度""高度细分数"和"深度细分数"的数值为5，这时可以观察到立方体在x轴、y轴、z轴方向上分成了5段，也就是说"细分"参数用来控制对象的分段数，如图1-104所示。

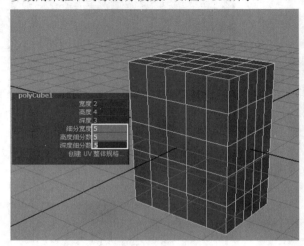

图1-104

1.5.2 工具箱

在前面已经提到过"工具箱"，该工具是Maya提供变换操作的最基本工具，这些工具相当重要，在实际工作中的使用频率相当高，如图1-105所示。

图1-105

功能介绍

选择工具：用来选取对象。

套索工具：可以在一个范围内选取对象。

绘制选择工具：以画笔的形式选取对象。

移动工具：用来移动对象。

旋转工具：用来旋转对象。

缩放工具：用来缩放对象。

通用操纵器：将移动、旋转、缩放集中在一起操作，并且显示出对象的尺寸信息；这里显示的工具是最后一步所使用的工具。

移动对象是在三维空间坐标系中将对象进行移动操作，移动操作的实质就是改变对象在x轴、y轴、z轴

的位置。在Maya中分别以红、绿、蓝来表示x轴、y轴、z轴,如图1-106所示。

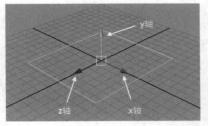

图1-106

提示 拖曳相应的轴向手柄可以在该轴向上移动。单击某个手柄就可以选中相应的手柄,并且可以用鼠标中键在视图的任何位置拖曳光标以达到移动的目的。

按住Ctrl键的同时用光标拖曳某一手柄可以在该手柄垂直的平面上进行移动操作。如按住Ctrl+鼠标左键的同时拖曳y轴手柄,可以在x、z平面上移动。

中间的黄色控制手柄是在平行视图的平面上移动,在透视图中这种移动方法很难控制物体的移动位置,一般情况下都在正交视图中使用这种方法,因为在正交视图中不会影响操作效果,或者在透视图中配合Shift+鼠标中键拖曳光标也可以约束对象在某一方向上移动。

1.5.3 坐标系统

单击状态栏右边的"显示或隐藏工具设置"按钮▦,打开"工具设置"对话框,如图1-107所示。在这里可以设置工具的一些相关属性,如移动操作中所使用的坐标系。

图1-107

参数详解

对象: 在对象空间坐标系统内移动对象,如图1-108所示。

局部: 局部坐标系统是相对于父级坐标系统而言的。

世界: 世界坐标系统是以场景空间为参照的坐标系统,如图1-109所示。

图1-108

图1-109

正常: 可以将NURBS表面上的CV点沿v或u方向向上移动,如图1-110所示。

法线平均化: 设置法线的平均化模式,对于曲线建模特别有用,如图1-111所示。

图1-110

图1-111

1.5.4 旋转对象

同移动对象一样,旋转对象也有自己的操纵器,x轴、y轴、z轴也分别用红、绿、蓝来表示,如图1-112所示。

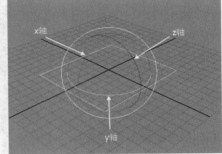

图1-112

提示 "旋转工具"可以将物体围绕任意轴向进行旋转操作。拖曳红色线圈表示将物体围绕x轴进行旋转;拖曳中间空白处可以在任意方向上进行旋转,同样也可以通过鼠标中键在视图中的任意位置拖曳光标进行旋转。

1.5.5 缩放对象

在Maya中可以将对象进行自由缩放操作,同样缩放操纵器的红、绿、蓝分别代表x轴、y轴、z轴,如图1-113所示。

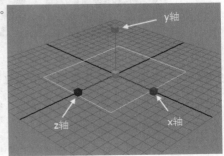

图1-113

提示 选择x轴手柄并拖曳光标可以在x轴向上进行缩放操作，也可以先选中x轴手柄，然后用鼠标中键在视图的任意位置拖曳光标进行缩放操作；使用鼠标中键的拖曳手柄可以将对象在三维空间中进行等比例缩放。

以上操作方法是用直接拖曳手柄将对象进行编辑操作，当然还可以设置数值来对物体进行精确的变形操作。

1.6 编辑菜单

主菜单中的"编辑"菜单下提供了一些编辑场景对象的命令，如复制、剪切、删除和选择命令等，如图1-114所示。经过一系列的操作后，Maya会自动记录下操作过程，我们可以取消操作，也可以恢复操作，在默认状态下记录的连续次数为50次。执行"窗口>设置/首选项>首选项"菜单命令，打开"首选项"对话框，选择"撤消"选项，显示出该选项的参数，其中"队列大小"选项就是Maya记录的操作步骤数值，可以通过改变其数值来改变记录的操作步骤数，如图1-115所示。

图1-114

图1-115

1.6.1 课堂案例：复制并变换与特殊复制对象

场景位置	Scenes>CH01>A7>A7.mb
实例位置	Examples>CH01>A7>A7.mb
难易指数	★☆☆☆☆
技术掌握	学习复制并变换与特殊复制对象

（1）打开素材文件夹中的Scenes>CH01>A7>A7.mb文件，然后按6键进入纹理显示状态，如图1-116所示。

图1-116

（2）选择西瓜模型，然后执行"编辑>复制并变换"菜单命令，复制一组西瓜模型。此时复制出来的模型和之前的模型是重合的，所以需要使用"移动工具" 将其中一组移出来，如图1-117所示。

图1-117

（3）使用"复制并变换"命令，效果如图1-118所示。

图1-118

提示 从图1-118中可以观察到这次的复制操作不仅复制出了一组西瓜模型，还将上次复制后的位移也一起复制出来了，这就是重复变换复制的好处。

（4）按两次Z键恢复到刚打开场景时的状态，然后打开"特殊复制选项"对话框；接着在该对话框中执行"编辑>重置设置"命令，让对话框中的参数恢复到默认设置，如图1-119所示。

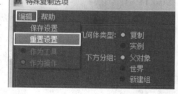

图1-119

（5）在"特殊复制选项"对话框中设置"几何体类型"为"实例"，如图1-120所示。然后单击"应用"按钮，接着使用"移动工具" 将复制出来的模型移动一段距离，如图1-121所示。

图1-120　　　　　　　　图1-121

（6）将光标放在复制出来的模型上，然后单击右键且按住不放，接着在弹出的菜单中选择"顶点"命令，进入顶点编辑模式，如图1-122所示。

图1-122

（7）选择上面的控制点，然后用"移动工具" 将选中的顶点向上移动一段距离，这时可以观察到另外一个与之对应的西瓜模型也发生了相同的变化，这就是关联复制的作用，如图1-123所示。

图1-123

1.6.2　记录步骤

"编辑"菜单中记录步骤的命令，如图1-124所示。

图1-124

参数详解

撤消：通过该命令可以取消对对象的操作，恢复到上一步状态，快捷键为Ctrl+Z或Z键。例如，对一个物体进行变形操作后，使用"撤消"命令可以使物体恢复到变形前的状态，默认状态下只能恢复到前50步。

重做：当对一个对象使用"撤消"命令后，如果想让该对象恢复到操作后的状态，就可以使用"重做"命令，快捷键为Shift+Z。例如，创建一个多边形物体，然后移动它的位置，接着执行"撤消"命令，物体又回到初始位置，再执行"重做"命令，物体又回到移动后的状态。

重复：该命令可以重复上次执行过的命令，快捷键为G键。例如，执行"创建>CV曲线工具"菜单命令，在视图中创建一条CV曲线，若想再次创建曲线，这时可以执行该命令或按G键重新激活"CV曲线工具"。

最近命令列表：执行该命令可以打开"最近的命令"对话框，里面记录了最近使用过的命令，可以通过该对话框直接选取过去使用过的命令。

1.6.3　复制对象

"编辑"菜单中复制对象的命令，如图1-125所示。

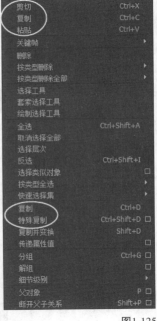

图1-125

参数详解

剪切：选择一个对象后，执行"剪切"命令可以将该对象剪切到剪贴板中，剪切的同时系统会自动删除源对象，快捷键为Ctrl+X。

复制：将对象复制到剪贴板中，但不删除原始对象，快捷键为Ctrl+C。

粘贴：将剪贴板中的对象粘贴到场景中（前提是剪贴板中有相关的数据），快捷键为Ctrl+V。

复制：将对象在原位复制一份，快捷键为Ctrl+D。

特殊复制：单击该命令后面的 按钮可以打开"特殊复制选项"对话框，如图1-126所示。在该对话框中可以设置更多的参数让对象产生更复杂的变化。

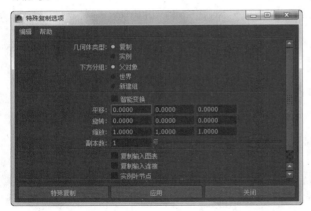

图1-126

提示 Maya里的复制只是将同一个对象在不同的位置显示出来，并非完全意义上的复制，这样可以节约大量的资源。

1.6.4 删除对象

"编辑"菜单中删除对象的命令，如图1-127所示。

图1-127

参数详解

删除： 用来删除对象。

按类型删除： 按类型删除对象。该命令可以删除选择对象的特殊节点，如对象的历史记录、约束和运动路径等。

按类型删除全部： 该命令可以删除场景中某一类对象，如毛发、灯光、摄影机、粒子、骨骼、IK手柄和刚体等。

1.6.5 选择对象

"编辑"菜单中选择对象的命令，如图1-128所示。

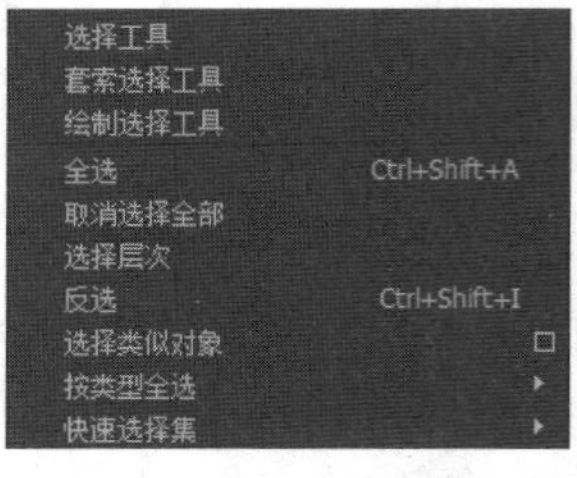

图1-128

参数详解

选择工具： 该命令对应"工具箱"上的"选择工具"。

套索工具： 该命令对应"工具箱"上的"套索工具"。

绘制选择工具： 该命令对应"工具箱"上的"绘制选择工具"。

全选： 选择所有对象。

取消选择全部： 取消选择全部的状态。

选择层级： 执行该命令可以选中对象的所有子级对象。当一个对象层级下有子级对象并且选择的是最上层的对象，此时子级对象处于高亮显示状态，但并未被选中。

反选： 当场景有多个对象时，并且其中一部分处于被选择状态，执行该命令可以取消选择部分，而没有选择的部分则会被选中。

按类型全选： 该命令可以一次性选择场景中某类型的所有对象。

快速选择集： 在创建快速选择集后，执行该命令可以快速选择集里面的所有对象。

技术专题02 Maya的目录结构

选择多个对象后单击"创建>集>快速选择集"菜单命令后面的按钮，打开"创建快速选择集"对话框，在该对话框中可以输入选择集的名称，然后单击"确定"按钮即可创建一个选择集。注意，在没有创建选择集之前，"编辑>快速选择集"菜单下没有任何内容。

例如，在场景中创建几个恐龙模型，选择这些模型后执行"创建>集>快速选择集"菜单命令，然后在弹出的对话框中才能设置集的名字，如图1-129所示。

图1-129

单击"确定"按钮，取消对所有对象的选择，然后执行"编辑>快速选择集"菜单命令，可以观察到菜单里面出现了快速选择集Set，如图1-130所示。选中该名字，这时场景中所有在Set集下的对象都会被选中。

图1-130

1.6.6 组

"编辑"菜单中关于组的命令，如图1-131所示。

图1-131

参数详解

分组：将多个对象组合在一起，并作为一个独立的对象进行编辑。

提示 选择一个或多个对象后执行"分组"命令可以将这些对象编为一组。在复杂场景中，使用组可以很方便地管理和编辑场景中的对象。

解组：将一个组里的对象释放出来，解散该组。

细节级别：这是一种特殊的组，特殊组里的对象会根据特殊组与摄影机之间的距离来决定哪些对象处于显示或隐藏状态。

父对象：用来创建父子关系。父子关系是一种层级关系，可以让子对象跟随父对象进行变换。

断开父子关系：当创建好父子关系后，执行该命令可以解除对象间的父子关系。

1.7 修改菜单

在"修改"菜单下提供了一些常用的修改工具和命令，如图1-132所示。

图1-132

1.7.1 变换

"修改"菜单中变换对象的命令，如图1-133所示。

图1-133

参数详解

变换工具：与"工具箱"上的变换对象的工具相对应，用来移动、旋转和缩放对象。

重置变换：将对象的变换还原到初始状态。

冻结变换：将对象的变换参数全部设置为0，但对象的状态保持不变。该功能在设置动画时非常有用。

1.7.2 对齐

"修改"菜单中对齐对象的命令，如图1-134所示。

图1-134

参数详解

捕捉对齐对象：该菜单下提供了一些常用的对齐命令，如图1-135所示。

图1-135

点到点：该命令可以将选择的两个或多个对象的点进行对齐。

2点到2点：当选择一个对象上的两个点时，两点之间会产生一个轴，另外一个对象也是如此，执行该命令可以将这两条轴对齐到同一方向，并且其中两个点会重合。

3点到3点：选择3个点来作为对齐的参考对象。

对齐对象：用来对齐两个或更多的对象。

提示 单击"对齐对象"命令后面的■按钮，打开"对齐对象选项"对话框，在该对话框中可以很直观地观察到5种对齐模式，如图1-136所示。

图1-136

最小值：根据所选对象范围的边界的最小值来对齐选择对象。

中间值：根据所选对象范围的边界的中间值来对齐选择对象。

最大值：根据所选对象范围的边界的最大值来对齐选择对象。

距离：根据所选对象范围的间距让对象均匀地分布在选

择的轴上。

栈：让选择对象的边界盒在选择的轴向上相邻分布。

对齐：用来决定对象对齐的世界坐标轴，共有世界x/y/z 3个选项可以选择。

对齐到：选择对齐方式，包含"选择平均"和"上一个选定对象"两个选项。

沿曲线放置：沿着曲线位置对齐对象。

对齐工具：使用该工具可以通过手柄控制器将对象进行对齐操作，如图1-137所示，物体被包围在一个边界盒里面，通过单击上面的手柄可以对两个物体进行对齐操作。

捕捉到一起对齐：该工具可以让对象以移动或旋转的方式对齐到指定的位置。在使用工具时，会出现两个箭头连接线，通过点可以改变对齐的位置。如在场景中创建两个对象，然后使用该工具单击第1个对象的表面，再单击第2个对象的表面，这样就可以将表面1对齐到表面2，如图1-138所示。

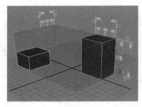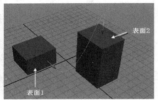

表面2

表面1

图1-137   图1-138

 对象元素或表面曲线不能使用"对齐工具"。

激活：执行该命令可以将对象表面激活为工作面。

 技术专题03 激活对象表面

创建一个NURBS圆柱体，然后执行"激活"命令，接着执行"创建> CV曲线工具"菜单命令，在激活的NURBS圆柱体表面绘制出曲线，如图1-139所示。

图1-139

从图1-139中可以观察到所绘制出的曲线不会超出激活的表面，这是因为激活表面后，Maya只把激活对象的表面作为工作表面。若要取消激活表面，可执行"取消激活"命令。

居中枢轴：该命令主要针对旋转和缩放操作，在旋转时围绕轴心点进行旋转。

 技术专题04 改变轴心点的方法

改变轴心点共有以下4种方法。

第1种：按Insert键进入轴心点编辑模式，然后拖曳手柄即可改变轴心点，如图1-140所示。

图1-140

第2种：按住D键进入轴心点编辑模式，然后拖曳手柄即可改变轴心点。

第3种：执行"修改>居中枢轴"菜单命令，可以使对象的中心点回到几何中心点。

第4种：轴心点分为旋转和缩放两种，可以通过改变参数来改变轴心点的位置。

1.7.3 捕捉

通过捕捉工具可以提高操作精度，在状态栏中有4种捕捉工具，如图1-141所示。

图1-141

功能介绍

捕捉到栅格：将对象捕捉到栅格上。当激活该按钮时，可以将对象在栅格点上进行移动。快捷键为X键。

提示 执行"创建>NURBS基本体>球体"菜单命令，在原点位置创建一个NURBS球体，然后激活"捕捉到网格"按钮，或按住X键；接着在原点位置拖曳光标，此时可以观察到光标已经捕捉到栅格点上了，这样就创建了一个位于原点的NURBS球体。

捕捉到曲线：将对象捕捉到曲线上。当激活该按钮时，操作对象将被捕捉到指定的曲线上。快捷键为C键。

提示 选择场景中的对象，激活"捕捉到曲线"按钮或按住C键，然后将光标移到要捕捉的曲线上，接着使用鼠标中键在曲线上轻轻拖曳一下，该对象就被捕捉到曲线上了。

捕捉到点：将选择对象捕捉到指定的点上。当激活该按钮时，操作对象将被捕捉到指定的点上。快捷键为V键。

提示 选择相应的对象后激活"捕捉到点"按钮，然后在要捕捉的点上用鼠标中键轻轻拖曳一下就可以完成捕捉点操作。

捕捉到视图平面：将对象捕捉到视图平面上。

提示 执行"创建>EP曲线工具"菜单命令，然后激活"捕捉到视图平面"按钮，这样绘制出来的曲线就在视图平面上；如果关闭"捕捉到视图平面"按钮，绘制的曲线就不在视图平面上，如图1-142所示。

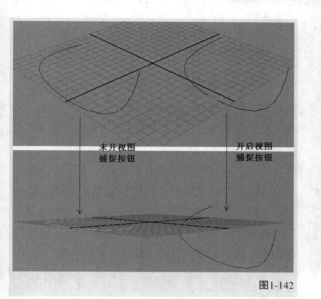

未开视图
捕捉按钮

开启视图
捕捉按钮

图1-142

1.7.4 历史记录

Maya拥有强大的历史记录功能，在状态栏中激活"构建历史开关"按钮![icon]即可记录下操作步骤，当激活该工具后会变成凹陷状态的按钮![icon]。

有时为了方便操作需要删除历史记录，执行"编辑>按类型删除>历史"菜单命令，就可以删除选择对象的历史记录；如果执行"编辑>按类型删除全部>历史"菜单命令，可以删除所有对象的历史记录。

1.8 快捷菜单

为了提高工作效率，Maya提供了几种快捷的操作方法，如标记菜单、快捷菜单和工具架等。下面介绍如何使用和编辑这些快捷菜单。

1.8.1 课堂案例：设置快捷键

场景位置	无
实例位置	无
难易指数	★☆☆☆☆
技术掌握	学习如何设置快捷键

（1）执行"窗口>设置/首选项>热键编辑器"菜单命令，打开"热键编辑器"对话框，然后在左侧列表选择Window（窗口）类别；接着在第2个列表中选择HypershadeWindow（Hypershade对话框）命令，如图1-143所示。

图1-143

（2）在"键"选项后面输入字母M，然后单击"指定"按钮，如图1-144所示。这样就为Hypershade对话框设置了一个快捷键M。

图1-144

（3）关闭"热键编辑器"对话框，然后按M键就可以打开"材质编辑器"对话框。

1.8.2 标记菜单

标记菜单里包含Maya所有的菜单命令，按住空格键不放就可以调出标记菜单，如图1-145所示。

标记菜单分为5个区，分别是北区、南区、西区、东区和中心区，在这5个区里单击左键都可以弹出一个特殊的快捷菜单。

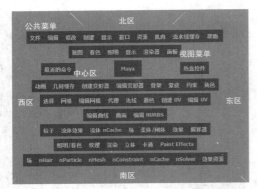

图1-145

功能介绍

北区： 提供一些视图布局方式的快捷菜单，与"窗口>保存的布局"和"面板>保存的布局"菜单中的命令相同。

南区： 用于将当前视图切换到其他类型的视图，与视图菜单中的"面板>面板"菜单里的命令相同。

西区： 该区可以打开选择蒙版功能，与状态栏中的选择蒙版区的功能相同。

东区： 该区中的命令是一些控制界面元素的开关，与"显示>UI元素"菜单下的命令相同。

中心区： 用于切换顶视图、前视图、侧视图和透视图。

1.8.3 右键快捷菜单和热键快捷菜单

右键快捷菜单和热键快捷菜单是两种很方便的快捷菜单，其种类很多，不同的对象在不同状态下打开的快捷菜单也不相同。

例如，按住Shift键单击鼠标右键，并按住鼠标右键不放，会弹出一个创建多边形对象的快捷菜单；如果在创建的多边形对象上按住Shift键和鼠标右键，会弹出多边形的一些编辑命令；如果将对象切换到顶点级别，选中一些顶点，按住Shift键和鼠标右键，又会弹出与编辑顶点相关的命令。

可以看出右键快捷菜单的种类非常多，但很智能化，这样就可以快速地调出该状态下所需要的命令。下面介绍几个常用的热键快捷菜单。

按住A键并单击鼠标左键，弹出控制对象的输入和输出节点的选择菜单。

按住H键并单击鼠标左键，弹出6个模块的选择切换菜单。

按住Q键并单击鼠标左键，弹出选择蒙版的切换菜单。

按住O键并单击鼠标左键，弹出多边形各种元素的选择和编辑菜单。

按住W/E/R键并单击鼠标左键，弹出各种坐标方向的选择菜单。

1.8.4 工具架

在前面已经了解了"工具架"的使用方法，下面对其进行详细介绍。

1.添加/删除图标

Maya的菜单命令数量非常多，常常会遇到重复选择相同的菜单命令的情况，如果将这些命令放在"工具架"上，直接单击图标就可以执行相应的命令。使用Shift+Ctrl+菜单命令就可以将相应的命令放到"工具架"上，并且会以一个图标来表示该命令。若要删除"工具架"上的命令，可以使用鼠标中键将该图标拖曳到最右侧的"垃圾桶"按钮上。

> **技术专题05 将常用命令添加到"工具架"上**
>
> 在"工具架"上单击"自定义"标签 自定义 ，然后按住快捷键Shift+Ctrl执行"编辑>按类型删除>历史"菜单命令，这样可以将"历史"命令添加到"工具架"上，这时该命令会变成一个图标，如果用鼠标中键将该图标拖曳到最右侧的"垃圾桶"按钮上，可以删除该图标。
>
> 注意，如果计算机的屏幕分辨率为800×600，则看不到"垃圾桶"，操作Maya时最好使用1024×768以上的分辨率。

2.内容选择

单击"工具架"上面的图标可以选择不同的内容，也可以单击"工具架"左侧的■按钮，然后在弹出的菜单中选择标签。单击■按钮可以打开"工具架"的编辑菜单，通过该菜单可以执行新建、删除"工具架"等操作，如图1-146所示。

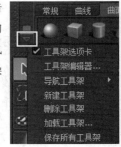

图1-146

功能介绍

工具架选项卡： 用于显示或隐藏"工具架"上面的标签。

工具架编辑器： 用于打开"工具架编辑器"对话框，里面有完整的编辑命令。

新建工具架： 新建一个"工具架"。

删除工具架： 删除当前"工具架"。

加载工具架： 导入现成的工具架文件。

保存所有工具架： 保存当前工具架的所有设置。

3.工具架编辑器

执行"窗口>设置/首选项>工具架编辑器"菜单命令,打开"工具架编辑器"对话框,如图1-147所示。

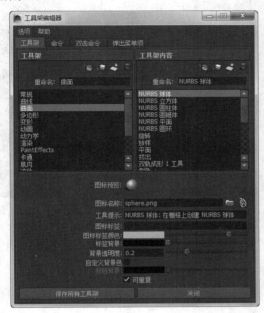

图1-147

参数详解

工具架:该选项卡下是一些编辑"工具架"的常用工具,如新建、删除等。

上移:将"工具架"向上移动一个单位。

下移:将"工具架"向下移动一个单位。

新建工具架:新建一个"工具架"。

删除工具架:删除当前"工具架"。

重命名:显示当前"工具架"的名字,同时也可以改变当前"工具架"的名字。

1.8.5 快捷键单

Maya里面有很多快捷键,用户可以使用系统默认的快捷键,也可以自己设置快捷键,这样可以提高工作效率。

如经常使用到的"撤消"命令,快捷键为Z键。打开Hypershade对话框这个操作没有快捷键,因此可以为其设置一个快捷键,这样就可以很方便地打开Hypershade对话框。

执行"窗口>设置/首选项>热键编辑器"菜单命令,打开"热键编辑器"对话框,如图1-148所示。该

对话框左边列出的是对应菜单下的命令,选择命令后可以在右侧的Assign New Hotkeys(指定新的快捷键)选项组下为该命令指定快捷键。

图1-148

参数详解

移除:移除快捷键。

修饰键:用来设置快捷键。

指定:使用指定的快捷键设置。

查询:查询当前快捷键是否被使用。

查找:如果当前快捷键被使用,该功能用来查找对应命令的位置。

1.9 文件菜单

文件菜单中包含所有对场景进行编辑的命令,如打开场景、保存场景和创建引用等。

1.9.1 课堂案例:创建和编辑工程目录

场景位置	无
实例位置	无
难易指数	★☆☆☆☆
技术掌握	学习如何创建与编辑工程目录

创建工程目录是开始工作前的第1步,在默认情况下,Maya会自动在C:\Documents and Settings\Administrator\My Documents\maya目录下创建一个工程目录,也就是会自动在"我的文档"里进行创建。

(1)执行"文件>项目窗口"菜单命令,打开"项目窗口"对话框,然后单击"新建"按钮;接着在"当前项目"后面输入新建工程的名称lianxi_1(名称可根据自己的习惯来设置),如图1-149所示。

图1-149

注意，在输入名称时最好使用英文，因为Maya在某些地方只支持英文。

（2）在"位置"后面输入工程目录所建立的路径（可根据习惯输入），在这里以D:/盘根目录下，如图1-150所示。

图1-150

（3）单击"接受"按钮 接受 ，这样就可以在D盘的根目录下建立一个名称为lianxi_1的工程目录，打开这个文件夹，可以观察到该文件夹里面都使用了默认的名字，如图1-151所示。

图1-151

（4）执行"文件>设置项目"菜单命令，打开"设置项目"对话框，然后将项目文件目录指定到创建的D:\lianxi_1文件夹下；接着单击"设置"按钮 设置 ，如图1-152所示。

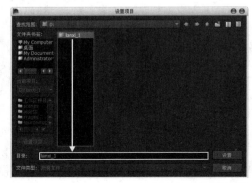

图1-152

1.9.2　文件管理

文件管理可以使各部分文件有条理进行的放置，以方便对文件进行修改。在Maya中，各部分文件都放在不同的文件夹中，如一些参数设置、渲染图片、场景文件和贴图等，都有与之相对应的文件夹。

在"文件"菜单下提供了一些文件管理的相关命令，通过这些命令可以对文件进行打开、保存、导入以及优化场景等操作，如图1-153所示。

图1-153

参数详解

新建场景：用于新建一个场景文件。新建场景的同时将关闭当前场景，如果当前场景未保存，系统会自动提示用户是否进行保存。

打开场景：用于打开一个新场景文件。打开场景的同时将关闭当前场景，如果当前场景未保存，系统会自动提示用户是否进行保存。

Maya的场景文件有两种格式，一种是mb格式，这种格式的文件在保存期内调用时的速度比较快；另外一种是ma格式，是标准的Native ASCⅡ文件，允许用户用文本编辑器直接进行修改。

保存场景：用于保存当前场景，路径是当前设置工程目录中的scenes文件，也可以根据实际需要来改变保存目录。

场景另存为：将当前场景另外保存一份，以免覆盖以前保存的场景。

归档场景：将场景文件进行打包处理。这个功能对于整理复杂场景非常有用。

保存首选项：将设置好的首选项设置保存好。

优化场景大小：使用该命令可以删除无用和无效的数据，如无效的空层、无关联的材质节点、纹理、变形器、表达式及约束等。

技术专题06　"优化场景大小选项"对话框的使用方法

单击"优化场景大小"命令后面的■按钮，打开"优化场景大小选项"对话框，如图1-154所示。

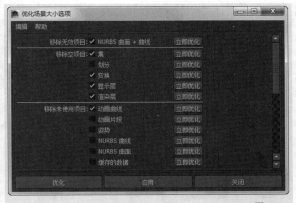

图1-154

　　如果直接执行"优化场景大小"命令,将优化对话框中的所有对象;若只想优化某一类对象,可以单击该对话框中类型后面的"立即优化"按钮 立即优化 ,这样可以对其进行单独的优化操作。

　　导入:将文件导入到场景中。

　　导出全部:导出场景中的所有对象。

　　导出当前选择:导出选中的场景对象。

　　查看图像:使用该命令可以调出Fcheck程序并查看选择的单帧图像。

　　查看序列:使用该命令可以调出Fcheck程序并查看序列图片。

技术专题07 Maya的目录结构

　　Maya在运行时有两个基本的目录支持,一个用于记录环境设置参数,另一个用于记录与项目相关文件需要的数据,其目录结构如图1-155所示。

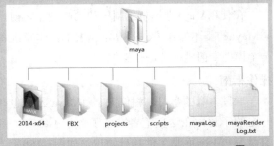

图1-155

　　2014-x64:该文件夹用于储存用户在运行软件时设置的系统参数。每次退出Maya时会自动记录用户在运行时所改变的系统参数,以方便下次使用时保持上次所使用的状态。若想让所有参数恢复到默认状态,可以直接删除该文件夹,这样就可以恢复到系统初始的默认参数。

　　FBX:FBX是Maya的一个集成插件,它是Filmbox这套软件所使用的格式,现在改称为Motionbuilder,其最大的用途是用在3ds Max、Maya和Softimage等软件间进行模型、材质、动作和摄影机信息的互导,这样就可以发挥3ds Max和Maya等软件的优势。可以说,FBX方案是最好的互导方案。

　　projects(工程):该文件夹用于放置与项目有关的文件数据,用户也可以新建一个工作目录,使用习惯的文件夹名字。

　　scripts(脚本):该文件夹用于放置MEL脚本,方便Maya系统的调用。

　　mayaLog:Maya的日志文件。

　　mayaRenderlog.txt:该文件用于记录渲染的一些信息。

　　项目窗口:打开"项目窗口"对话框,如图1-156所示。在该对话框中可以设置与项目有关的文件数据,如纹理文件、MEL和声音等,系统会自动识别该目录。

图1-156

　　当前项目:设置当前工程的名字。

　　位置:工程目录所在的位置。

　　场景:放置场景文件。

　　图像:放置渲染图像。

　　声音:放置声音文件。

　　设置项目:设置工程目录,即指定projects文件夹作为工程目录文件夹。

　　最近的文件:显示最近打开的Maya文件。

　　最近的递增文件:显示最近打开的Maya增量文件。

　　最近的项目:显示最近使用过的工程文件。

　　退出:退出Maya,并关闭程序。

1.9.3 参考文件

　　首先介绍参考文件与导入文件的区别,导入文件是通过"导入"命令将文件数据导入到场景中,

而参考文件主要是Maya链接的当前场景文件和源场景文件。导入文件可以对里面的对象进行修改，如重命名、编辑、删除和修改材质等，而导入的参考文件对象不能进行修改，只起参考作用。

执行"文件>引用编辑器"菜单命令，打开"引用编辑器"对话框，该对话框里面有详细的命令，可以对参考文件进行基本的编辑操作，如图1-157所示。

图1-157

1.10 课堂练习：使用存档场景功能

场景位置	Scenes>CH01>A10>A10.mb
实例位置	Examples>CH01>A10>A10.mb
难易指数	★☆☆☆☆
技术掌握	学习如何打包场景

这里介绍一个Maya中比较常用的功能，它能为保存文件提供很大的帮助。

（1）打开素材文件夹中的Scenes>CH01>A10 >A10.mb文件，本场景中已经设置好了贴图，如图1-158所示。

图1-158

（2）执行"文件>归档场景"菜单命令，这时可以看到存档目录中增加了一个后缀名为.zip的压缩文件，这个文件包含了场景中的所有贴图，如图1-159所示。

图1-159

1.11 本章小结

本章主要讲解了Maya 2014的应用领域、界面组成及各种界面元素的作用和基本工具的使用方法。本章是初学者认识Maya 2014的入门章节，希望大家对Maya 2014的各种重要工具多加练习，为后面的技术章节打下坚实的基础。

1.12 课后习题：对象的基本操作

场景位置	Scenes>CH01>A11>A11.mb
实例位置	Examples>CH01>A11>A11.mb
难易指数	★☆☆☆☆
技术掌握	练习对象的基本操作方法

在使用Maya进行角色制作和动画制作之前，熟悉Maya的基本操作方式是非常重要的，本章准备了一个模型专门供读者进行操作。

操作指南

通过本章的学习，相信大家对Maya 2014也有了一定的了解，在这里笔者准备了一个小练习，供大家温习一下前面学习的基础知识，如图1-160所示。通过该模型，希望读者可以好好练习Maya对象的基本操作方法。

图1-160

第2章
NURBS建模

本章将介绍Maya 2014的NURBS建模技术，包括NURBS曲线、NURBS基本体的创建及其编辑方法，希望读者能够通过本章的学习，掌握NURBS建模的特点、思路和方法。本章还涉及了大量的常用编辑命令，这些命令都是非常重要的，希望大家勤加练习，务必掌握其用法。

学习目标

● 了解NURBS的理论知识

● 掌握NURBS曲线的创建

● 掌握NURBS曲线的编辑方法

● 掌握NURBS基本体的创建

● 掌握NURBS基本体的编辑

● 掌握NURBS综合建模的思路和方法

2.1 关于NURBS建模

NURBS（非均匀有理数B样条线）是一种可以用来在Maya中创建3D曲线和曲面的几何体类型。Maya提供的其他几何体类型为多边形和细分曲面。

2.1.1 理解NURBS

NURBS是Non—Uniform Rational B-Spline（非统一有理B样条曲线）的缩写。NURBS是用数学函数来描述曲线和曲面，并通过参数来控制精度，这种方法可以让NURBS对象达到任何想要的精度，这就是NURBS对象的最大优势。

现在NURBS建模已经成为一个行业标准，广泛应用于工业和动画领域。NURBS的有条理有组织的建模方式让用户很容易上手和理解，通过NURBS工具可以创建出高品质的模型，并且NURBS对象可以通过较少的点来控制平滑的曲线或曲面，很容易让曲面达到流线型效果。

2.1.2 NURBS建模方法

NURBS的建模方法可以分为以下两大类。

第1类：用原始的几何体进行变形来得到想要的造型，这种方法灵活多变，对美术功底要求比较高。

第2类：通过由点到线、由线到面的方法来塑造模型，通过这种方法创建出来的模型的精度比较高，很适合创建工业领域的模型。

各种建模方法当然也可以穿插起来使用，然后配合Maya的雕刻工具、置换贴图（通过置换贴图可以将比较简单的模型模拟成比较复杂的模型）或者配合使用其他雕刻软件（如ZBrush）来制作出高精度的模型。图2-1所示的是使用NURBS技术创建的一个怪物模型。

图2-1

2.1.3 NURBS对象的组成元素

NURBS的基本组成元素有点、曲线和曲面，通过这些基本元素可以构成复杂的高品质模型。

1.NURBS曲线

Maya 2014中的曲线都属于NURBS物体，可以通过曲线来生成曲面，也可以从曲面中提取曲线。

展开"创建"菜单，可以从菜单中观察到5种直接创建曲线的工具，如图2-2所示。

图2-2

不管何种创建方法，创建出来的曲线都是由控制点、编辑点和壳线等基本元素组成的，可以通过这些基本元素对曲线进行变形，如图2-3所示。

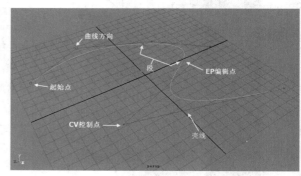

图2-3

功能介绍

CV控制点： CV控制点是壳线的交界点。通过对CV控制点的调节，可以在保持曲线良好平滑度的前提下对曲线进行调整，很容易达到想要的造型而不破坏曲线的连续性，这充分体现了NURBS的优势。

EP编辑点： EP是英文Edit Point（编辑点）的缩写。在Maya中，EP编辑点用一个小叉来表示。EP编辑点是曲线上的结构点，每个EP编辑点都在曲线上，也就是说曲线都必须经过EP编辑点。

壳线： 壳线是CV控制点的边线。在曲面中，可以通过壳线来选择一组控制点对曲面进行变形操作。

段： 段是EP编辑点之间的部分，可以通过改变段数来改变EP编辑点的数量。

NURBS曲线是一种平滑的曲线，在Maya中，NURBS曲线的平滑度由"次数"来控制，共有5种次数，分别是1、2、3、5、7。次数其实是一种连续性的问题，也就是切线方向和曲率是否保持连续。

次数为1时：表示曲线的切线方向和曲率都不连续，呈现出来的曲线是一种直棱直角曲线。这个次数适合建立一些尖锐的物体。

次数为2时：表示曲线的切线方向连续而曲率不连续，从外观上观察比较平滑，但在渲染曲面时会有棱角，特别是在反射比较强烈的情况下。

次数为3以上时：表示切线方向和曲率都处于连续状态，此时的曲线非常光滑，因为次数越高，曲线越平滑。

> **提示** 执行"曲面"模块下"编辑曲线>重建曲线"菜单命令，可以改变曲线的次数和其他参数。

2.NURBS曲面

在上面已经介绍了NURBS曲线的优势，曲面的基本元素和曲线基本相似，都可以通过很少的基本元素来控制一个平滑的曲面，如图2-4所示。

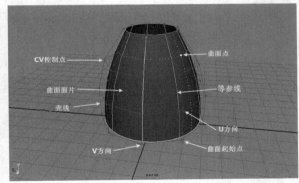

图2-4

功能介绍

曲面起始点：是U方向和V方向上的起始点。V方向和U方向是两个分别用V和U字母来表示的控制点，它们与起始点一起决定了曲面的UV方向，这对后面的贴图制作非常重要。

CV控制点：和曲线的CV控制点作用类似，都是壳线的交点，可以很方便地控制曲面的平滑度，在大多数情况下都是通过CV控制点来对曲面进行调整的。

壳线：壳线是CV控制点的连线，可以通过选择壳线来选择一组CV控制点，然后对曲面进行调整。

曲面面片：NURBS曲面上的等参线将曲面分割成无数的面片，每个面片都是曲面面片。可以将曲面上的曲面面片复制出来加以利用。

等参线：等参线是U方向和V方向上的网格线，用来决

定曲面的精度。

2.1.4 物体级别与基本元素间的切换

曲面点：是曲面上等参线的交点。

从物体级别切换到元素级别的方法主要有以下3种。

第1种：通过单击状态栏上的"按对象类型选择"工具▦和"按组件类型选择"工具▦来进行切换，前者是物体级别，后者是元素（次物体）级别。

第2种：通过快捷键来进行切换，重复按F8键可以实现物体级别和元素级别之间的切换。

第3种：使用右键快捷菜单来进行切换。

2.1.5 NURBS曲面的精度控制

NURBS曲面的精度有两种类型，一种是控制视图的显示精度，为建模过程提供方便；另一种是控制渲染精度，NURBS曲面在渲染时都是先转换成多边形对象后才渲染出来的，所以就有一个渲染精度的问题。NURBS曲面最大的特点就是可以控制这个渲染精度。

在视图显示精度上，系统有几种预设的显示精度。切换到"曲面"模块，在"显示>NURBS"菜单下有"壳线""粗糙""中等""精细"和"自定义平滑度"5种显示精度的方法，如图2-5所示。

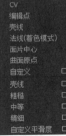

图2-5

> **提示** "粗糙""中等"和"精细"3个选项分别对应快捷键为1、2、3，它们都可以用来控制不同精度的显示状态。

1.壳线

单击"壳线"命令后面的▣按钮，打开"NURBS平滑度（壳线）选项"对话框，如图2-6所示。

图2-6

参数详解

　　受影响的对象：用于控制"壳线"命令所影响的范围。"活动"选项可以使"壳线"命令只影响选择的NURBS对象，"全部"选项可以使壳线命令影响场景中所有的NURBS对象。

　　u/v向壳线简化：用来控制在uv方向上显示简化的级别。1表示完全按壳线的外壳显示，数值越大，显示的精度越简化。

2.自定义平滑度

　　"自定义平滑度"命令用来自定义显示精度的方式，单击该命令后面的■按钮，打开"NURBS平滑度（自定义）选项"对话框，如图2-7所示。

图2-7

提示 这里的参数将在后面的内容中进行详细讲解。

3.视图显示精度和渲染精度控制

　　在视图中随意创建一个NURBS对象，然后按快捷键Ctrl+A打开其"属性编辑器"对话框。该对话框中有"NURBS曲面显示"和"细分"两个卷展栏，他们分别用来控制视图的显示精度和渲染精度，如图2-8所示。

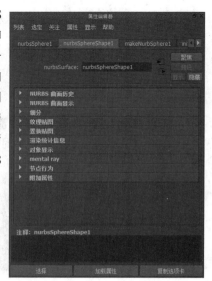

图2-8

　　展开"NURBS曲面显示"卷展栏，如图2-9所示。

图2-9

参数详解

　　曲线精度：用于控制曲面在线框显示状态下线框的显示精度。数值越大，线框显示就越光滑。

　　曲面精度着色：用于控制曲面在视图中的显示精度。数值越大，显示的精度就越高。

　　u/v向向简化：这两个选项用来控制曲面在线框显示状态下线框的显示数量。

　　法线显示比例：用来控制曲面法线的显示比例大小。

提示 在"曲面"模块下执行"显示>NURBS>法线（着色模式）"菜单命令可以开启曲面的法线显示。

　　展开"细分"卷展栏，如图2-10所示。

图2-10

参数详解

　　显示渲染细分：以渲染细分的方式显示NURBS曲面并转换成多边形的实体对象，因为Maya的渲染方法是将对象划分成一个个三角形面片。开启该选项后，对象将以三角形面片的形式显示在视图中。

2.2 NURBS曲线

　　曲线是曲面建模中的一个组成部分，用户可以通过曲线创建需要的曲面，因此绘制曲线在曲面建模过程中，显得尤为重要。

2.2.1 课堂案例：制作花瓶

场景位置	无
实例位置	Examples>CH02>B1>B1.mb
难易指数	★★☆☆☆
技术掌握	学习"CV曲线工具""控制顶点"编辑模式、"旋转"命令的使用方法

案例介绍

　　本案例主要使用"创建>CV曲线工具"菜单命

令来绘制曲线，然后使用"移动工具" 调整曲线的形态，并通过"旋转"菜单命令旋转曲线生成花瓶的曲面模型，案例效果如图2-11所示。

图2-11

制作思路

第1步：使用"CV曲线工具"绘制基本曲线。

第2步：使用"旋转"菜单命令旋转曲线生成曲面模型。

第3步：优化场景。

（1）启动Maya 2014，然后进入前视图，接着执行"创建>CV曲线工具"菜单命令，并在前视图中绘制如图2-12所示的曲线。

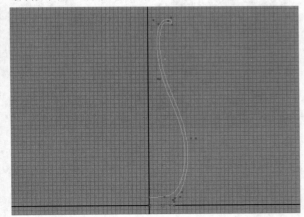

图2-12

提示 在绘制曲线的时候，曲线的起点（也就是底端的水平直线的左端点）要位于y轴上，可以通过开启"捕捉到栅格工具" 来捕捉。另外，按住Shift键可以绘制出水平或者垂直的直线。

（2）将视图切换到透视图，然后选择曲线，接着执行"曲面>旋转"菜单命令，此时曲线就会按照自身的y轴生成曲面模型，效果如图2-13所示。

（3）选择花瓶模型，然后执行"编辑>按类型删除>历史"菜单命令，清除曲面模型的历史记录，如

图2-14所示。

图2-13

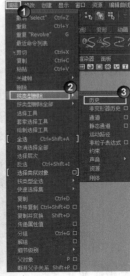

图2-14

（4）删除曲线，花瓶模型的最终效果如图2-15所示。

图2-15

2.2.2 创建NURBS曲线

展开"创建"菜单，该菜单下是一些创建NURBS对象的命令，如NURBS物体、多边形物体、灯光和摄影机等，如图2-16所示。

图2-16

提示 在菜单下面单击虚线横条━━━━━━，可以将链接菜单作为一个独立的菜单放置在视图中。

1.CV曲线工具

"CV曲线工具"通过创建控制点来绘制曲线。单击"CV曲线工具"命令后面的□按钮，打开"工具设置"对话框，如图2-17所示。

图2-17

参数详解

曲线次数： 该选项用来设置创建的曲线的次数。一般情况下都使用"1线性"或"3立方"曲线，特别是"3立方"曲线，如图2-18所示。

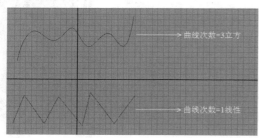

图2-18

结间距： 设置曲线曲率的分布方式。

一致： 该选项可以随意增加曲线的段数。

弦长： 开启该选项后，创建的曲线可以具备更好的曲率分布。

多端结： 开启该选项后，曲线的起始点和结束点位于两端的控制点上；如果关闭该选项，起始点和结束点之间会产生一定的距离，如图2-19所示。

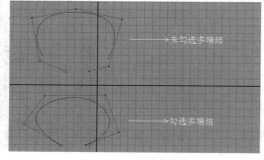

图2-19

重置工具 ：将"CV曲线工具"的所有参数恢复到默认设置。

工具帮助 ：单击该按钮可以打开Maya的帮助文档，该文档中会说明当前工具的具体功能。

2.EP曲线工具

"EP曲线工具"是绘制曲线的常用工具，通过该工具可以精确地控制曲线所经过的位置。单击"EP曲线工具"命令后面的□按钮，打开"工具设置"对话框，这里的参数与"CV曲线工具"的参数完全一样，如图2-20所示。只是"EP曲线工具"是通过绘制编辑点的方式来绘制曲线，如图2-21所示。

图2-20

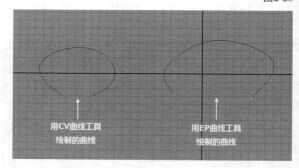

图2-21

3.铅笔曲线工具

"铅笔曲线工具"是通过绘图的方式来创建曲线，可以直接使用"铅笔曲线工具"在视图中绘制曲线，也可以通过手绘板等绘图工具来绘制流畅的曲线，同时还可以使用"平滑曲线"和"重建曲线"命令对曲线进行平滑处理。"铅笔曲线工具"的参数很简单，和"CV曲线工具"的参数类似，如图2-22所示。

图2-22

技术专题08 使用"铅笔曲线工具"绘制曲线的缺点

使用"铅笔曲线工具"绘制曲线的缺点是控制点太多，如图2-23所示。绘制完成后难以对其进行修改，只有使用"平滑曲线"和"重建曲线"命令精减曲线上的控制点后，才能对其进行修改，但这两个命令会使曲线发生很大的变形，所以一般情况下都使用"CV曲线工具"和"EP曲线工具"来创建曲线。

图2-23

4.弧工具

"弧工具"可以用来创建圆弧曲线，绘制完成后，可以用鼠标中键再次对圆弧进行修改。"弧工具"菜单中包含"三点圆弧"和"两点圆弧"两个子命令，如图2-24所示。

三点圆弧 □
两点圆弧 □

图2-24

参数详解

三点圆弧：单击"三点圆弧"命令后面的■按钮，可打开"工具设置"对话框，如图2-25所示。

图2-25

圆弧度数：用来设置圆弧的度数，这里有"1线性"和"3"两个选项可以选择。

截面数：用来设置曲线的截面段数，最少为4段。

两点圆弧：使用"两点圆弧"工具可以绘制出两点圆弧曲线，如图2-26所示。单击"两点圆弧"命令后面的■按钮，打开"工具设置"对话框，如图2-27所示。

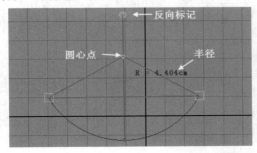

图2-26

图2-27

提示 "两点圆弧"工具的参数与"三点圆弧"工具一样，这里不再重复讲解。

2.2.3 文本

Maya可以通过输入文字来创建NURBS曲线、NURBS曲面、多边形曲面和倒角物体。单击"创建>文本"命令后面的■按钮，打开"文本曲线选项"对话框，如图2-28所示。

图2-28

参数详解

文本：在这里面可以输入要创建的文本内容。

字体：设置文本字体的样式，单击后面的■按钮可以打开"选择字体"对话框，在该对话框中可以设置文本的字符样式和大小等，如图2-29所示。

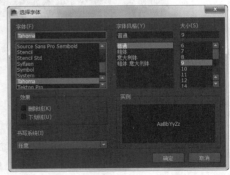

图2-29

类型：设置要创建的文本对象的类型，有"曲线""修剪""多边形"和"倒角"4个选项可以选择，如图2-30所示。

图2-30

2.2.4 Adobe（R）Illustrator（R）对象

Maya 2014可以直接读取Illustrator软件的源文件，即将Illustrator的路径作为NURBS曲线导入到Maya中。在Maya以前的老版本中不支持中文输入，只有AI格式的源文件才能导入Maya中，而Maya 2014可以直接在文本里创建中文文本，同时也可以使用平面软件绘制出Logo等图形，然后保存为AI格式，再导入到Maya中创建实体对象。

提示 Illustrator是Adobe公司出品的一款平面矢量软件，使用该软件可以很方便地绘制出各种形状的矢量图形。

单击"Adobe（R）Illustrator（R）对象"命令后面的■按钮，打开"Adobe（R）Illustrator（R）对象选项"对话框，如图2-31所示。

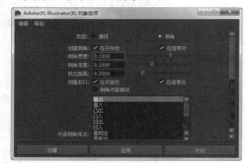

图2-31

提示 从"类型"选项组中可以看出使用AI格式的路径可以创建出"曲线"和"倒角"对象。

2.2.5 旋转

使用"曲面>旋转"命令可以将一条NURBS曲线的轮廓线生成一个曲面，并且可以随意控制旋转角度。打开"旋转选项"对话框，如图2-32所示。

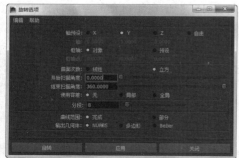

图2-32

参数详解

轴预设：用来设置曲线旋转的轴向，共有x、y、z轴和"自由"4个选项。

枢轴：用来设置旋转轴心点的位置。

对象：以自身的轴心位置作为旋转方向。

预设：通过坐标来设置轴心点的位置。

枢轴点：用来设置枢轴点的坐标。

曲面次数：用来设置生成的曲面的次数。

线性：表示为1阶，可生成不平滑的曲面。

立方：可生成平滑的曲面。

开始/结束扫描角度：用来设置开始/结束扫描的角度。

使用容差：用来设置旋转的精度。

分段：用来设置生成曲线的段数。段数越多，精度越高。

输出几何体：用来选择输出几何体的类型，有NURBS、多边形、细分曲面和Bezier4种类型。

2.2.6 放样

使用"曲线>放样"命令可以将多条轮廓线生成一个曲面。打开"放样选项"对话框，如图2-33所示。

图2-33

参数详解

参数化：用来改变放样曲面的v向参数值。

一致：统一生成的曲面在v方向上的参数值。

弦长：使生成的曲面在v方向上的参数值等于轮廓线之间的距离。

自动反转：在放样时，因为曲线方向的不同会产生曲面扭曲现象，该选项可以自动统一曲线的方向，使曲面不产生扭曲现象。

关闭：选择该选项后，生成的曲面会自动闭合。

截面跨度：用来设置生成曲面的分段数。

2.3 NURBS曲线的应用

NURBS曲线可以结合大量菜单命令来完成模型的创建，通常会用到"编辑曲线""曲面"和"编辑NURBS"等菜单命令，如图2-34所示。

图2-34

2.3.1 课堂案例：制作茶壶

场景位置	无
实例位置	实例文件>CH02>B2>B2.mb
难易指数	★★★☆☆
技术掌握	学习通过曲线制作NURBS模型的方法

案例介绍

茶壶是生活中常见的饮具，偏古韵的茶壶能体现出使用者的高雅。对于茶壶这类精度较高的平滑模型，笔者建议采用NURBS建模来完成，茶壶的各个部分都可以通过对曲线进行旋转、挤出和自由形式圆角等操作来创建。案例效果如图2-35所示。

图2-35

制作思路

第1步：在前视图中绘制EP曲线，然后通过旋转的方法制作出壶身的模型。

第2步：在场景中绘制一条曲线和一个NURBS圆形，然后将NURBS圆形按照曲线挤出，制作出壶嘴的模型。

第3步：使用制作壶嘴的方法制作出壶柄的模型。

第4步：删除模型的历史记录和场景中的曲线，然后从壶嘴的模型上重新复制出曲线，再将曲线投影到壶身的模型上，最后使用"自由形式圆角"命令将复制出的曲线和投影到壶身模型上的曲线生成倒角结构。

1.制作壶身

（1）在前视图中执行"创建>EP曲线工具"菜单命令，绘制一条如图2-36所示的曲线。

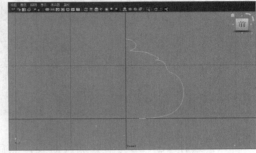

图2-36

（2）选择上一步绘制的曲线，然后执行"曲面>旋转"菜单命令制作出壶身的模型，如图2-37所示。

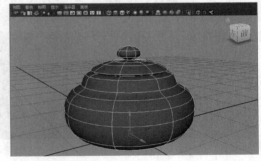

图2-37

2.制作壶嘴

（1）在前视图中执行"创建>EP曲线工具"菜单命令，绘制一条如图2-38所示的曲线。

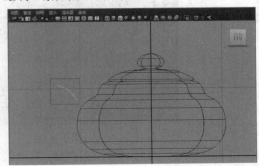

图2-38

（2）执行"创建>NURBS基本体>圆形"菜单命令，在场景中创建一个NURBS圆形，然后使用"移动工具" ⚊ 将其拖曳至如图2-39所示的位置。

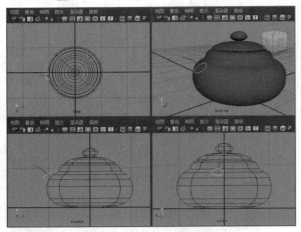

图2-39

（3）选择NURBS圆形并加选曲线，然后执行"曲面>挤出"菜单命令，模型效果如图2-40所示。

（4）进入模型的"壳线"编辑模式，然后使用"缩放工具" ⚊ 调整壳线的形状，制作出壶嘴的模型，如图2-41所示。

图2-40   图2-41

3.制作壶柄

（1）在前视图中执行"创建>EP曲线工具"菜单命令，绘制一条如图2-42所示的曲线。

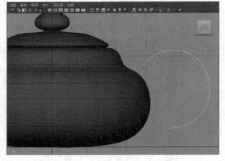

图2-42

（2）执行"创建>NURBS基本体>圆形"菜单命令，在场景中创建一个NURBS圆形，然后使用"移动工

具" ⚊ 在顶视图中将其拖曳至如图2-43所示的位置。

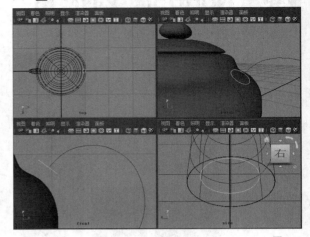

图2-43

（3）选择NURBS圆形并加选壶柄的曲线，然后执行"曲面>挤出"菜单命令，模型效果如图2-44所示。

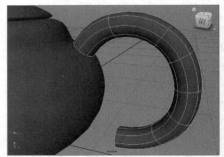

图2-44

4.倒角结构

（1）选择场景中所有的模型，然后执行"编辑>按类型删除>历史"菜单命令，删除模型的历史记录；接着选择场景中的所有曲线并将它们删除，如图2-45所示。再选择壶身的模型，最后将其沿y轴旋转90°，如图2-46所示。

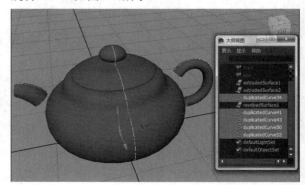

图2-45

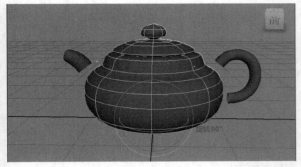

图2-46

提示　"将壶身的模型在y轴上旋转90°"这一步很重要，因为曲线在旋转生成模型的时候会在模型的y轴方向上产生接缝，如果不将接缝移开，在以后的投影曲线过程中会产生错误。

（2）进入壶嘴模型的"等参线"编辑模式，并选择边缘处的等参线，如图2-47所示；然后执行"编辑曲线>复制曲面曲线"菜单命令，将表面曲线复制出来；接着执行"修改>居中枢轴"菜单命令，将曲线的坐标设置在自身的中心上，如图2-48所示。

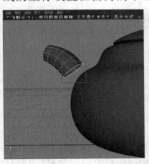

图2-47　　　　　　图2-48

（3）在前视图中使用"缩放工具" 将曲线调整得大一些，然后使用"移动工具" 将其拖曳到如图2-49所示的位置。

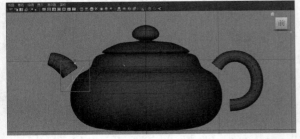

图2-49

（4）选择曲线，然后加选壶身的模型，接着切换到Maya的左视图，如图2-50所示；最后执行"编

辑NURBS>在曲面上投影曲线"菜单命令，投影效果如图2-51所示。

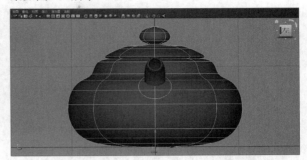

图2-50

图2-51

（5）选择壶嘴底部边缘的等参线，然后加选投影在壶身上的曲线（可复制壶身上的该段曲线），如图2-52所示；接着执行"编辑NURBS>曲面圆角>自由形式圆角"菜单命令，最后设置"深度"为0.2、"偏移"为-0.4，模型效果如图2-53所示。

图2-52

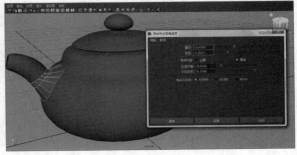

图2-53

（6）使用同样的方法制作出壶柄与壶身之间的倒角结构，如图2-54所示。茶壶模型的最终效果如图2-55所示。

图2-54

图2-55

2.3.2 挤出

使用"曲面>挤出"菜单命令可将一条任何类型的轮廓曲线沿着另一条曲线的大小生成曲面。打开"挤出选项"对话框，如图2-56所示。

图2-56

参数详解

样式： 用来设置挤出的样式。

距离： 将曲线沿指定距离进行挤出。

平坦： 将轮廓线沿路径曲线进行挤出，但在挤出过程中始终平行于自身的轮廓线。

管： 将轮廓线以与路径曲线相切的方式挤出曲面，这是默认的创建方式。图2-57所示是3种挤出方式产成的曲面效果。

结果位置： 决定曲面挤出的位置。

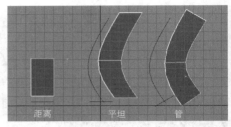

图2-57

在剖面处： 挤出的曲面在轮廓线上。如果轴心点没有在轮廓线的几何中心，那么挤出的曲面将位于轴心点上。

在路径处： 挤出的曲面在路径上。

枢轴： 用来设置挤出时的枢轴点类型。

最近结束点： 使用路径上最靠近轮廓曲线边界盒中心的端点作为枢轴点。

组件： 让各轮廓线使用自身的枢轴点。

方向： 用来设置挤出曲面的方向。

路径方向： 沿着路径的方向挤出曲面。

剖面法线： 沿着轮廓线的法线方向挤出曲面。

旋转： 设置挤出的曲面的旋转角度。

缩放： 设置挤出的曲面的缩放量。

2.3.3 复制曲面曲线

通过执行"编辑曲线>复制曲面曲线"菜单命令可以将NURBS曲面上的等参线、剪切边和NURBS曲面上的曲线复制出来。单击"复制曲面曲线"命令后面的 □ 按钮，打开"复制表面曲线选项"对话框，如图2-58所示。

图2-58

参数详解

与原始对象分组： 选择该选项后，可以让复制出来的曲线作为源曲面的子物体；关闭该选项时，复制出来的曲线将作为独立的物体。

可见曲面等参线： u/v和"二者"选项分别表示复制u向、v向和两个方向上的等参线。

> **提示** 除了上面的复制方法，还有一种方法经常被使用。进入NURBS曲面的等参线编辑模式，然后选择指定位置的等参线；接着执行"复制曲面曲线"命令，这样可以将指定位置的等参线单独复制出来，而不复制出其他等参线；若选择剪切边或NURBS曲面上的曲线进行复制，也不会复制出其他等参线。

2.3.4 在曲面上投影曲线

执行"编辑NURBS>在曲面上投影曲线"命令，可以将曲线按照某种投射方法投影到曲面上，以形成曲面曲线。打开"在曲面上投影曲线选项"对话框，如图2-59所示。

图2-59

参数详解

沿以下项投影： 用来选择投影的方式。

活动视图： 用垂直于当前激活视图的方向作为投影方向。

曲面法线： 用垂直于曲面的方向作为投影方向。

2.3.5 曲面圆角

执行"编辑NURBS>曲面圆角"菜单命令可以打开"曲面圆角"菜单列表，"曲面圆角"命令包含3个子命令，分别是"圆形圆角""自由形式圆角"和"圆角混合工具"，如图2-60所示。

圆形圆角 □
自由形式圆角 □
圆角混合工具 □

图2-60

1.圆形圆角

使用"圆形圆角"命令可以在两个现有曲面之间创建圆角曲面。打开"圆形圆角选项"对话框，如图2-61所示。

图2-61

参数详解

在曲面上创建曲线： 选择该选项后，在创建光滑曲面

的同时会在曲面与曲面的交界处创建一条曲面曲线，以方便修剪操作。

反转主曲面法线： 该选项用于反转主要曲面的法线方向，并且会直接影响到创建的光滑曲面的方向。

反转次曲面法线： 该选项用于反转次要曲面的法线方向。

半径： 设置圆角的半径。

> **提示** 上面的两个反转曲面法线方向选项只是在命令执行过程中反转法线方向，而在命令结束后，实际的曲面方向并没有发生改变。

2.自由形式圆角

"自由形式圆角"命令是通过选择两个曲面上的等参线、曲面曲线或修剪边界来产生光滑的过渡曲面。打开"自由形式圆角选项"对话框，如图2-62所示。

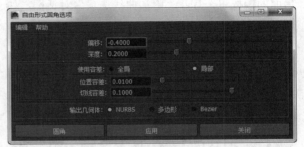

图2-62

参数详解

偏移： 设置圆角曲面的偏移距离。

深度： 设置圆角曲面的曲率变化。

3.圆角混合工具

"圆角混合工具"命令可以使用手柄直接选择等参线、曲面曲线或修剪边界来定义想要倒角的位置。打开"圆角混合选项"对话框，如图2-63所示。

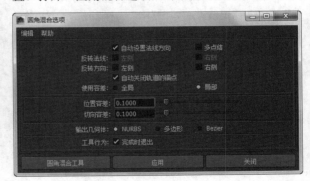

图2-63

参数详解

自动设置法线方向：选择该选项后，Maya会自动设置曲面的法线方向。

反转法线：当关闭"自动设置法线方向"选项时，反转法线选项才可选，主要用来反转曲面的法线方向。"左侧"表示反转第1次选择曲面的法线方向；"右侧"表示反转第2次选择曲面的法线方向。

反转方向：当关闭"自动设置法线方向"选项时，该选项可以用来纠正圆角的扭曲效果。

自动关闭轨道的锚点：用于纠正两个封闭曲面之间圆角产生的扭曲效果。

2.3.6 附加曲线

执行"编辑曲线>附加曲线"命令可以将断开的曲线合并为一条整体曲线。单击"附加曲线"命令后面的 ▣ 按钮，打开"附加曲线选项"对话框，如图2-64所示。

图2-64

参数详解

附加方法：曲线的附加模式，包括"连接"和"混合"两个选项。"连接"方法可以直接将两条曲线连接起来，但不进行平滑处理，所以会产生尖锐的角；"混合"方法可使两条曲线的附加点以平滑的方式过渡，并且可以调节平滑度。

多点结：用来选择是否保留合并处的结构点。"保持"选项为保留结构点；"移除"为移除结构点，移除结构点时，附加处会变成平滑的连接效果，如图2-65所示。

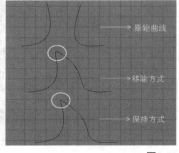

图2-65

混合偏移：当开启"混合"选项时，该选项用来控制附加曲线的连续性。

插入结：开启"混合"选项时，该选项可用来在合并处插入EP点，以改变曲线的平滑度。

保持原始：选择该选项时，合并后将保留原始的曲线；关闭该选项时，合并后将删除原始曲线。

2.4 NURBS基本体

在前面的内容中，我们学习了如何通过曲线来创建模型，其实NURBS并不只是用曲线进行建模，它也包含自己的基本体，如球体、立方体等。接下来我们将学习如何通过NURBS基本体进行模型的创建。

2.4.1 课堂案例：制作哑铃

场景位置	无
实例位置	实例文件>CH02>B3>B3.mb
难易指数	★★☆☆☆
技术掌握	学习创建NURBS基本体的方法

案例介绍

相信大家对于哑铃并不陌生，可简单地将哑铃看作是由两个球体和一个圆柱体组合而成的，当然用前面学过的方法是可以制作哑铃模型的，在这里笔者介绍另一种方法，就是通过"NURBS基本体"进行制作哑铃模型，如图2-66所示。

图2-66

制作思路

第1步：使用非交互的创建方式创建出NURBS球体模型。

第2步：复制出一个球体，然后使用"移动工具"▣调整复制出来的球体位置。

第3步：创建一个圆柱体作为哑铃的手柄。

第4步：使用"缩放工具"▣通过调整圆柱体的顶点来编辑哑铃手柄的形态。

第5步：使用"圆形圆角"命令将球体与手柄完美结合起来，同时对场景进行优化。

1.创建球体

（1）执行"创建>NURBS基本体>交互式创建"菜单命令，关闭"交互式创建"选项；然后执行"创建>NURBS基本体>球体"菜单命令，在场景中创建一个NURBS球体，如图2-67所示。

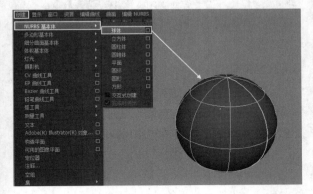

图2-67

> **提示** 在场景比较大的情况下，使用"交互式创建"功能创建基本模型物体是很方便的，但是不利于基本模型物体的参数设置，因为使用"交互式创建"的方法创建出来的模型物体的参数是不精确的，需要在模型物体的"通道盒"中进行参数的精确调整。因此，一般情况下都会取消"交互式创建"选项。

（2）选择上一步创建的NURBS球体，然后在视图右侧的"通道盒"中设置"平移 x"为-2、"旋转 z"为90，具体参数设置如图2-68所示。此时模型效果如图2-69所示。

图2-68　　　　　　　图2-69

（3）保持对NURBS球体的选择，然后按快捷键Ctrl+D复制一个NURBS球体，接着在视图右侧的"通道盒"中修改"平移 x"为2、"旋转 z"为90，如图2-70所示。此时模型效果如图2-71所示。

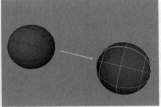

图2-70　　　　　　　图2-71

2.制作手柄

（1）执行"创建>NURBS基本体>圆柱体"菜单命令，在场景中创建一个圆柱体模型，如图2-72所示。

图2-72

（2）选择圆柱体模型，然后在"通道盒"中设置"旋转 z"为90、"缩放 x"为0.346、"缩放 y"为1.16、"缩放 z"为0.346，如图2-73所示。此时模型效果如图2-74所示。

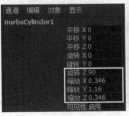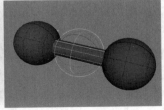

图2-73　　　　　　　图2-74

（3）在"通道盒"中将圆柱体的"跨度数"设置为4，具体参数设置如图2-75所示。此时模型效果如图2-76所示。

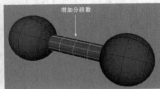

图2-75　　　　　　　图2-76

> **提示** 充足的分段数可以使模型有足够的控制点来制作更加精细的模型。

（4）选中NURBS圆柱体，然后在圆柱体上单击鼠标右键不放，接着在打开的菜单中选择"控制

顶点"命令，如图2-77所示，进入物体的"控制顶点"编辑模式。

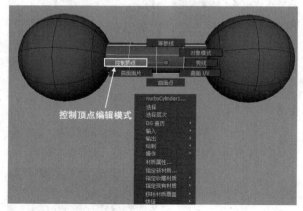

图2-77

（5）进入前视图，选择如图2-78所示的控制点，然后按R键激活"缩放工具" ，接着按住Ctrl键的同时使用鼠标左键向右拖曳 y 轴的手柄，这样就可以在选择的控制点的 x 轴和 z 轴上同时进行缩放，如图2-79所示。

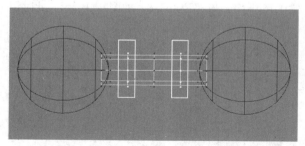

图2-78

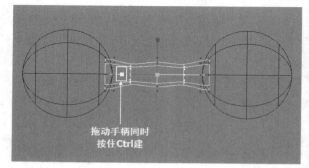

图2-79

（6）单击视图快捷栏中的的"栅格"按钮 ，关闭视图中的栅格线，然后单击"对所有项目进行平滑着色处理"按钮 ，可以看到哑铃的基本模型已经制作出来了，但是哑铃的球体和手柄之间的过渡位置显得比较生硬，如图2-80所示。

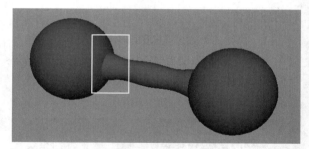

图2-80

3.融合结构

（1）返回圆柱体的对象模式，然后选择圆柱体模型，接着按住Shift键加选左边的球体模型，如图2-81所示；再单击"编辑NURBS>曲面圆角>圆形圆角"菜单命令后面的 按钮，并在打开的对话框中设置"半径"为0.2，最后单击"圆角"按钮，如图2-82所示。设置完成后的效果如图2-83所示。

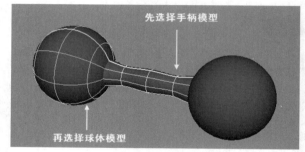

图2-81

图2-82

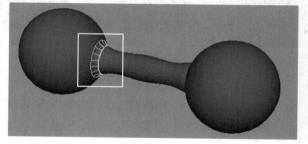

图2-83

（2）使用同样的方法制作哑铃的手柄与另一个球体的融合结构，此时的效果如图2-84所示。

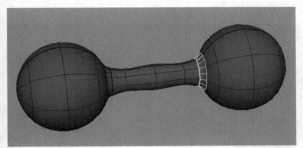

图2-84

4.成组模型

（1）框选场景中所有的模型，然后执行"修改>冻结变换"菜单命令，冻结物体"通道盒"中的属性，如图2-85所示。

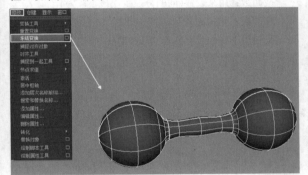

图2-85

（2）确保所有的模型处于被选择状态，执行"编辑>按类型删除>历史"菜单命令，然后清除所有模型的历史记录，如图2-86所示。

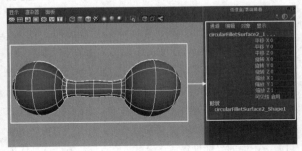

图2-86

（3）选择所有的模型，然后按快捷键Ctrl+G成组物体模型，接着执行"窗口>大纲视图"菜单命令，打开"大纲视图"窗口，再删除无用的模型和曲线，最后将组的名称由group1修改为dumbbell，如图2-87所示。效果如图2-88所示。

图2-87

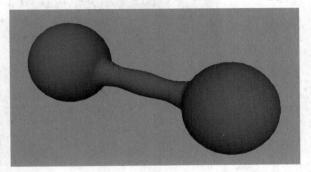

图2-88

 提示　模型制作的最终目的就是为了将来的动画编辑和渲染输出，因此对模型或者模型组进行合理的命名和优化会为将来的动画编辑和渲染输出带来很大的方便。由于Maya 2014对中文的支持依然不是十分完美，所以使用英文或者拼音来命令路径和名称是很有必要的。

2.4.2 创建NURBS基本体

在"创建>NURBS基本体"菜单下是NURBS基本几何体的创建命令，用这些命令可以创建出NURBS最基本的几何体对象，如图2-89所示。

图2-89

Maya提供了两种建模方法：一种是直接创建一个几何体在指定的坐标上，几何体的大小也是提前设定的；另一种是交互式创建方法，这种创建方法是在选择命令后在视图中拖曳光标才能创建出几何体对象，大小和位置由光标的位置决定，这是Maya默认的创建方法。

> **提示** 在"创建>NURBS基本体"菜单下选择"交互式创建"选项可以启用互交式创建方法。

1.球体

选择"球体"命令后在视图中拖曳光标就可以创建出NUR BS球体，拖曳的距离就是球体的半径。单击"球体"命令后面的■按钮，打开"工具设置"对话框，如图2-90所示。

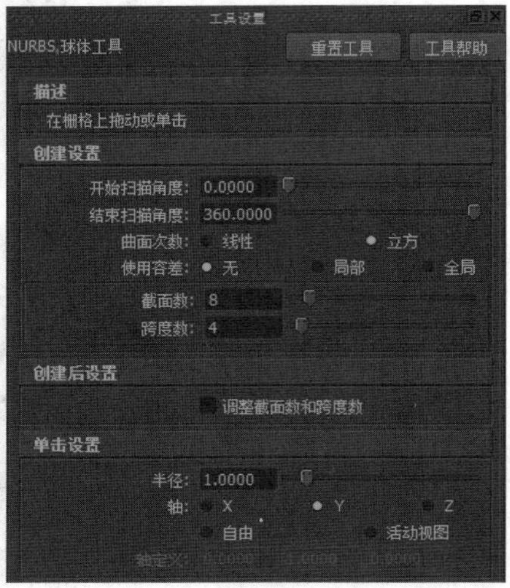

图2-90

参数详解

开始扫描角度： 设置球体的起始角度，其值在0°~360°之间，可以产生不完整的球面。

> **提示** "起始扫描角"值不能等于360°。如果等于360°，"起始扫描角"就等于"终止扫描角"，这时候创建球体，系统将会提示错误信息，在视图中也观察不到创建的对象。

结束扫描角度： 用来设置球体终止的角度，其值在0°~360°之间，可以产生不完整的球面，与"开始扫描角度"正好相反，如图2-91所示。

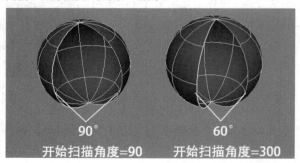

90°
开始扫描角度=90

60°
开始扫描角度=300

图2-91

曲面次数： 用来设置曲面的平滑度。"线性"为直线型，可形成尖锐的棱角；"立方"会形成平滑的曲面，如图2-92所示。

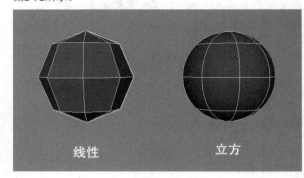

线性　　　　立方

图2-92

使用容差： 该选项的默认状态处于关闭状态，是另一种控制曲面精度的方法。

截面数： 用来设置v向的分段数，最小值为4。

跨度数： 用来设置u向的分段数，最小值为2，图2-93所示是使用不同分段数创建的球体对比。

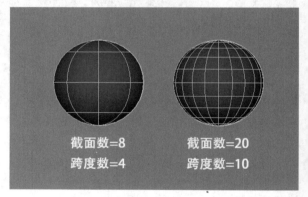

截面数=8
跨度数=4

截面数=20
跨度数=10

图2-93

调整截面数和跨度数： 选择该选项时，创建球体后不会立即结束命令，再次拖曳光标可以改变u方向上的分段数，结束后再次拖曳光标可以改变v方向上的分段数。

半径： 用来设置球体的大小。设置好半径后直接在视图中单击鼠标左键可以创建出球体。

轴： 用来设置球体中心轴的方向，有x、y、z、"自由"和"活动视图"5个选项可以选择。选择"自由"选项可激活下面的坐标设置，该坐标与原点连线方向就是所创建体的轴方向；选择"活动视图"选项后，所创建球体的轴方向将垂直于视图的工作平面，也就是视图中网格所在的平面。图2-94所示是分别在顶视图、前视图和侧视图中所创建的球体效果。

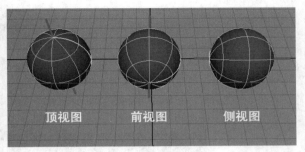

顶视图　　　　前视图　　　　侧视图

图2-94

2.立方体

单击"立方体"命令后面的□按钮，打开"工具设置"对话框，如图2-95所示。

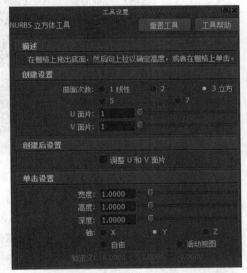

图2-95

提示　该对话框中的大部分参数都与NURBS球体的参数相同，因此重复部分不再进行讲解。

参数详解

曲面次数：该选项比球体的创建参数多了2、5、7这3个次数。

U/V面片：设置u/v方向上的分段数

调整U和V面片：这里与球体不同的是，添加u向分段数的同时也会增加v向的分段数。

宽度/高度/深度：分别用来设置立方体的长、宽、高。设置好相应的参数后，在视图里单击鼠标左键就可以创建出立方体。

提示　创建的立方体是由6个独立的平面组成，整个立方

体为一个组，如图2-96所示。

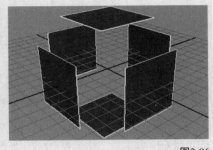

图2-96

3.圆柱体

单击"圆柱体"命令后面的□按钮，打开"工具设置"对话框，如图2-97所示。

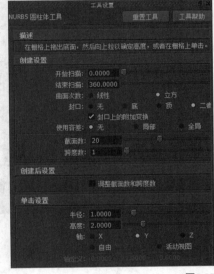

图2-97

参数详解

封口：用来设置是否为圆柱体添加盖子，或者在哪一个方向上添加盖子。"无"选项表示不添加盖子；"底"选项表示在底部添加盖子，而顶部镂空；"顶"选项表示在顶部添加盖子，而底部镂空；"二者"选项表示在顶部和底部都添加盖子，如图2-98所示。

无　　　　底　　　　顶　　　　二者

图2-98

封口上的附加变换：选择该选项时，盖子和圆柱体会变成一个整体；如果关闭该选项，盖子将作为圆柱体的子物体。

半径：设置圆柱体的半径。

高度：设置圆柱体的高度。

提示 在创建圆柱体时，只有在使用单击鼠标左键的方式创建时，设置的半径和高度值才起作用。

4.圆锥体

单击"圆锥体"命令后面的回按钮，打开"工具设置"对话框，如图2-99所示。

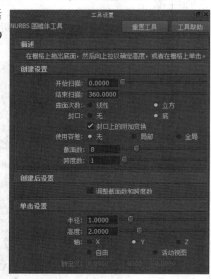

图2-99

提示 圆锥体的参数与圆柱体基本一致，这里不再重复讲解。

5.平面

单击"平面"命令后面的回按钮，打开"工具设置"对话框，如图2-100所示。

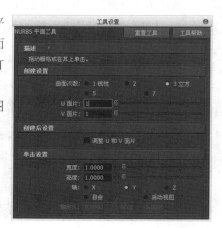

图2-100

提示 平面的参数与圆柱体也基本一致，因此这里也不再重复讲解。

6.圆环

单击"圆环"命令后面的回按钮，打开"工具设置"对话框，如图2-101所示。

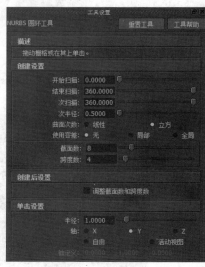

图2-101

参数详解

次扫描：该选项表示在圆环截面上的角度，如图2-102所示。

次扫描=120

图2-102

次半径：设置圆环在截面上的半径。

半径：用来设置圆环整体半径的大小，如图2-103所示。

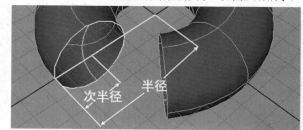

图2-103

7.圆形

单击"圆形"命令后面的 □ 按钮，打开"工具设置"对话框，如图2-104所示。

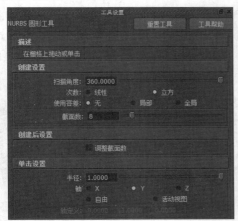

图2-104

参数详解

截界面数： 用来设置圆的段数。

调整截面数： 选择该选项时，创建完模型后不会立即结束命令，再次拖曳光标可以改变圆的段数。

8.方形

单击"方形"命令后面的 □ 按钮，打开"NURBS方形工具"对话框，如图2-105所示。

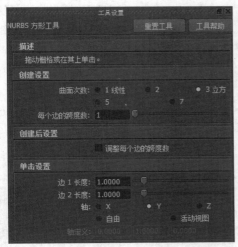

图2-105

参数详解

每个边的跨度数： 用来设置每条边上的段数。

调整每个边的跨度数： 选择该选项后，在创建完矩形后可以再次对每条边的段数进行修改。

边1长度/边2长度： 分别用来设置两条对边的长度。

技术专题09 切换编辑模式

在实际工作中，经常会遇到切换编辑模式的情况。如要将实体模式切换为"控制顶点"模式，这时可以在对象上单击鼠标右键（不松开鼠标右键），然后在打开的快捷菜单中选择"控制顶点"命令，如图2-106所示；如果要将"控制顶点"模式切换为"对象模式"，可以在对象上单击鼠标右键（不松开鼠标右键），然后在打开的菜单中选择"对象模式"命令，如图2-107所示。

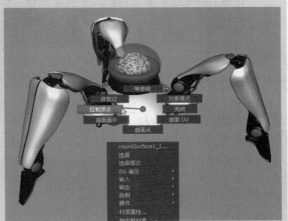

图2-106

图2-107

2.4.3 布尔

在前面的"哑铃"案例中，我们联系过结合两个物体的方法，那么如果要对两个对象进行其他加减操作，应该怎么办呢？"布尔"命令可以对两个相交的NURBS对象进行并集、差集和交集计算，确切地说也是一种修剪操作。"布尔"命令包含3个

子命令,分别是"并集工具""差集工具"和"交集工具",如图2-108所示。

图2-108

下面以"并集工具"为例来讲解"布尔"命令的使用方法。打开"NURBS布尔并集选项"对话框,如图2-109所示。

图2-109

参数详解

删除输入:选择该选项后,在关闭历史记录的情况下,可以删除布尔运算的输入参数。

工具行为:用来选择布尔工具的特性。

完成后退出:如果关闭该选项,在布尔运算操作完成后,会继续使用布尔工具,这样可以不必继续在菜单中选择布尔工具就可以进行下一次的布尔运算。

层级选择:选择该选项后,选择物体进行布尔运算时,会选中物体所在层级的根节点。如果需要对群组中的对象或者子物体进行布尔运算,需要关闭该选项。

> **提示** 布尔运算的操作方法比较简单。首先选择相关的运算工具,然后选择一个或多个曲面作为布尔运算的第1组曲面;接着按Enter键,再选择另外一个或多个曲面作为布尔运算的第2组曲面就可以进行布尔运算了。
>
> 布尔运算有3种运算方式:"并集工具"可以去除两个NURBS物体的相交部分,保留未相交的部分;"差集工具"用来消去对象上与其他对象的相交部分,同时其他对象也会被去除;使用"交集工具"命令后,可以保留两个NURBS物体的相交部分,但是会去除其余部分。

2.5 NURBS基本体的运用

在进行高精度的模型制作时,不可能像前面那样经过简单的基本体拼凑就能完成模型,而是要通过对基本体的子级元素进行反复编辑,并结合大量编辑命令才能完成的。

2.5.1 课堂案例:制作杯子

场景位置	无
实例位置	实例文件>CH02>B4>B4.mb
难易指数	★★☆☆☆
技术掌握	学习创建NURBS常用工具的运用

案例介绍

本案例将制作一个杯子模型,杯子整体可以看做成一个中心对称物体,因此先绘制出模型的轮廓曲线,使用"旋转"工具快速生成杯身的模型,然后制作出杯子的把手模型,使用"圆化工具"使杯身和把手之间过渡光滑。案例效果如图2-110所示。

图2-110

制作思路

第1步:使用"EP曲线工具"绘制出杯身的轮廓曲线,然后使用"旋转"工具生成杯身模型。

第2步:使用"EP曲线工具"绘制出盖子的轮廓曲线,然后使用"旋转"工具生成盖子模型。

第3步:使用"NURBS 圆形"工具和"EP曲线工具"绘制出把手的轮廓线和路径线,然后使用"挤出"命令生成把手模型。

第4步:使用"圆化工具"命令使杯身和把手之间过渡光滑。

(1)切换到前视图,然后使用"曲线"工具架中的"EP曲线工具"绘制一条如图2-111所示的曲线。

(2)选择曲线,然后单击"曲面"工具架中的"旋转"工具,效果如图2-112所示。

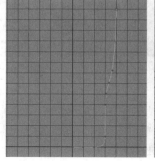

图2-111

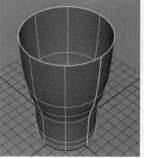

图2-112

（3）切换到前视图，然后使用"曲线"工具架中的"EP曲线工具"绘制一条如图2-113所示的曲线。

（4）选择曲线，然后单击"曲面"工具架中的"旋转"工具，效果如图2-114所示。

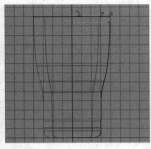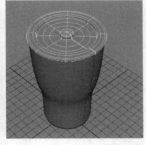

| 图2-113 | 图2-114 |

（5）使用"曲线"工具架中的"NURBS 圆形"工具，绘制一个圆形曲线，然后进入该曲线的"控制顶点"级别，接着调整曲线的形状，如图2-115所示。

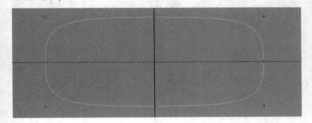

图2-115

（6）切换到侧视图，然后使用"曲线"工具架中的"EP曲线工具"绘制一条如图2-116所示的曲线。

（7）选择圆形曲线，然后使用"捕捉到曲线"工具，将圆形曲线捕捉到把手曲线的端点，如图2-117所示。

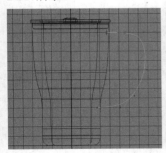

| 图2-116 | 图2-117 |

（8）选择圆形曲线，然后加选把手曲线，接着执行"曲面>挤出"菜单命令，效果如图2-118所示。

（9）选择杯身模型和把手模型，然后执行"编辑NURBS>相交"菜单命令，在杯身和把手的相交处生成曲线，如图2-119所示。

| 图2-118 | 图2-119 |

（10）选择把手模型，然后执行"编辑NURBS>修剪工具"菜单命令，接着单击把手中间区域，如图2-120所示。最后按Enter键完成操作，如图2-121所示。

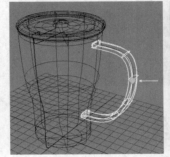

| 图2-120 | 图2-121 |

（11）选择杯身模型，然后执行"编辑NURBS>修剪工具"菜单命令，接着单击杯身中间的区域，如图2-122所示，最后按Enter键完成操作。

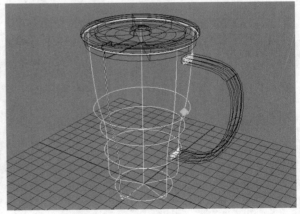

图2-122

（12）执行"编辑NURBS>圆化工具"菜单命令，然后框选杯身和把手的相交处，接着在"通道盒/层编辑器"中设置"半径[0]"和"半径[1]"为0.4，如

图2-123所示，最后按Enter键完成操作，杯身和把手间会生成光滑的过渡效果，如图2-124所示。

图2-123

图2-124

2.5.2 插入等参线

使用"编辑NURBS>插入等参线"命令可以在曲面的指定位置插入等参线，而不改变曲面的形状，当然也可以在选择的等参线之间添加一定数目的等参线。打开"插入等参线选项"对话框，如图2-125所示。

图2-125

参数详解

插入位置： 用来选择插入等参线的位置。

在当前选择处： 在选择的位置插入等参线。

在当前选择之间： 在选择的两条等参线之间插入一定数目的等参线。开启该选项下面会出现一个"要插入的等参线数"选项，该选项主要用来设置插入等参线的数目，如图2-126所示。

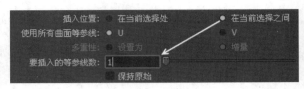

图2-126

2.5.3 倒角

执行"曲面>倒角"命令可以用曲线来创建一个倒角曲面对象，倒角对象的类型可以通过相应的参数来进行设定。打开"倒角选项"对话框，如图2-127所示。

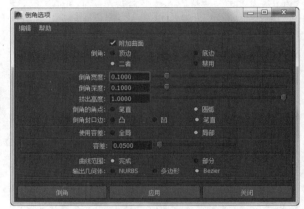

图2-127

参数详解

倒角： 用来设置在什么位置产生倒角曲面。

顶边： 在挤出面的顶部产生倒角曲面。

底边： 在挤出面的底部产生倒角曲面。

二者： 在挤出面的两侧都产生倒角曲面。

禁用： 只产生挤出面，不产生倒角。

倒角宽度： 设置倒角的宽度。

倒角深度： 设置倒角的深度。

挤出高度： 设置挤出面的高度。

倒角的角点： 用来设置倒角的类型，共有"笔直"和"圆弧"两个选项。

倒角封口边： 用来设置倒角封口的形状，共有"凸""凹"和"笔直"3个选项。

2.5.4 倒角+

"倒角+"命令是"倒角"命令的升级版，该命令集合了非常多的倒角效果。打开"倒角+选项"对话框，如图2-128所示。

图2-128

2.5.5 平面

使用"平面"命令可以将封闭的曲线、路径和剪切边等生成一个平面，但这些曲线、路径和剪切边都必须位于同一平面内。打开"平面修剪曲面选项"对话框，如图2-129所示。

图2-129

2.5.6 曲面相交

使用"编辑NURBS>曲面相交"命令可以在曲面的交界处产生一条相交曲线，以用于后面的剪切操作。打开"曲面相交选项"对话框，如图2-130所示。

图2-130

参数详解

为以下项创建曲线：用来决定生成曲线的位置。

第一曲面：在第一个选择的曲面上生成相交曲线。

两个面：在两个曲面上生成相交曲线。

曲线类型：用来决定生成曲线的类型。

曲面上的曲线：生成的曲线为曲面曲线。

3D世界：选择该选项后，生成的曲线是独立的曲线。

2.5.7 修剪工具

使用"编辑NURBS>修剪工具"命令可以根据曲面上的曲线来对曲面进行修剪。打开"工具设置"对话框，如图2-131所示。

图2-131

参数详解

选定状态：用来决定选择的部分是保留还是丢弃。

保持：保留选择部分，去除未选择部分。

丢弃：保留去掉部分，去掉选择部分。

2.6 课堂练习：制作沙漏

针对NURBS建模，笔者准备了一个案例，该案例包含了NURBS曲线、NURBS曲线编辑和NURBS基本体的综合运用，这个练习并不难，希望读者能好好练习。

场景位置	无
实例位置	Examples>CH02>B5>B5.mb
难易指数	★★★☆☆
技术掌握	掌握NURBS曲线、NURBS基本体建模的思路和方法

案例介绍

本案例将制作一个沙漏模型，模型的各个部分均由不规则几何体组成，主要的模型都是通过对曲线进行旋转获得的，因此本案例的重点在于复杂曲线的制作技巧。案例效果如图2-132所示。

图2-132

制作思路

第1步：通过"两点圆弧"命令绘制一条圆弧曲线，将绘制的曲线复制一条，接着将两条曲线附加为一条曲线。

第2步：使用"旋转"命令将曲线旋转生成曲面，并通过调整曲线的控制点来调整曲面的形态。

第3步：创建NURBS圆柱体模型，并将圆柱体的边缘调整得圆滑些，制作出沙漏的底盘和顶盖。

第4步：绘制一条曲线，再通过"旋转"命令制作出沙漏的支柱。

第5步：复制沙漏的支柱模型，然后使用"移动工具"摆放好复制对象的位置，完成模型的制作。

2.6.1 制作沙罐

（1）进入前视图，然后执行"创建>弧工具>两点圆弧"菜单命令，接着在场景中绘制一段两点圆弧，默认情况下生成的圆弧是朝向左侧的，如图2-133所示。通过拖曳手柄将圆弧反转过来，如图2-134所示。

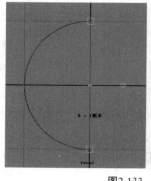
图2-133

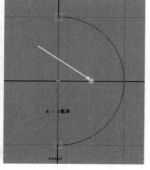
图2-134

提示 创建两点圆弧时，确定起始点和结束点位置的时候需要结合X键将这两点吸附到网格上。

（2）选择圆弧曲线，然后在"编辑曲线>重建曲线"菜单命令后面单击■按钮，接着在打开的"重建曲线选项"对话框中设置"跨度数"为5，最后单击"重建曲线"按钮，如图2-135所示。

图2-135

（3）选择曲线，然后按快捷键Ctrl+D复制出一条曲线，接着使用"移动工具"将复制出来的曲线向上拖曳至和原曲线有一点缝隙的位置处，如图2-136所示。

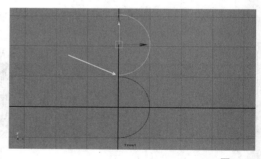
图2-136

（4）在"编辑曲线>附加曲线"菜单命令后面单击■按钮，然后在打开的"附加曲线选项"对话框中取消选择"保持原始"选项，再单击"附加"按钮，如图2-137所示。曲线效果如图2-138所示。

图2-137

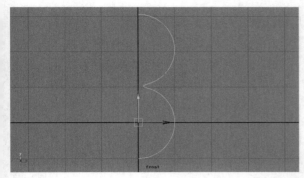

图2-138

> **提示** 在编辑曲线时经常使用到"附加曲线"工具，熟练掌握此工具可以创建出复杂的曲线。NURBS曲线在创建时无法直接产生直角的硬边，这是由NURBS曲线本身特有的性质所决定的，因此需要将不同阶数的曲线结合在一起，才能产生直角的硬边。

（5）选择曲线，然后执行"曲面>旋转"菜单命令，生成的曲面效果如图2-139所示。

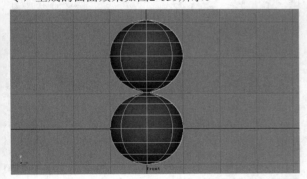

图2-139

（6）选择曲线，然后进入曲线的"控制顶点"级别，接着使用"移动工具" 将曲线上的控制点按照图2-140所示的样子进行调整。

（7）选择曲线顶部和底部的控制点，然后使用"缩放工具" 在y轴上对其进行缩放，如图2-141所示。

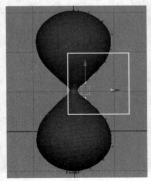
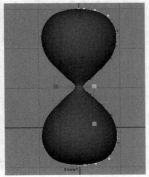

图2-140   图2-141

2.6.2 制作底盘和顶盖模型

（1）在"创建>NURBS基本体>圆柱体"菜单命令后面单击 按钮，然后在打开的"NURBS圆柱体选项"对话框中设置"半径"为1.3、"高度"为0.3；接着将"封口"属性设置为"二者"，最后单击"创建"按钮 ，如图2-142所示。

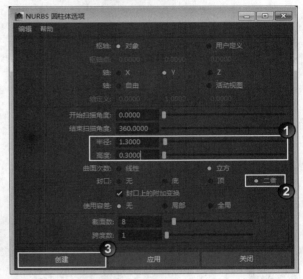

图2-142

（2）选择圆柱体模型的相交曲面，然后执行"编辑NURBS>圆化工具"菜单命令，接着选择要圆化的棱角，如图2-143所示。

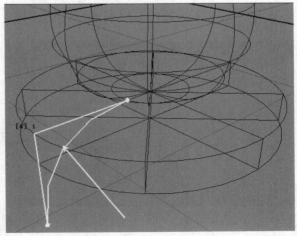

图2-143

（3）在"通道盒"中将两段倒角的"半径"设置为0.05，然后按Enter键确认。此时可以观察到圆柱体已经完成了圆化操作，模型效果如图2-144所示。

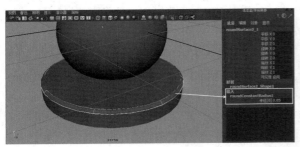

图2-144

> **提示** 在圆化曲面时，曲面与曲面之间的夹角范围为15°~165°，否则不能产生正确的结果。圆化的两个独立面的重合边的长度要保持一致，否则只能在短边上产生圆化效果。

（4）使用同样的方法对圆柱体的底部边缘也进行圆化操作，如图2-145所示。

图2-145

（5）框选底部圆柱体的所有模型，然后按快捷键Ctrl+D将其复制一份，接着使用"移动工具" ■将复制出来的模型拖曳到沙罐模型的顶部，如图2-146所示。

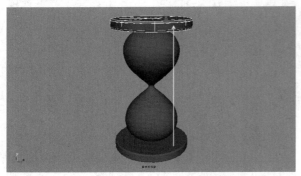

图2-146

2.6.3 制作支柱模型

（1）执行"创建>EP曲线工具"菜单命令，然后在前视图中绘制一条如图2-147所示的曲线。

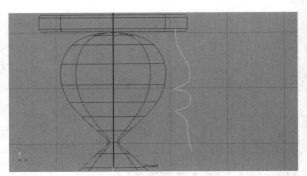

图2-147

（2）进入曲线的"控制顶点"级别，然后使用"移动工具" ■调整曲线的控制点，达到曲线圆滑的效果，如图2-148所示。

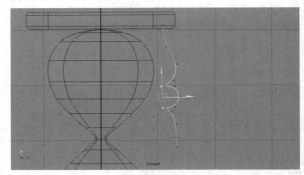

图2-148

（3）按Insert键激活枢轴操作手柄，然后将枢轴拖曳到如图2-149所示的位置，操作完成以后再按一下Insert键关闭枢轴操作手柄。

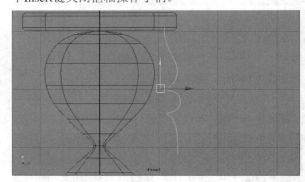

图149

（4）选择曲线，执行"曲面>旋转"菜单命令，旋转生成的模型效果如图2-150所示。

（5）进入曲线的"控制顶点"级别，然后使用"移动工具" ■参照在上一步骤中执行"旋转"命令生成的曲面来调整曲线的控制点，效果如图2-151所示。当曲线的形态调整完成后删除用来参照的曲面。

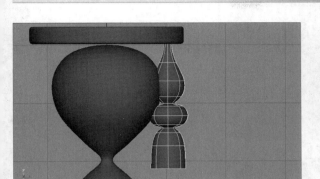

图2-150

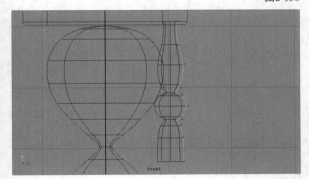

图2-151

（6）选择曲线，然后按快捷键Ctrl+D复制出一条曲线，接着在"通道盒"中设置"缩放 y"为-1，再使用"移动工具" 将复制出来的曲线向下拖曳至和原曲线有一点缝隙的位置处，如图2-152所示。

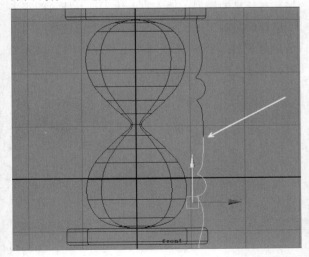

图2-152

（7）在"编辑曲线>附加曲线"菜单命令后面单击 按钮，然后在打开的"附加曲线选项"对话框中取消选择"保持原始"选项，接着单击"附加"按钮 附加 ，如图2-153所示。

图2-153

提示 "附加曲线"命令在编辑曲线时经常被使用到，熟练掌握该命令可以创建出复杂的曲线。NURBS曲线在创建时无法直接产生直角的硬边，这是由NURBS曲线本身特有的特性所决定的，因此需要通过该命令将不同次数的曲线连接在一起。

（8）选择曲线，执行"曲面>旋转"菜单命令，生成沙漏支柱的曲面模型，如图2-154所示。

图2-154

2.6.4 整理场景

（1）在顶视图中复制出3个沙漏支柱的曲面模型，然后使用"移动工具" 将它们分别拖曳到如图2-155所示的位置。

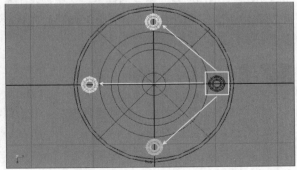

图2-155

（2）选择所有的物体模型，然后执行"编辑>按类型删除>历史"菜单命令，清除所有模型的历史记录；接着执行"修改>冻结变换"菜单命令，冻结物体"通道盒"中的属性，如图2-156所示。

图2-156

（3）确保所有的物体模型处于选择状态，然后按快捷键**Ctrl+G**成组物体模型，接着执行"窗口>大纲视图"菜单命令，并在"大纲视图"窗口中删除无用的曲线和节点，最后将group1的名称设置为sandglass，模型最终效果如图2-157所示。

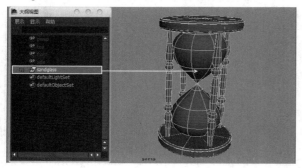

图2-157

2.7 本章小结

本章主要介绍了NURBS曲线和NURBS基本体的创建方法与编辑方法，介绍了如何通过NURBS曲线和NURBS基本体创建高精度的模型，其中涉及了常用的编辑命令，希望读者能够完全掌握它们，并能将其在实际工作中灵活运用。

2.8 课后习题

本章准备了两个课后习题供读者练习，它们都很有针对性，希望读者能够认真完成。

2.8.1 课后习题：制作高脚杯

场景位置	无
实例位置	Examples>CH02>B6>B6.mb
难易指数	★★☆☆☆
技术掌握	练习"CV曲线工具""控制顶点"编辑模式、"移动工具""旋转"的使用方法

操作指南

高脚杯是生活中比较常见的一种酒具，首先使

用"CV曲线工具"命令绘制截面曲线，然后使用"移动工具"■调整曲线形态，再使用"旋转"菜单命令旋转曲线生成曲面，最后删除曲面模型的历史记录，如图2-158所示。

图2-158

2.8.2 课后习题：制作长号

场景位置	无
实例位置	Examples>CH02>B7>B7.mb
难易指数	★★★★☆
技术掌握	掌握NURBS建模的思路及方法

操作指南

首先在场景中绘制一条CV曲线和一个NURBS圆形，然后通过挤出的方法制作出长号的主体模型；接着在长号的模型上插入等参线，再对插入的等参线进行倒角制作出长号各个部件之间的链接结构；最后调整控制点和壳线制作出长号的喇叭口和号嘴。练习效果如图2-159所示。

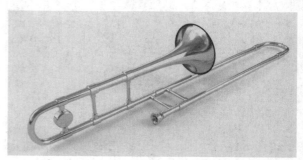

图2-159

第3章
多边形建模

本章将介绍Maya 2014的多边形建模技术，针对不同的对象类型，通过实例的形式介绍其创建方法，希望大家在操作过程中能认真学习其使用的命令、工具。本章内容非常重要，基本上包含了在实际工作中遇到的大部分多边形建模类型。

学习目标

- 了解多边形建模的思路
- 掌握多边形各种层级之间的切换方法
- 掌握多边形对象的创建方法
- 掌握多边形对象的编辑方法
- 学习创建规则模型的方法
- 学习创建异形模型的方法
- 学习导入外部文件的方法

3.1 关于多边形建模

多边形建模是一种非常直观的建模方式，也是Maya中最为重要的一种建模方法。多边形建模是通过控制三维空间中的物体的点、线、面来塑造物体的外形，图3-1所示的是一些多边形作品。对于有机生物模型，多边形建模有着不可替代的优势，在塑造物体的过程中，可以很直观地对物体进行修改，并且面与面之间的连接也很容易被创建出来。

图3-1

3.1.1 了解多边形

多边形是三维空间中一些离散的点，通过首尾相连形成一个封闭的空间并填充这个封闭空间，就形成了一个多边形面。如果将若干个这种多边形面组合在一起，每相邻的两个面都有一条公共边，就形成了一个空间状结构，这个空间结构就是多边形对象，如图3-2所示。

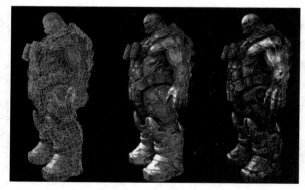

图3-2

多边形对象与NURBS对象有着本质的区别。NURBS对象是参数化的曲面，有严格的UV走向，除了剪切边外，NURBS对象只可能出现四边面；多边形对象是三维空间里一系列离散的点构成的拓扑结构（也可以出现复杂的拓扑结构），编辑起来相对比较自由，如图3-3所示。

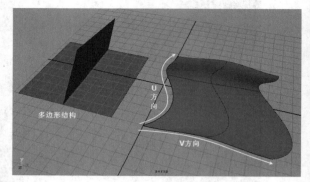

图3-3

3.1.2 多边形建模方法

目前，多边形建模方法已经相当成熟，是Maya中不可缺少的建模方法，大多数三维软件都有多边形建模系统。由于调整多边形对象相对比较自由，所以很适合创建生物和建筑类模型。

多边形建模方法有很多，根据模型构造的不同可以采用不同的多边形建模方法，但大部分都遵循从整体到局部的建模流程，特别是对于生物类模型，可以很好地控制整体造型。同时Maya还提供了"雕刻几何体工具"，所以调节起来更加方便。

3.1.3 多边形组成元素

多边形对象的基本构成元素有点、线、面，可以通过这些基本元素来对多边形对象进行修改。

1.顶点

在多边形物体上，边与边的交点就是这两条边的顶点，也就是多边形的基本构成元素点，如图3-4所示。

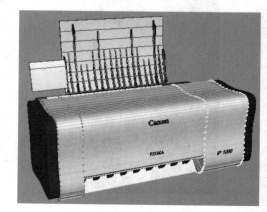

图3-4

多边形的每个顶点都有一个序号，叫顶点ID号，同一个多边形对象的每个顶点的序号是唯一的，并且这些序号是连续的。顶点ID号对使用MEL脚本语言编写程序来处理多边形对象非常重要。

2.边

边也就是多边形基本构成元素中的线，它是顶点之间的边线，也是多边形对象上的棱边，如图3-5所示。与顶点一样，每条边同样也有自己的ID号，叫边的ID号。

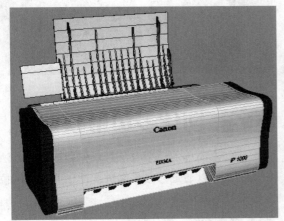

图3-5

3.面

在多边形对象上，将3个或3个以上的点用直线连接起来形成的闭合图形称为面，如图3-6所示。面的种类比较多，从三边围成的三边形，一直到n边围成的n边形。但在Maya中通常使用三边形或四边形，大于四边的面的使用相对比较少，面同样也有自己的ID号，叫面的ID号。

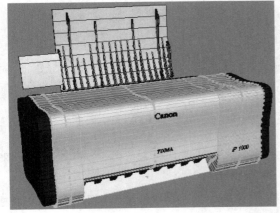

图3-6

提示 面的种类有两种，分别是共面多边形和不共面多边形。如果一个多边形的所有顶点都在同一个平面上，称为共面多边形，如三边面一定是一个共面多边形；不共面多边形的面的顶点一定多于3个，也就是说3个顶点以上的多边形可能产生不共面多边形。在一般情况下都要尽量不使用不共面多边形，因为不共面多边形在最终输出渲染时或在将模型输出到交互式游戏平台时可能会出现错误。

4.法线

法线是一条虚拟的直线，它与多边形表面相垂直，用来确定表面的方向。在Maya中，法线可以分为"面法线"和"顶点法线"两种。

技术专题10 面法线与顶点法线

1.面法线

若用一个向量来描述多边形面的正面，且与多边形面相垂直，这个向量就是多边形的面法线，如图3-7所示。

图3-7

面法线是围绕多边形面的顶点的排列顺序来决定表面的方向。在默认状态下，Maya中的物体是双面显示的，用户可以通过设置参数来取消双面显示。

2.顶点法线

顶点法线决定两个多边形面之间的视觉光滑程度。与面法线不同的是，顶点法线不是多边形的固有特性，但在渲染多边形明暗变化的过程中，顶点法线的显示状态是从顶点发射出来的一组线，每个使用该顶点的面都有一条线，如图3-8所示。

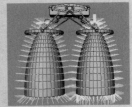

图3-8

在光滑实体显示模式下，当一个顶点上的所有顶点法线指向同一个方向时叫软顶点法线，此时多边形面之间是一条柔和的过渡边；当一个顶点上的顶点法线与相应的多边形面的法线指向同一个方向时叫硬顶点法线，此时的多边形面之间是一条硬过渡边，也就是说多边形会显示出棱边，如图3-9所示。

图3-9

3.1.4 UV坐标

为了把二维纹理图案映射到三维模型的表面上，需要建立三维模型空间形状的描述体系和二维纹理的描述体系，然后在两者之间建立关联关系。描述三维模型的空间形状用三维直角坐标，而描述二维纹理平面则用另一套坐标系，即UV坐标系。

多边形的UV坐标对应着每个顶点，但UV坐标却存在于二维空间，他们控制着纹理上的一个像素，并且对应着多边形网格结构中的某个点。虽然Maya在默认工作状态下也会建立UV坐标，但默认的UV坐标通常并不适合已经调整过形状的模型，因此用户仍需要重新整理UV坐标。Maya提供了一套完善的UV编辑工具，用户可以通过"UV纹理编辑器"来调整多边形对象的UV。

提示 NURBS物体本身是参数化的表面，可以用二维参数来描述，因此UV坐标就是其形状描述的一部分，所以不需要用户专门在三维坐标与UV坐标之间建立对应关系。

3.1.5 多边形右键菜单

使用多边形的右键快捷键菜单可以快速创建和编辑多边形对象。在没有选择任何对象时，按住Shift键单击鼠标右键，在弹出的快捷菜单中是一些多边形原始几何体的创建命令，如图3-10所示；在选择了多边形对象时，单击鼠标右键，在弹出的快捷菜单中是一些多边形的次物体级别命令，如图3-11所示；如果已经进入了次物体级别，如进入了面级别，按住Shift键单击鼠标右键，在弹出的快捷菜单中是一些编辑面的工具与命令，如图3-12所示。

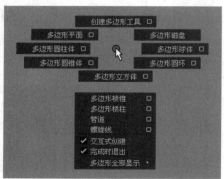

图3-10

图3-11

图3-12

3.2 创建多边形模型

在创建简单的模型时，可以使用堆砌的方法，如桌子，可以通过立方体来拼凑；也可以使用拉扯多边形的组成元素。

3.2.1 课堂案例：制作钻石

场景位置	无
实例位置	Examples>CH03>C1>C1.mb
难易指数	★★☆☆☆
技术掌握	学习创建和编辑多边形基本体的方法

案例介绍

本案例将创建一个钻石模型，其制作过程比较简单，我们可以将其看作是一个整体，通过对多边形基本体的元素进行编辑即可完成制作。案例效果如图3-13所示。

图3-13

制作思路

第1步：在视图中创建一个圆柱体，并对圆柱体的参数进行调整。

第2步：使用"移动工具" ■和"缩放工具" ■对圆柱体的点、边、面元素进行位置上的修改。

第3步：通过"合并"命令合并圆柱体底部的点。

第4步：将制作完成的模型进行复制，完成作业。

1.创建圆柱体

（1）执行"创建>多边形基本体>圆柱体"菜单命令或者在工具架的"多边形"选项卡下单击"多边形圆柱体"按钮 ■，然后通过拖曳的方式在视图中创建一个圆柱体，如图3-14所示。

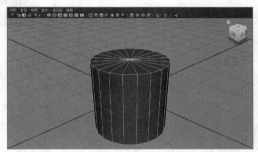

图3-14

（2）在"通道盒"中对圆柱体的参数进行调整，如图3-15所示。调整后的效果如图3-16所示。

图3-15

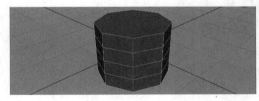

图3-16

2.编辑钻石形态

（1）选择圆柱体，然后在模型上单击鼠标右键不放，接着在弹出的菜单中拖曳光标至"面"选项上，进入模型的"面"级别，如图3-17所示。

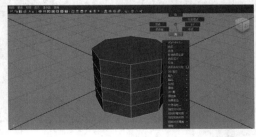

图3-17

（2）选择模型顶部的面，然后使用"缩放工具" ■对该面进行缩放操作，效果如图3-18所示。

（3）将视图切换到右视图，然后进入模型的"顶点"级别，并选择模型底端的顶点；接着执行"编辑网格>合并"菜单命令，将选择的顶点合并到一起，如图3-19所示。

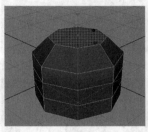

图3-18　　　　　　　　　　图3-19

提示 在合并点时，如果点与点之间的距离过大，那么使用"合并"命令的时候可能就会没有反应，这时候可以在"合并"命令后面单击 ■按钮，然后在弹出的"合并顶点选项"对话框中将"阈值"调整到合适的大小，就可以实现点的合并了，如图3-20所示。

另外，也可以通过执行"编辑网格>合并到中心"菜单命令来合并顶点。

图3-20

（4）进入模型的"边"级别，然后在模型从下往上数的第2行任意一条边上双击鼠标左键，将该行所有的边同时选中，接着使用"缩放工具" ■将这一圈的边缩小一些，如图3-21所示。

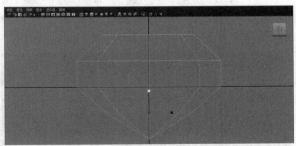

图3-21

（5）再次进入模型的"顶点"级别，然后选择模型顶部的点，接着使用"移动工具" ■将选择的点向下移动一定的距离，概括出钻石的侧面形状，如图3-22所示。模型效果如图3-23所示。

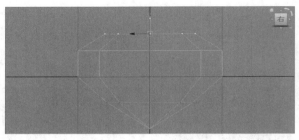

图3-22

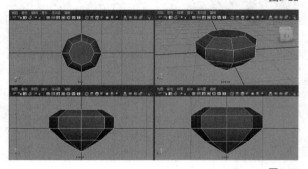

图3-23

3.调整钻石的摆放布局

（1）选择场景中的模型，然后执行"编辑>复制"菜单命令对模型进行复制，接着使用"移动工具"将复制的模型移动出来，如图3-24所示。

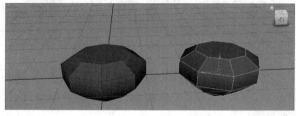

图3-24

（2）使用"移动工具"和"缩放工具"对模型的位置进行调整，使其在构图上美观，最后可以创建一个平面作为地面，模型最终效果如图3-25所示。

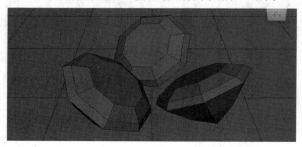

图3-25

3.2.2 多边形基本体

切换到"多边形"模块，在"创建>多边形基本体"菜单下是一系列创建多边形对象的命令，通过该菜单可以创建出最基本的多边形对象，如图3-26所示。

图3-26

1.球体

使用"球体"命令可以创建出多边形球体，单击后面的□按钮打开"多边形球体选项"对话框，如图3-27所示。

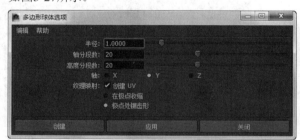

图3-27

参数详解

半径：设置球体的半径。

轴分段数：设置经方向上的分段数。

高度分段数：设置纬方向上的分段数。

轴：设置球体的轴方向。

提示 以上的4个参数对多边形球体的形状有很大影响，图3-28所示是在不同参数值下的多边形球体形状。

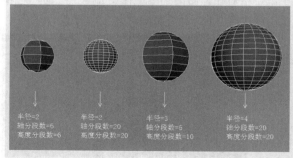

图3-28

2.立方体

使用"立方体"命令可以创建出多边形立方体，图3-29所示为在不同参数值下的立方体形状。

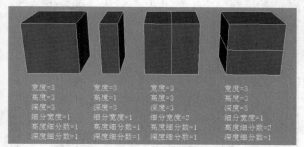

宽度=3　　宽度=3　　宽度=3　　宽度=3
高度=3　　高度=1　　高度=3　　高度=3
深度=3　　深度=3　　深度=3　　深度=3
细分宽度=1　细分宽度=1　细分宽度=1　细分宽度=1
高度细分数=1　高度细分数=1　高度细分数=1　高度细分数=2
深度细分数=1　深度细分数=1　深度细分数=1　深度细分数=1

图3-29

> **提示** 关于立方体及其他多边形物体的参数就不再讲解了，用户可以参考NURBS对象的参数解释。

3.圆柱体

使用"圆柱体"命令可以创建出多边形圆柱体，图3-30所示为在不同参数值下的圆柱体形状。

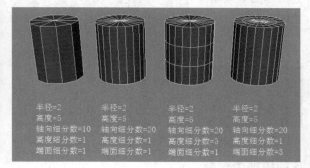

半径=2　　半径=2　　半径=2　　半径=2
高度=5　　高度=5　　高度=5　　高度=5
轴向细分数=10　轴向细分数=20　轴向细分数=20　轴向细分数=20
高度细分数=1　高度细分数=1　高度细分数=3　高度细分数=1
端面细分数=1　端面细分数=1　端面细分数=1　端面细分数=5

图3-30

4.圆锥体

使用"圆锥体"命令可以创建出多边形圆锥体，图3-31所示为在不同参数值下的圆锥体形状。

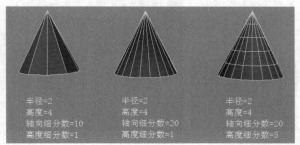

半径=2　　半径=2　　半径=2
高度=4　　高度=4　　高度=4
轴向细分数=10　轴向细分数=20　轴向细分数=20
高度细分数=1　高度细分数=1　高度细分数=5

图3-31

5.平面

使用"平面"命令可以创建出多边形平面，图

3-32所示为在不同参数值下的多边形平面形状。

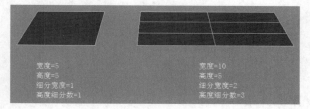

宽度=5　　　　　　　宽度=10
高度=5　　　　　　　高度=5
细分宽度=1　　　　　细分宽度=2
高度细分数=1　　　　高度细分数=3

图3-32

6.特殊多边形

特殊多边形包含圆环、棱柱、棱锥、管道、螺旋线、足球体和柏拉图多面体，如图3-33所示。

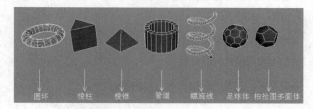

圆环　棱柱　棱锥　管道　螺旋线　足球体 柏拉图多面体

图3-33

3.2.3 合并

使用"合并"命令可以将选择的多个顶点或边合并成一个顶点或边，合并后的位置在选择对象的中心位置上。打开"合并顶点选项"对话框（如果选择的是边，那么打开的是"合并边界边选项"对话框），如图3-34所示。

图3-34

参数详解

阈值： 在合并顶点时，该选项可以指定一个极限值，凡距离小于该值的顶点都会被合并在一起，而距离大于该值的顶点不会合并在一起。

始终为两个顶点合并： 当选择该选项并且只选择两个顶点时，无论"阈值"是多少，它们都将被合并在一起。

3.3 导入外部模型

在建模工作中，并不是所有模型都需要逐个制作的，我们可以从外部导入现有的模型文件，然后根据

自己的习惯设计思路，制作部分模型与之组合即可。

3.3.1 课堂案例：制作茶具

场景位置　Scenes>CH03>C2>C2.mb
实例位置　Examples>CH03>C2>C2.mb
难易指数　★★☆☆☆
技术掌握　学习导入外部模型文件和对模型进行圆滑的方法

案例介绍

在实际的工作中，很多时候都需要使用Maya以外的模型资源，这样可以节约模型的制作时间，从而提高工作效率。本案例将制作一套茶具模型，其中茶壶模型就是直接使用的外部模型资源。案例效果如图3-35所示。

图3-35

制作思路

第1步：在Maya中执行"文件>导入"菜单命令，导入素材文件夹茶壶模型。

第2步：在场景中创建一个平面作为地面。

第3步：创建一个圆柱体，然后使用"缩放工具" ■调整圆柱体的大小并通过"插入循环边工具"命令制作出茶壶的铺垫模型。

第4步：再次创建一个圆柱体，然后通过调整圆柱体的形态、删除必要的面、使用"挤出"和"插入循环边工具"命令制作出茶杯的模型。

第5步：使用"平滑"命令完善模型。

1.导入茶壶模型

执行"文件>导入"菜单命令，然后在弹出的"导入"对话框中，选择素材文件夹Scenes>CH03>C2>teapot.obj文件，并将其打开，如图3-36所示。

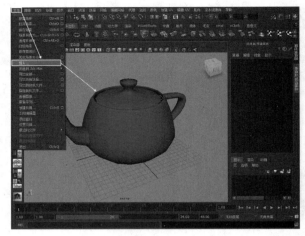

图3-36

2.创建地面模型

执行"创建>多边形基本体>平面"菜单命令，在视图中创建一个平面作为地面，然后在"通道盒"中设置"宽度"和"高度"均为100，如图3-37所示。创建的平面效果如图3-38所示。

图3-37

图3-38

3.创建铺垫模型

（1）执行"创建>多边形基本体>圆柱体"菜单命令，在视图中创建一个圆柱体，然后在"通道盒"中设置"半径"为15，将其作为茶壶的垫子，如图3-39和图3-40所示。

图3-39　　　　　　　　　　　　　　　图3-40

（2）选择圆柱体的铺垫模型，然后按数字键3将模型圆滑显示，如图3-41所示，可以观察到现在的模型过于圆滑。

图3-41

按数字1键回到圆滑前的状态。

（3）执行"编辑网格>插入循环边工具"菜单命令，在图3-42所示的位置插入一条环形边。

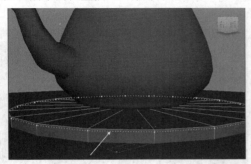

图3-42

（4）使用同样的方法在圆柱体的底部也插入一条环形边，如图3-43所示。完成插入环形边的操作以后，模型圆滑显示的效果如图3-44所示。

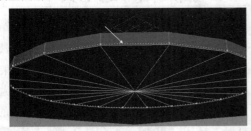

图3-43

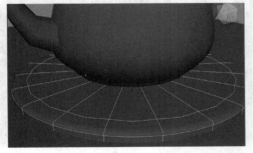

图3-44

4.创建茶杯模型

（1）执行"创建>多边形基本体>圆柱体"菜单命令，在视图中创建一个圆柱体，然后在"通道盒"中对圆柱体的参数进行如图3-45所示的设置。接着将其移动出来作为茶杯，如图3-46所示。

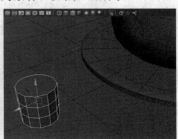

图3-45   图3-46

（2）进入茶杯模型的"面"级别，然后删除顶部的面，接着选择底部的面，并使用"缩放工具"将其缩小一些，如图3-47所示。

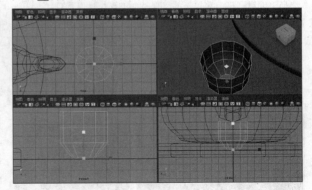

图3-47

（3）进入茶杯模型的"边"级别，然后在模型从下往上数的第2行任意一条边上双击鼠标，将该行所有的边同时选中，接着使用"缩放工具"将选择的边缩小一些，如图3-48所示。

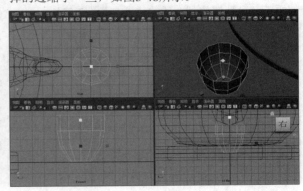

图3-48

（4）再次进入茶杯模型的"面"级别，然后选择茶杯上所有的面，接着执行"编辑网格>挤出"菜单命令，将模型外圈的面向内挤出一点，做出茶杯的厚度，如图3-49所示。

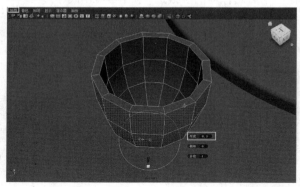

图3-49

提示 对茶杯模型进行"挤出"操作的时候，应首先确认选择"编辑网格"菜单下的"保持面的连接性"选项。

（5）执行"编辑网格>插入循环边工具"菜单命令，在茶杯的杯口与杯底的边缘插入两条环形边，如图3-50所示。然后按数字键3进入模型的圆滑显示模式，效果如图3-51所示。

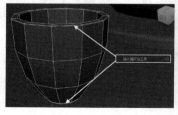 

图3-50   图3-51

（6）选择茶杯模型，然后按快捷键Ctrl+D复制出几个茶杯的模型，接着使用"移动工具"[图]将复制的茶杯模型摆放到合适的位置，如图3-52所示。

图3-52

（7）选择茶壶模型，然后使用"缩放工具"[图]将其沿y轴进行缩放，效果如图3-53所示。

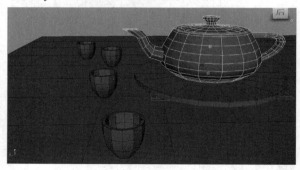

图3-53

（8）选择除了地面模型以外的所有模型，然后执行两次"网格>平滑"菜单命令来圆滑模型，最终效果如图3-54所示。

图3-54

3.3.2　插入循环边工具

使用"编辑网格>插入循环边工具"菜单命令可以在多边形对象上的指定位置插入一条环形线，该工具是通过判断多边形的对边来产生线。如果遇到三边形或大于四边的多边形将会结束命令，因此在很多时候会遇到使用该命令后不能产生环形边的现象。

打开"插入循环边工具"的"工具设置"对话框，如图3-55所示。

图3-55

参数详解

　　保持位置：指定如何在多边形网格上插入新边。

　　与边的相对距离：基于选定边上的百分比距离，沿着选定边放置点插入边。

　　与边的相等距离：沿着选定边按照基于单击第1条边的位置的绝对距离放置点插入边。

　　多个循环边：根据"循环边数"中指定的数量，沿选定边插入多个等距循环边。

　　使用相等倍增：该选项与剖面曲线的高度和形状相关。使用该选项的时候应用最短边的长度来确定偏移高度。

　　循环边数：当启用"多个循环边"选项时，"循环边数"选项用来设置要创建的循环边数量。

　　自动完成：启用该选项后，只要单击环形边并将其拖动到相应的位置，然后释放鼠标，就会在整个环形边上立即插入新边。

　　固定的四边形：启用该选项后，会自动分割由插入循环边生成的三边形和五边形区域，以生成四边形区域。

　　平滑角度：指定在操作完成后，是否自动软化或硬化沿环形边插入的边。

3.3.3 挤出

　　使用"编辑网格>挤出"命令可以沿多边形面、边或点进行挤出，从而得到新的多边形面，该命令在建模中非常重要，使用频率相当高。打开"挤出面选项"对话框，如图3-56所示。

图3-56

参数详解

　　分段：设置挤出的多边形面的段数。

　　平滑角度：用来设置挤出后的面的点法线，可以得到平面的效果，一般情况下使用默认值。

　　偏移：设置挤出面的偏移量。正值表示将挤出面进行缩小；负值表示将挤出面进行扩大。

　　厚度：设置挤出面的厚度。

　　曲线：设置是否沿曲线挤出面。

　　无：不沿曲线挤出面。

　　选定：表示沿曲线挤出面，但前提是必须创建的有曲线。

　　已生成：选择该选项后，挤出时将创建曲线，并会将曲线与组件法线的平均值对齐。

　　锥化：控制挤出面的另一端的大小，使其从挤出位置到终点位置形成一个过渡的变化效果。

　　扭曲：使挤出的面产生螺旋状效果。

　　提示　当执行"挤出"命令时，在"通道盒"中会出现相关参数，如图3-57所示。"保持面的连接性"选项用来决定挤出的面是否与原始物体保持在一起。当选择该选项时，挤出的面保持为一个整体；当关闭该选项时，挤出的面则是分离出来的。

图3-57

3.3.4 平滑

　　使用"网格>平滑"命令可以将粗糙的模型通过细分面的方式对模型进行平滑处理，细分的面越多，模型就越光滑。打开"平滑选项"对话框，如图3-58所示。

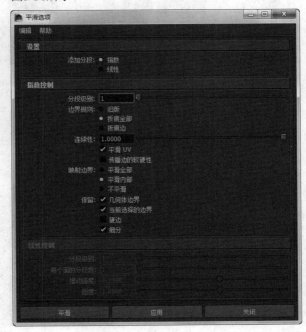

图3-58

参数详解

添加分段：在平滑细分面时，设置分段的添加方式。

指数：这种细分方式可以将模型网格全部拓扑成为四边形，如图3-59所示。

线性：这种细分方式可以在模型上产生部分三角面，如图3-60所示。

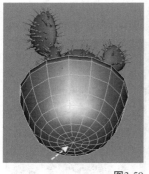 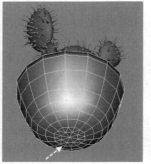

图3-59　　　　　　　　　　　　图3-60

分段级别：控制物体的平滑程度和细分段的数目。该参数值越高，物体越平滑，细分面也越多，图3-61和图3-62所示分别是"分段级别"数值为1和3时的细分效果。

图3-61　　　　　　　　　　　　图3-62

连续性：用来模型的平滑程度。当该值为0时，面与面之间的转折连接处都是线性的，模型效果比较生硬，如图3-63所示；当该值为1时，面与面之间的转折连接处都比较平滑，如图3-64所示。

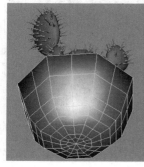 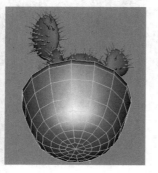

图3-63　　　　　　　　　　　　图3-64

平滑UV：选择该选项后，在平滑细分模型的同时，还会平滑细分模型的UV。

传播边的软硬性：选择该选项后，细分的模型的边界会比较生硬，如图3-65所示。

图3-65

映射边界：设置边界的平滑方式。

平滑全部：平滑细分所有的UV边界。

平滑内部：平滑细分内部的UV边界。

不平滑：所有的UV边界都不会被平滑细分。

保留：当平滑细分模型时，保留哪些对象不被细分。

几何体边界：保留几何体的边界不被平滑细分。

当前选择的边界：保留选择的边界不被光滑细分。

硬边：如果已经设置了硬边和软边，可以选择该选项以保留硬边不被转换为软边。

分段级别：控制物体的平滑程度和细分面数目。参数值越高，物体越平滑，细分面也越多。

每个面的分段数：设置细分边的次数。该数值为1时，每条边只被细分一次；该数值为2时，每条边会被细分两次。

推动强度：控制平滑细分的结果。该数值越大，细分模型越向外扩张；该数值越小，细分模型越内缩，图3-66和图3-67所示分别是"推动强度"数值为1和-1时的效果。

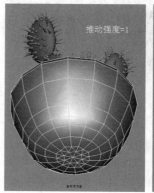 

图3-66　　　　　　　　　　　　图3-67

圆度：控制平滑细分的圆滑度。该数值越大，细分模型越向外扩张，同时模型也比较圆滑；该数值越小，细分模型越内缩，同时模型的光滑度也不是很理想。

3.4 创建规则模型

所谓规则模型，就是我们可以描述其轮廓的具体形状或其组成部分的具体形状，如桌子、椅子等。对于这类模型，不能通过简单的拼凑基本体来完成，还需要编辑其网格。

3.4.1 课堂案例：制作锁具

场景位置	无
实例位置	Examples>CH03>C3>C3.mb
难易指数	★★★☆☆
技术掌握	学习"切角顶点""切割面工具""镜像几何体"的使用方法

案例介绍

本案例将制作一个锁头模型，它的组成部分可以视为立方体和圆柱体，主要使用"切角顶点""切割面工具""镜像几何体"以及"插桥接"等工具和命令进行制作，同时还需要对模型进行布尔运算。案例效果如图3-68所示。

图3-68

制作思路

第1步：在视图中创建一个立方体，然后通过对立方体进行编辑制作出锁身的基本模型。

第2步：通过"切角顶点""切割面工具"等命令对锁身模型进行编辑。

第3步：通过圆柱体模型制作出锁舌的基本模型。

第4步：使用"桥接"命令编辑锁舌的具体形态，并调整锁舌的结构。

第5步：对模型进行最终的调整。

1.创建基本立方体

（1）执行"创建>多边形基本体>交互式创建"菜单命令，取消"交互式创建"选项的选择，如图3-69所示。

图3-69

提示 取消选择"交互式创建"选项后，创建物体时就会在场景的中心坐标位置上进行创建，方便对物体自身参数进行精确调整。

（2）执行"创建>多边形基本体>立方体"菜单命令，在场景中创建一个立方体，如图3-70所示。

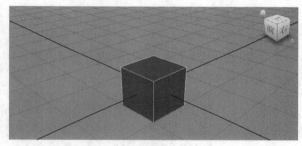

图3-70

（3）在"通道盒"中对立方体的参数进行调整，如图3-71所示，调整后的效果如图3-72所示。

图3-71

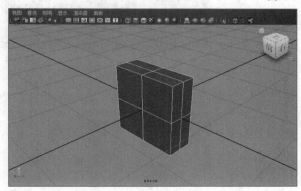

图3-72

2.制作锁身

（1）进入模型的"顶点"级别，然后选择如图3-73所示的顶点，接着在"编辑网格>切角顶点"菜单命令后面单击□按钮，并在弹出的"切角顶点选项"对话框中设置"宽度"为0.2000，如图3-74所示。最后单击"切角顶点"按钮 切角顶点，效果如图3-75示。

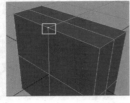

图3-73

图3-74

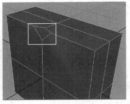

图3-75

（2）执行"编辑网格>切割面工具"菜单命令，在如图3-76所示的部位进行分隔操作，并用相同的方法将其他3个切角顶点所在的面进行切割，切割后的效果如图3-77所示。

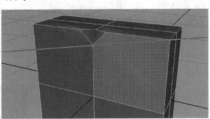

图3-76

图3-77

提示 切割后可用"编辑网格>合并"菜单命令将相交处的顶点进行合并，如图3-78所示。

图3-78

（3）经过上一步的分割操作以后，会形成6条多余的边，进入模型的"边"级别，然后选择这6条边并将其删除，如图3-79所示。

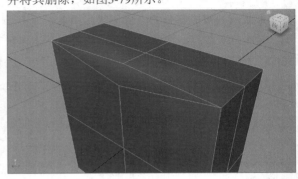

图3-79

（4）执行"编辑网格>切割面工具"菜单命令，然后在图3-80所示的位置进行分割操作。

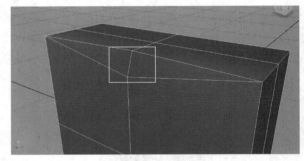

图3-80

（5）切换到右视图，然后进入模型的"面"级别，如图3-81所示；接着选择无用的面并将其删除，效果如图3-82所示。

图3-81

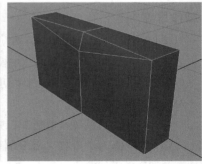

图3-82

（6）选择模型，然后在"网格>镜像几何体"菜单命令后面单击□按钮，接着在弹出的"镜像选项"对话框中设置"镜像方向"为-Z，如图3-83所示。最后单击"镜像"按钮 镜像，效果如图3-84所示。

图3-83

图3-84

（7）使用"镜像几何体"命令镜像模型，具体参数设置如图3-85所示，效果如图3-86所示。

图3-85

图3-86

（8）选择模型，然后按数字键3键进入网格模型的圆滑显示模式，此时可以观察到模型特别圆滑，没有预想中的棱角结构，如图3-87所示。

（9）执行"编辑网格>插入循环边工具"菜单命令，然后在图3-88所示的位置上插入循环边。

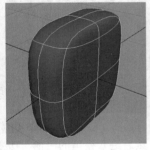
图3-87

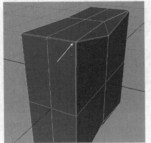
图3-88

（10）使用"插入循环边工具"命令在模型上其他的位置进行同样的操作，如图3-89所示；然后按数字键3键进入网格模型的圆滑模式进行显示，如图3-90所示。

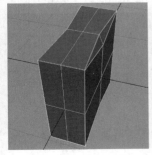
图3-89

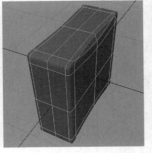
图3-90

（11）进入模型的"顶点"级别，然后选择模型中间的点，接着使用"缩放工具"[图]在顶视图中进行缩放操作，如图3-91所示。

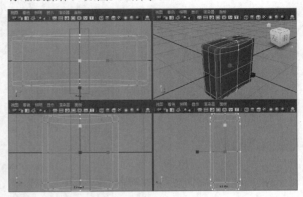
图3-91

3.制作锁舌

（1）执行"创建>多边形基本体>圆柱体"菜单命令，在场景中创建一个圆柱体，如图3-92所示。

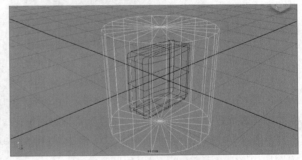
图3-92

（2）在"通道盒"中参照如图3-93所示的参数对圆柱体进行调整，效果如图3-94所示。

图3-93

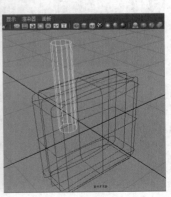
图3-94

（3）进入圆柱体的"面"级别，然后将顶部的面删除，如图3-95所示。

（4）执行"编辑>复制"命令复制一个圆柱体，然后将其移动到合适的位置，如图3-96所示。

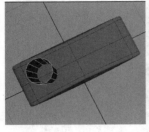

图3-95　　　　　　　　图3-96

（5）选择两个圆柱体模型，然后执行"网格>结合"命令，将这两个圆柱体进行合并，如图3-97所示。

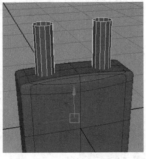

图3-97

（6）进入模型的"边"级别，然后选择如图3-98所示的循环边，接着在"编辑网格>桥接"菜单命令后面单击■按钮，并在弹出的"桥接选项"对话框中按照如图3-99所示的参数进行设置，最后单击"桥接"按钮　　桥接　　，效果如图3-100所示。

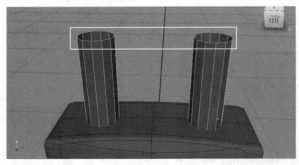

图3-98

图3-99　　　　　　　　图3-100

（7）选择锁舌的模型，然后将其移动到合适的位置，如图3-101所示。

（8）进入模型的"顶点"级别，接着选择锁舌右侧底端的点，并使用"移动工具"■将其调整得短一些，如图3-102所示。

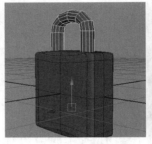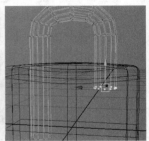

图3-101　　　　　　　　图3-102

（9）使用"移动工具"■将锁舌模型向上移动，做出锁舌"弹出"的状态，如图3-103所示。

（10）执行"创建>多边形基本体>立方体"菜单命令，在场景中创建一个立方体，然后使用"移动工具"■将其移动到如图3-104所示的位置。

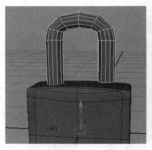

图3-103　　　　　　　　图3-104

（11）选择锁舌模型，然后进入模型的"面"级别，接着选择锁舌底部的面，并执行"编辑网格>挤出"菜单命令，最后使用"移动工具"■和"缩放工具"■对选择的面进行编辑，效果如图3-105所示。

（12）执行"编辑网格>插入循环边工具"菜单命令，然后在如图3-106所示的位置上插入一条循环边。

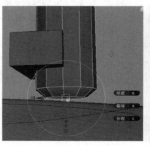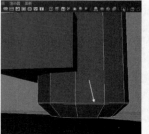

图3-105　　　　　　　　图3-106

（13）选择锁舌的模型，然后执行"网格>平滑"菜单命令，效果如图3-107所示。

（14）选择锁舌模型再加选立方体模型，然后执行"多边形>布尔>差集"菜单命令，效果如图3-108所示。

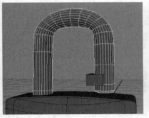
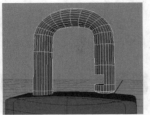

图3-107　　　　　图3-108

4.最终调整

（1）选择锁身的模型，然后执行"网格>平滑"菜单命令，效果如图3-109所示。

（2）复制一个锁头的模型，然后将其摆放到合适的位置，最终效果如图3-110所示。

图3-109　　　　　图3-110

3.4.2 切角顶点

使用"编辑网格>切角顶点"命令可以将选择的顶点分裂成4个顶点，这4个顶点可以围成一个四边形，同时也可以删除4个顶点围成的面，以实现"打洞"效果。打开"切角顶点选项"对话框，如图3-111所示。

图3-111

参数详解

宽度：设置顶点分裂后顶点与顶点之间的距离。

执行切角后移除面：选择该选项后，由4个顶点围成的四边面将被删除。

3.4.3 切割面工具

使用"编辑网格>切割面工具"可以切割指定的一组多边形对象的面，让这些面在切割处产生一个分段。打开"切割面工具选项"对话框，如图3-112所示。

图3-112

参数详解

切割方向：用来选择切割的方向。可以在视图平面上绘制一条直线来作为切割方向，也可以通过世界坐标来确定一个平面作为切割方向。

交互式（单击可显示切割线）：通过拖曳光标来确定一条切割线。

YZ平面：以平行于yz轴所在的平面作为切割平面。

ZX平面：以平行于zx轴所在的平面作为切割平面。

XY平面：以平行于xy轴所在的平面作为切割平面。

删除切割面：选择该选项后，会产生一条垂直于切割平面的虚线，并且垂直于虚线方向的面将被删除。

提取切割面：选择该选项后，会产生一条垂直于切割平面的虚线，垂直于虚线方向的面将被偏移一段距离。

3.4.4 镜像几何体

使用"网格>镜像几何体"命令可以将对象紧挨着自身进行镜像。打开"镜像选项"对话框，如图3-113所示。

图3-113

参数详解

　　镜像方向：用来设置镜像的方向，都是沿世界坐标轴的方向。如+*x*表示沿着*x*轴的正方向进行镜像；-*x*表示沿着*x*轴的负方向进行镜像。

3.4.5　桥接

　　使用"编辑网格>桥接"命令可以在一个多边形对象内的两个洞口之间产生桥梁式的连接效果，连接方式可以是线性连接，也可以是平滑连接。打开"桥接选项"对话框，如图3-114所示。

图3-114

参数详解

　　桥接类型：用来选择桥接的方式。

　　线性路径：以直线的方式进行桥接。

　　平滑路径：使连接的部分以光滑的形式进行桥接。

　　平滑路径+曲线：以平滑的方式进行桥接，并且会在内部产生一条曲线。可以通过曲线的弯曲度来控制桥接部分的弧度。

　　扭曲：当开启"平滑路径+曲线"选项时，该选项才可用，可使连接部分产生扭曲效果，并且以螺旋的方式进行扭曲。

　　锥化：当开启"平滑路径+曲线"选项时，该选项才可用，主要用来控制连接部分的中间部分的大小，可以与两头形成渐变的过渡效果。

　　分段：控制连接部分的分段数。

　　平滑角度：用来改变连接部分的点的法线的方向，以达到平滑的效果，一般使用默认值。

3.4.6　布尔

　　执行"网格>布尔"可打开"布尔"菜单，其包含3个子命令，分别是"并集""差集"和"交集"，如图3-115所示。

　　　　　　　　　　　　　　　並集 □
　　　　　　　　　　　　　　　差集 □
　　　　　　　　　　　　　　　交集 □

图3-115

参数详解

　　并集：使用"并集"命令可以合并两个多边形，相比于"合并"命令来说，"并集"命令可以做到无缝拼合。

　　差集：使用"差集"可以将两个多边形对象进行相减运算，以消去对象与其他对象的相交部分，同时也会消去其他对象。

　　交集：使用"交集"命令可以保留两个多边形对象的相交部分，但是会去除其余部分。

3.5　创建异形模型

　　在建模过程中，我们经常会遇见一类对象，它们没有明显的形状特征、呈流线型，如勺子。对于对象的模型创建，我们不能使用前面的方法来进行创建，下面将介绍关于这类对象的建模方法。

3.5.1　课堂案例：制作扳手

场景位置	无
实例位置	Examples>CH03>C4>C4.mb
难易指数	★★★☆☆
技术掌握	学习"创建多边形工具""分割多边形工具"以及"布尔"的使用方法

案例介绍

　　本案例将制作一个锁头模型，它的组成部分可以视为立方体和圆柱体，主要使用"切角顶点""切割面工具""镜像几何体"以及"插桥接"等工具和命令进行制作，同时还需要对模型进行布尔运算。案例效果如图3-116所示。

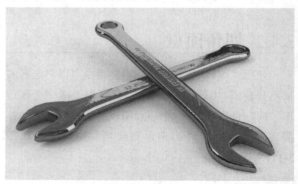

图3-116

制作思路

　　第1步：使用"创建多边形工具"在顶视图绘制出扳手的外形。

　　第2步：使用"分割多边形工具"为多边形添加边，使其结构完整。

第3步：使用"挤出"命令增加扳手的厚度。

第4步：使用"插入循环边工具"命令为模型卡线，使模型的光滑度控制在一定范围内。

第5步：使用"差集"命令制作出扳手尾部的圆孔。

（1）执行"网格>创建多边形工具"菜单命令，然后在顶视图中绘制如图3-117所示的多边形平面。

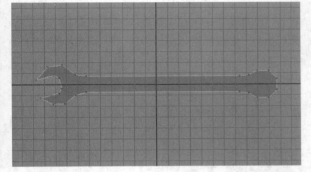

图3-117

（2）选择面片，然后按住Shift+鼠标右键，接着在打开的菜单中选择"分割>分割多边形工具"命令，如图3-118所示。单击连接面片上的点，并按Enter键生成边，最后使用同样的方法绘制边，使面片结构合理，如图3-119所示。

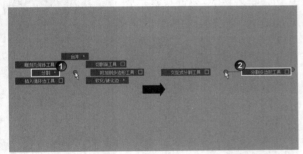

图3-118

图3-119

（3）选择面片，然后执行"编辑网格>挤出"菜单命令，接着拖曳z轴箭头（蓝色箭头）使面片挤出一定的厚度，如图3-120所示。

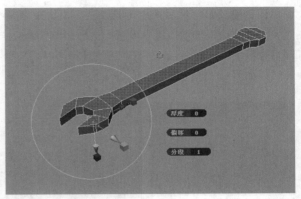

图3-120

（4）单击"编辑网格>插入循环边工具"菜单命令后面的□按钮，然后在"工具设置"面板中选择"多个循环边"选项，接着设置"循环边数"为1，最后在扳手侧面的区域单击添加循环边，如图3-121所示。

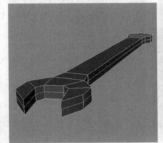

图3-121

（5）选择侧面中间的顶点，然后调整顶点的位置，使侧面的面向外凸出，如图3-122所示。

图3-122

（6）执行"编辑网格>插入循环边工具"菜单命令，然后在图3-123所示的位置添加循环边，接着按数字3键观察光滑后的效果，如图3-124所示。

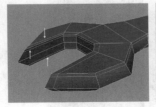

图3-123　　　　　　图3-124

（7）单击"编辑网格>插入循环边工具"菜单命

令后面的回按钮，然后在"工具设置"面板中选择"多个循环边"选项，接着设置"循环边数"为6，最后在扳手中间添加6条循环边，如图3-125所示。

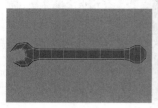

图3-125

（8）创建一个多边形圆柱体，然后在"通道盒/层编辑器"中设置"旋转Y"为22.5、"轴向细分数"为8，接着调整圆柱体的位置，使其处于扳手尾部的中间，如图3-126所示。

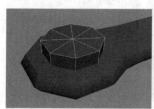

图3-126

（9）选择扳手模型，然后加选圆柱体，接着执行"网格>布尔>差集"菜单命令，如图3-127所示，效果如图3-128所示。

（10）选择模型，然后按住Shift+鼠标右键，接着在打开的菜单中选择"分割>分割多边形工具"命令，再连接面片上的点，最后使用同样的方法绘制底部的边，使模型结构合理，如图3-129所示。

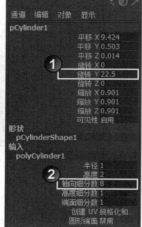

图3-127

图3-128　　　　　　　图3-129

（11）选择图3-130所示的边，然后执行"编辑网格>删除边/顶点"菜单命令，如图3-131所示。

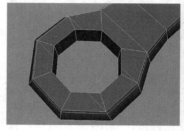

图3-130

（12）执行"编辑网格>插入循环边工具"菜单命令，然后在图3-132所示的位置添加循环边，接着按数字3键观察光滑后的效果，如图3-133所示。

图3-131

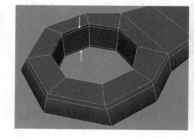

图3-132

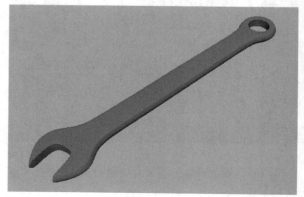

图3-133

3.5.2 创建多边形工具

使用"网格>创建多边形工具"菜单命令可以在指定的位置创建一个多边形，该工具是通过单击多边形的顶点来完成创建工作。打开"工具设置"对话框，如图3-134所示。

图3-134

参数详解

分段：指定要创建的多边形的边的分段数量。

保持新面为平面：默认情况下，使用"创建多边形工具"添加的任何面位于附加到的多边形网格的相同平面。如果要将多边形附加在其他平面上，可以禁用"保持新面为平面"选项。

限制点数：指定新多边形所需的顶点数量。值为4可以创建四条边的多边形（四边形）；值为3可以创建三条边的多边形（三角形）。

将点数限制为：选择"限制点数"选项后，用来设置点数的最大数量。

纹理空间：指定如何为新多边形创建 UV 纹理坐标。

规格化（缩放以适配）：启用该选项后，纹理坐标将缩放以适合0~1范围内的UV纹理空间，同时保持UV面的原始形状。

单位化（使用角和边界）：启用该选项后，纹理坐标将放置在纹理空间0~1的角点和边界上。具有3个顶点的多边形将具有一个三角形UV纹理贴图（等边），而具有3个以上顶点的多边形将具有方形UV纹理贴图。

无：不为新的多边形创建UV。

3.5.3 三角形化/四边形化

使用"网格>三角形化"命令可以将多边形面细分为三角形面。

使用"网格>四边化形"命令可以将多边形物体的三边面转换为四边面。打开"四边形化面选项"对话框，如图3-135所示。

图3-135

参数详解

角度阈值：设置两个合并三角形的极限参数（极限参数是两个相邻三角形的面法线之间的角度）。当该值为0时，只有共面的三角形被转换；当该值为180时，表示所有相邻的三角形面都有可能会被转换为四边形面。

保持面组边界：选择该选项后，可以保持面组的边界；关闭该选项时，面组的边界可能会被修改。

保持硬边：选择该项后，可以保持多边形的硬边；关闭该选项时，在两个三角形面之间的硬边可能会被删除。

保持纹理边界：选择该项后，可以保持纹理的边界；关闭该选项时，Maya将修改纹理的边界。

世界空间坐标：选择该项后，设置的"角度阈值"处于世界坐标系中的两个相邻三角形面法线之间的角度上；关闭该选项时，"角度阈值"处于局部坐标空间中的两个相邻三角形面法线之间的角度上。

3.5.4 在网格上投影曲线

使用"在网格上投影曲线"命令可以将曲线投影到多边形面上，类似于NURBS的"在曲面上投影曲线"命令。打开"在网格上投影曲线选项"对话框，如图3-136所示。

图3-136

参数详解

沿以下项投影：指定投影在网格上的曲线的方向。

仅投影到边：将编辑点放置到多边形的边上，否则编辑点可能会出现在沿面和边的不同点处。

3.5.5 使用投影的曲线分割网格

使用"使用投影的曲线分割网格"命令可以在多边形曲面上进行分割，或者在分割的同时分离面。打开"使用投影的曲线分割网格选项"对话框，如图3-137所示。

图3-137

参数详解

分割：分割多边形的曲面。分割了多边形的面，但是其组件仍连接在一起，而且只有一组顶点。

分割并分离边：沿分割的边分离多边形。分离了多边形的组件，有两组或更多组顶点。

3.6 课堂练习：制作司南

场景位置	无
实例位置	Examples>CH03>C5>C5.mb
难易指数	★★★☆☆
技术掌握	学习多边形面片制作模型和软编辑模型的方法

案例介绍

司南是我国古时候用于辨别方向的仪器，是指南针的前身，是由具有磁性的勺形物件和一个光滑的圆盘组成。本案例就来学习司南模型的制作方法，难点和重点在于磁勺模型的制作过程，以及软编辑模型的方法。案例效果如图3-138所示。

图3-138

制作思路

第1步：在视图中创建一个多边形面片。

第2步：通过"挤出"等操作将多边形面片转换为磁勺的基础模型，然后再对模型边缘的位置进行"压边"操作，最后圆滑模型。

第3步：开启"软选择"功能，然后调整磁勺的首端和尾端的造型。

第4步：使用多边形基本体（圆柱体和立方体）制作出司南的底座。

3.6.1 制作磁勺基础模型

（1）将视图切换至顶视图，接着执行"网格>创建多边形工具"菜单命令，再开启"捕捉到栅格" 🧲功能，最后在场景中通过捕捉栅格创建出如图3-139所示的多边形，创建完成后按Enter键确认。

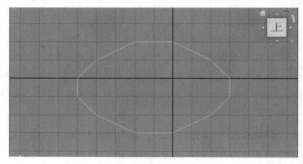

图3-139

（2）选择面片，然后按住Shift+鼠标右键，接着选择"分割>分割多边形工具"命令，如图3-140所示；接着连接面片上的点，再按Enter键生成边，最后使用同样的方法绘制边，使面片结构合理，如图3-141所示。

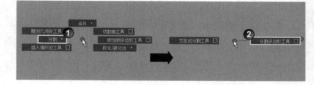

图3-140

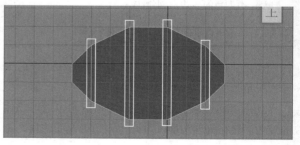

图3-141

（3）进入多边形面片的"边"级别，然后选择面片右侧的边，接着执行"编辑网格>挤出"菜单命令，并通过手柄将挤出的边拉远一些，概括出磁勺的形态，如图3-142所示。

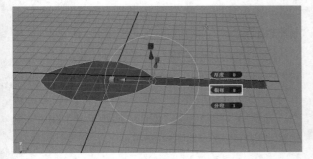

图3-142

（4）进入多边形面片的"面"级别，然后选择所有的面，接着执行"编辑网格>挤出"菜单命令，将面片挤出一定的厚度，如图3-143所示。

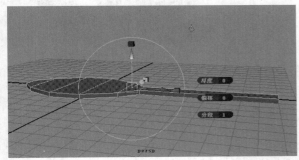

图3-143

（5）执行"编辑网格>插入循环边工具"菜单命令，在如图3-144所示的位置插入两条环形边。

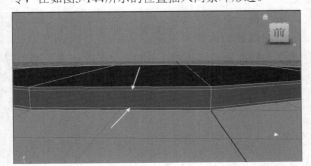

图3-144

（6）按数字3键进入模型的圆滑显示模式，可以看到模型的边缘有了棱角的感觉，但是磁勺尾部的结构稍显尖锐，如图3-145所示。

（7）执行"编辑网格>插入循环边工具"菜单命令，然后在如图3-146所示的位置插入一条环形边。

图3-145　　　　图3-146

（8）选择磁勺模型，然后执行"网格>平滑"菜单命令，将模型圆滑一次，效果如图3-147所示。

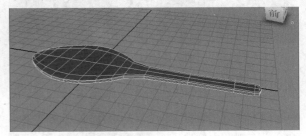

图3-147

3.6.2 软编辑模型

（1）进入模型的"顶点"级别，然后在顶视图中框选如图3-148所示的顶点。

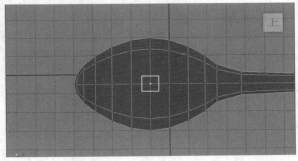

图3-148

提示 这里一定要使用框选的方式，因为模型是有厚度的，点选会漏掉模型背面的顶点。

（2）按B键开启"软选择"功能，然后按住B键的同时单击鼠标左键不放并将其左右拖曳，调整软选择的范围，如图3-149所示；接着使用"移动工具"将选择的点沿y轴向下移动，效果如图3-150所示。

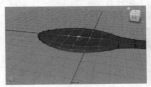

图3-149　　　　图3-150

（3）选择模型尾部的顶点，然后在"软选择"功能开启的情况下，使用"移动工具" ■将选择的点沿*y*轴向上移动，效果如图3-151所示。

（4）按数字3键进入模型的圆滑显示模式，然后使用"缩放工具" ■调整磁勺的造型曲线，如图3-152所示。

图3-151
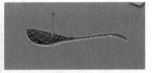
图3-152

3.6.3 制作底座模型

（1）执行"创建>多边形基本体>圆柱体"菜单命令，在视图中创建一个圆柱体，然后使用"缩放工具" ■将圆柱体缩短一些，如图3-153所示。

图3-153

（2）执行"创建>多边形基本体>立方体"菜单命令，在场景中创建一个立方体，接着使用"缩放工具" ■和"移动工具" ■调整立方体的形体和位置，如图3-154所示。

图3-154

3.7 本章小结

本章介绍了多边形对象的创建方法和编辑方式，针对不同的多边形类型，以实例的形式介绍不同的编辑命令，使读者在学习多边形建模的时候，有明确的方向。在建模的时候不是机械化地去临摹其外观形态，而是根据对象类型确定最佳的建模方式，使建模效率得到很大的提升。

3.8 课后习题

为了方便巩固前面学习的知识，笔者准备了两个课后习题供大家练习，读者可以参考前面的"课堂练习"来完成。

3.8.1 课后习题：制作水晶

场景位置	无
实例位置	Examples>CH03>C6>C6.mb
难易指数	★★☆☆☆
技术掌握	练习创建和编辑多边形基本体的方法

操作指南

首先在场景中创建一个圆柱体，然后对圆柱体进行分段，接着使用"合并到中心"菜单命令将圆柱体顶部的点进行焊接；最后复制几个编辑好的模型，并使用"移动工具" ■和"旋转工具" ■对复制的模型进行摆放，如图3-155所示。

图3-155

3.8.2 课后习题：制作餐具

场景位置	无
实例位置	Examples>CH03>C7>C7.mb
难易指数	★★★☆☆
技术掌握	练习通过多边形面片制作模型和软编辑模型以及"挤出"工具的使用方法

操作指南

首先在场景中创建一个立方体，并使用"缩放工具" ■将其调整得短一些，然后进入其"面"级别，再选择侧面的圆形面，接着使用"挤出"工具 ■将选择的面挤出一些，并使用"移动工具" ■沿*y*轴向上移动，制作出盘子的模型，最后使用制作司南的磁勺一样的办法制作出餐勺的模型，如图3-156所示。

图3-156

第4章
灯光技术

本章将介绍Maya 2014的灯光技术，包含布光法则、灯光的类型与作用和灯光的属性等。灯光在Maya中非常重要，在现实生活中，没有灯光的世界是一片漆黑的，同样在Maya中也是这样。本章的内容非常重要，笔者给出的案例都是结合常用的灯光，请读者认真分析并勤加练习。

学习目标

- 掌握灯光的类型
- 掌握聚光灯的使用方法
- 掌握点光源的使用方法
- 掌握平行光的使用方法
- 掌握区域光的使用方法
- 掌握对象照明的方法
- 掌握模拟照明的方法

4.1 关于灯光

光是作品中最重要的组成部分之一，也是作品的灵魂所在。物体的造型与质感都需要用光来刻画和体现，没有灯光的场景将是一片漆黑，什么也观察不到。正是因为有了灯光的存在才使画面具有写实风格，所以场景的灯光布置需要表现出真实的环境效果，要通透、漂亮，这样才能突出氛围。

4.1.1 灯光概述

在现实生活中，一盏灯光可以照亮一个空间，并且会产生衰减，而物体也会反射光线，从而照亮灯光无法直接照射到的地方。在三维软件的空间中（在默认情况下），灯光中的光线只能照射到直接到达的地方，因此要想得到现实生活中的光照效果，就必须创建多盏灯光从不同角度来对场景进行照明，图4-1所示是一张布光十分精彩的作品。

图4-1

Maya中有6种灯光类型，分别是"环境光""平行光""点光源""聚光灯""区域光"和"体积光"，如图4-2所示。

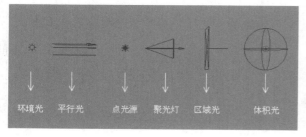

环境光　平行光　点光源　聚光灯　区域光　体积光

图4-2

提示 在后面的内容中，笔者会就比较常用的灯光进行详细介绍。

4.1.2 摄影布光原则

在为场景布光时不能只注重软件技巧，还要了解摄影学中灯光照明方面的知识。布光的目的就是在二维空间中表现出三维空间的真实感与立体感。

实际生活中的空间感是由物体表面的明暗对比产生的。灯光照射到物体上时，物体表面并不是均匀受光，可以按照受光表面的明暗程度分成亮部（高光）、过渡区和暗部3个部分，如图4-3所示。通过明暗的变化产生物体的空间尺度和远近关系，即亮部离光源近一些，暗部离光源远一些，或处于物体的背光面。场景灯光通常分为自然光、人工光以及混合光（自然光和人工光结合的灯光）3种类型。

图4-3

1.自然光

自然光一般指太阳光，当使用自然光时，需要考虑在不同时段内的自然光的变化，如图4-4所示。

图4-4

2.人工光

人工光是以电灯、炉火或二者一起使用进行照明的灯光。人工光是3种灯光中最常用的灯光。在使用人工光时一定要注意灯光的质量、方向和色彩3大方面，如图4-5所示。

图4-5

3.混合光

混合光是将自然光和人工光完美组合在一起，让场景色调更加丰富、更加富有活力的一种照明灯光，如图4-6所示。

图4-6

4.2 对象照明

通常对于场景中的对象，我们仅仅需要为其添加灯光将其照亮，表现出其本身具有的材质效果，偶尔为了表现一种特别的效果，会为其增添部分特效，如体积光、雾等。

4.2.1 课堂案例：制作角色灯光雾

场景位置	Scenes>CH04>D1>D1.mb
实例位置	Examples>CH04>D1>D1.mb
难易指数	★★☆☆☆
技术掌握	学习聚光灯、灯光雾的使用方法

案例介绍

场景中如果没有灯光，将会是一片漆黑，但是如果场景对象较少，不适合添加过多的灯光，如本案例中的恐龙，可以为其添加一个聚光灯，制作一种特写的效果，以最少的灯光数量完成了对对象的灯光设置，如图4-7所示，读者一定要记住，灯光宜精不宜多。

图4-7

制作思路

第1步：打开场景，并打开聚光灯的"属性编辑器"。

第2步：使用"灯光雾"选项为聚光灯加载灯光雾效果。

第3步：渲染对象，查看灯光雾效果。

（1）打开素材文件夹中的Scenes>CH04>D1>D1.mb文件，本场景由一盏聚光灯和一个恐龙骨架模型构成，如图4-8所示。

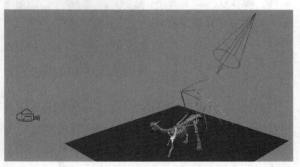

图4-8

（2）选择聚光灯，然后打开其"属性编辑器"对话框，展开"灯光效果"卷展栏，接着单击"灯光雾"选项后面的■按钮，为聚光灯加载灯光雾效果，如图4-9所示，聚光灯会多出一个锥角，这就是灯光雾的照射范围，如图4-10所示。

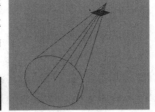

图4-9　　　　　　　　　图4-10

（3）单击"渲染当前帧（Maya软件）"按钮■，最终效果如图4-11所示。

图4-11

4.2.2　灯光的操作

场景中的灯光并不是直接通过菜单命令就能创建好的，而是需要不断在视图中进行方向、角度的调整，在Maya中，灯光的操作方法主要有以下3种。

第1种：创建灯光后，使用"移动工具"■、"缩放工具"■和"旋转工具"■对灯光的位置、大小和方向进行调整，如图4-12所示。这种方法控制起来不是很方便。

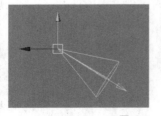

图4-12

第2种：创建灯光后，按T键打开灯光的目标点和发光点的控制手柄，这样可以很方便地调整灯光的照明方式，能够准确地确定目标点的位置，如图4-13所示。同时还有一个扩展手柄，可以对灯光的

一些特殊属性进行调整，如光照范围和灯光雾等。

第3种：创建灯光后，可以通过视图菜单中"面板>沿选定对象观看"命令将灯光作为视觉出发点来观察整个场景，如图4-14所示。这种方法准确且直观，在实际操作中经常被使用到。

图4-13　　　　　　　　　图4-14

4.2.3　聚光灯属性

"聚光灯"是一种非常重要的灯光，在实际工作中经常被使用到。聚光灯具有明显的光照范围，类似于手电筒的照明效果，在三维空间中形成一个圆锥形的照射范围，如图4-15所示。聚光灯能够突出重点，在很多场景中都被使用到，如室内、室外和单个的物体。在室内和室外均可以用来模拟太阳的光照射效果，同时也可以突出单个产品，强调某个对象的存在。

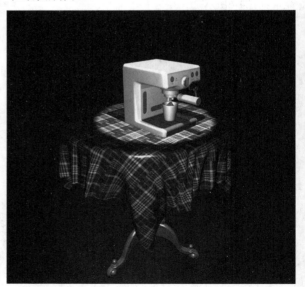

图4-15

提示　聚光灯不但可以实现衰减效果，使光线的过渡变得更加柔和，同时还可以通过参数来控制它的半影效果，从而产生柔和的过渡边缘。

执行"创建>灯光>聚光灯"菜单命令，在场景中创建一盏聚光灯，然后按快捷键Ctrl+A打开聚光灯的"属性编辑器"对话框，如图4-16所示。

展开"聚光灯属性"卷展栏，如图4-17所示。在该卷展栏可以对聚光灯的基本属性进行设置。

图4-16

图4-17

参数详解

类型： 选择灯光的类型。这里讲的是聚光灯，可以通过"类型"将聚光灯设置为点光源、平行光或体积光等。

提示 当改变灯光类型时，相同部分的属性将被保留下来，而不同的部分将使用默认参数来代替。

颜色： 设置灯光的颜色。Maya中的颜色模式有RGB和HSV两种，双击色块可以打开调色板，如图4-18所示。系统默认的是HSV颜色模式，这种模式是通过色相、饱和度和明度来控制颜色。这种颜色调节方法的好处是明度值可以无限提高，而且可以是负值。

图4-18

提示 另外，调色板还支持用吸管 ✍ 来吸取加载的图像的颜色作为灯光颜色。具体操作方法是单击"图像"选项卡，然后单击"加载"按钮 加载... ，接着用吸管 ✍ 吸取图像上的颜色即可，如图4-19所示。

图4-19

当灯光颜色的V值为负值时，表示灯光吸收光线，可以用这种方法来降低某处的亮度。单击"颜色"属性后面的 ■ 按钮可以打开"创建渲染节点"对话框，在该对话框中可以加载Maya的程序纹理，也可以加载外部的纹理贴图。因此，可以使用颜色来产生复杂的纹理，同时还可以模拟出阴影纹理，例如太阳光穿透树林在地面产生的阴影。

强度： 设置灯光的发光强度。该参数同样也可以为负值，为负值时表示吸收光线，用来降低某处的亮度。

默认照明： 选择该选项后，灯光才起照明作用；如果关闭该选项，灯光将不起任何照明作用。

发射漫反射： 选择该选项后，灯光会在物体上产生漫反射效果，反之将不会产生漫反射效果。

发射镜面反射： 选择该选项后，灯光将在物体上产生高光效果，反之灯光将不会产生高光效果。

提示 可以通过一些有一定形状的灯光在物体上产生靓丽的高光效果。

衰退速率： 设置灯光强度的衰减方式，共有以下4种。

无衰减： 除了衰减类灯光外，其他的灯光将不会产生衰减效果。

线性： 灯光呈线性衰减，衰减速度相对较慢。

二次方： 灯光与现实生活中的衰减方式一样，以二次方的方式进行衰减。

立方：灯光衰减速度很快，以三次方的方式进行衰减。

圆锥体角度：用来控制聚光灯照射的范围。该参数是聚光灯的特有属性，默认值为40，其数值不宜设置得太大，图4-20所示为不同"圆锥体角度"数值的聚光灯对比。

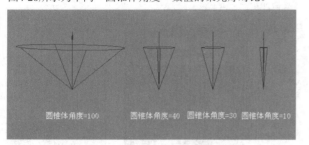

图4-20

> **提示** 如果使用视图菜单中"面板>沿选定对象观看"命令将灯光作为视角出发点，那么"圆锥体角度"就是视野的范围。

半影角度：用来控制聚光灯在照射范围内产生向内或向外的扩散效果。

> **提示** "半影角度"也是聚光灯特有的属性，其有效范围为-179.994°～179.994°。该值为正时，表示向外扩散，为负时表示向内扩散，该属性可以使光照范围的边界产生非常自然的过渡效果，图4-21所示是该值为0°、5°、15°和30°时的效果对比。

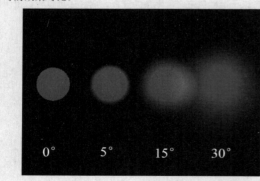

图4-21

衰减：用来控制聚光灯在照射范围内从边界到中心的衰减效果，其取值范围为0~255。值越大，衰减的强度越大。

4.2.4 灯光效果

展开"灯光效果"卷展栏，如图4-22所示。该卷展栏下的参数主要用来制作灯光特效，如灯光雾和灯光辉光等。

图4-22

1.灯光雾

"灯光雾"可产生雾状的体积光。如在一个黑暗的房间里，从顶部照射一束阳光进来，通过空气里的灰尘可以观察到阳光的路径，其选项组如图4-23所示。

图4-23

灯光雾：单击右边的■按钮，可以创建灯光雾。

雾扩散：用来控制灯光雾边界的扩散效果。

雾密度：用来控制灯光雾的密度。

2.灯光辉光

"灯光辉光"主要用来制作光晕特效。单击"灯光辉光"属性右边的■按钮，打开辉光参数设置面板，如图4-24所示。

光学效果属性：展开该卷展栏，如图4-25所示。

图4-24   图4-25

辉光类型：选择辉光的类型，共有以下6种。

①无：表示不产生辉光。

②线性：表示辉光从中心向四周以线性的方式进行扩展。

③指数：表示辉光从中心向四周以指数的方式进行扩展。

④球：表示辉光从灯光中心在指定的距离内迅速衰减，衰减距离由"辉光扩散"参数决定。

⑤镜头光斑：主要用来模拟灯光照射生成的多个摄影机镜头的效果。

⑥边缘光晕：表示在辉光的周围生成环形状的光晕，环的大小由"光晕扩散"参数决定。

光晕类型：选择光晕的类型，共有以下6种。

①无：表示不产生光晕。

②线性：表示光晕从中心向四周以线性的方式进行扩展。

③指数：表示光晕从中心向四周以指数的方式进行扩展。

④球：表示光晕从灯光中心在指定的距离内迅速衰减。

⑤镜头光斑：主要用来模拟灯光照射生成的多个摄影机镜头的效果。

⑥边缘光晕：表示在光晕的周围生成环形状的光晕，环的大小由"光晕扩散"参数决定。

径向频率：控制辉光在辐射范围内的光滑程度，默认值为0.5。

星形数：用来控制向外发散的星形辉光的数量，图4-26所示分别是"星形数"为6和20时的辉光效果对比。

图4-26

旋转：用来控制辉光以光源为中心旋转的角度，其取值范围在0~360之间。

辉光属性：展开"辉光属性"复卷展栏，如图4-27所示。

图4-27

辉光颜色：用来设置辉光的颜色。

辉光强度：用来控制辉光的亮度，图4-28所示分别是"辉光强度"为3和10时的效果对比。

图4-28

辉光扩散：用来控制辉光的大小。

辉光噪波：用来控制辉光噪波的强度，如图4-29所示。

辉光径向噪波：用来控制辉光在径向方向的光芒长度，如图4-30所示。

图4-29 图4-30

辉光星形级别：用来控制辉光光芒的中心光晕的比例，图4-31所示是不同数值下的光芒中心辉光效果。

图4-31

辉光不透明度：用来控制辉光光芒的不透明度。

光晕属性：展开"光晕属性"复卷展栏，如图4-32所示。

图4-32

光晕颜色：用来设置光晕的颜色。

光晕强度：用来设置光晕的强度，图4-33所示分别是"光晕强度"为0和10时的效果对比。

图4-33

光晕扩散：用来控制光晕的大小，图4-34所示分别是"光晕扩散"为0和2时的效果对比。

图4-34

镜头光斑属性：展开"镜头光斑属性"复卷展栏，如图4-35所示。

图4-35

提示 "镜头光斑属性"卷展栏下的参数只有在"光学效果属性"卷展栏下选择了"镜头光斑"选项后才会被激活，如图4-36所示。

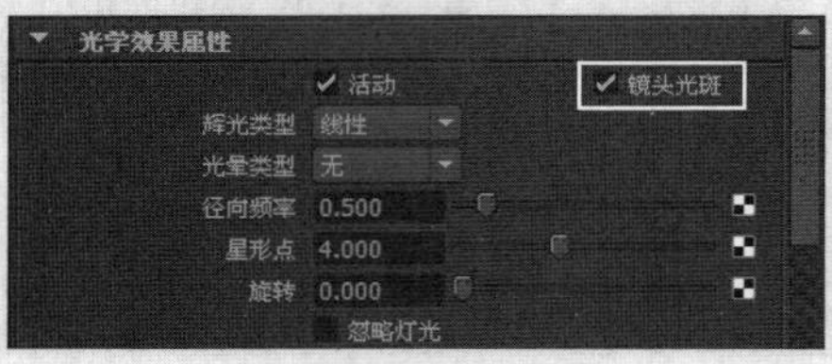

图4-36

光斑颜色： 用来设置镜头光斑的颜色。

光斑强度： 用来控制镜头光斑的强度，图4-37所示分别是"光斑强度"为0.9和5时的效果对比。

图4-37

光斑圈数： 用来设置镜头光斑光圈的数量。数值越大，渲染时间越长。

光斑最小值/最大值： 这两个选项用来设置镜头光斑范围的最小值和最大值。

六边形光斑： 选择该选项后，可以生成六边形的光斑，如图4-38所示。

图4-38

光斑颜色扩散： 用来控制镜头光斑扩散后的颜色。

光斑聚焦： 用来控制镜头光斑的聚焦效果。

光斑垂直/水平： 这两个选项用来控制光斑在垂直和水平方向上的延伸量。

光斑长度： 用来控制镜头光斑的长度。

噪波： 展开"噪波"卷展栏，如图4-39所示。

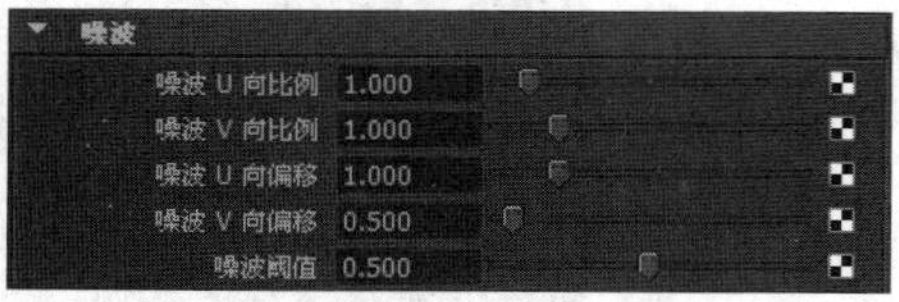

图4-39

噪波u/v向比例： 这两个选项用来调节噪波辉光在u/v坐标方向上的缩放比例。

噪波u/v向偏移： 这两个选项用来调节噪波辉光在u/v坐标方向上的偏移量。

噪波阈值： 用来设置噪波的终止值。

技术专题11 主光、辅助光和背景光

灯光有助于表达场景的情感和氛围，若按灯光在场景中的功能可以将灯光分为主光、辅助光和背景光3种类型。这3种类型的灯光经常需要在场景中配合运用才能完美地体现出场景的氛围。

1.主光

在一个场景中，主光是对画面起主导作用的光源。主光不一定只有一个光源，但它一定是起主要照明作用的光源，因为它决定了画面的基本照明和情感氛围。

2.辅助光

辅助光是对场景起辅助照明的灯光，它可以有效地调和物体的阴影和细节区域。

3.背景光

背景光也叫"边缘光"，它是通过照亮对象的边缘将目标对象从背景中分离出来，通常放置在3/4关键光的正对面，并且只对物体的边缘起作用，可以产生很小的高光反射区域。

除了以上3种灯光外，在实际工作中还经常使用到轮廓光、装饰光和实际光。

1.轮廓光

轮廓光是用于勾勒物体轮廓的灯光，它可以使物体更加突出，拉开物体与背景的空间距离，以增强画面的纵深感。

2.装饰光

装饰光一般用来补充画面中布光不足的地方，以及增强某些物体的细节效果。

3.实际光

实际光是指在场景中实际出现的照明来源，如台灯、车灯、闪电和野外燃烧的火焰等。

由于场景中的灯光与自然界中的灯光是不同的，在能达到相同效果的情况下，应尽量减少灯光的数量和降低灯光的参数值，这样可以节省渲染时间。同时，灯光越多，灯光管理也更加困难，所以不需要的灯光最好将其删除。使用灯光排除也是提高渲染效率的好方法，因为从一些光源中排除一些物体可以节省渲染时间。

4.3 模拟照明

Maya中的灯光还可以用来模拟其他灯光，如常用"点光源"来模拟电灯泡、烛光，用"平行光"模拟日光等。这类模拟照明是经常使用的一种照明方式。

4.3.1 课堂案例：模拟台灯照明效果

场景位置	Scenes>CH04>D2>D2.mb
实例位置	Examples>CH04>D2>D2.mb
难易指数	★★★☆☆
技术掌握	学习"点光源"的使用方法、"辅助光"的补光方法

案例介绍

本案例是一个台灯场景，通过"聚光灯"和"点光源"搭配使用来模拟台灯照明效果，在制作该场景灯光效果时，首先应分清楚光的主次，虽然主光源理论上应该是模拟台灯的"点光源"，但是其亮度不足以照亮整个场景，所以在制作时是以"聚光灯"来模拟台灯发出的光。效果如图4-40所示。

图4-40

制作思路

第1步：打开场景，创建一盏聚光灯作为主光源。

第2步：在不同的地方为场景创建辅助光。

1.创建主光源

（1）打开素材文件夹中的Scenes>CH04>D2>D2.mb文件，然后在灯罩内创建一盏聚光灯作为照亮场景的主光源，如图4-41所示。

图4-41

（2）打开聚光灯的"属性编辑器"对话框，然后将其更名为zhuguang，具体参数设置如图4-42所示。

设置步骤：

① 设置"颜色"为（R:255，G:240，B:212），然后设置"强度"为2，接着设置"圆锥体角度"为43.13、"半影角度"为10.567、"衰减"为75.868。

② 选择"使用光线跟踪阴影"选项，然后设置"灯光半径"为0.587、"阴影光线数"为6、"光线深度限制"为3。

图4-42

2.创建辅助光源

（1）在如图4-43所示的位置创建一盏聚光灯作为照亮背景的辅助光源，然后打开其"属性编辑器"对话框，并将其更名为beijingdeng，接着设置"颜色"为（R:226，G:154，B:103）、"强度"为0.4，最后设置"圆锥体角度"为175.533、"半影角度"为-2.066，如图4-44所示。

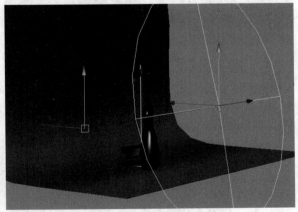

图4-43

图4-44

（2）在如图4-45所示的位置创建一盏聚光灯作为

辅助光源，然后打开其"属性编辑器"对话框，并将其更名为fuzhi1，接着设置"颜色"为白色、"强度"为0.2、"圆锥体角度"为41.658、"半影角度"为-7.851，最后设置"阴影颜色"为（R:164，G:164，B:164），如图4-46所示。

（3）切换到"渲染"模块，然后执行"照明/着色>灯光链接编辑器>以灯光为中心"菜单命令，打开"关系编辑器"对话框，接着在列表的左侧选择fuzhu1灯光，在列表的右侧选择pCylinder1物体，这样可以排除fuzhu1灯光对这个物体的影响，如图4-47所示。

图4-45

图4-46 　　　　　　　　　　图4-47

提示 pCylinder1就是灯座，如图4-48所示，由于该物体的材质是金属材质，具有强烈的高光效果，反射也比较强烈，如果灯光照射很强烈的话，渲染出来的效果就不会真实（光照过度），因此要将其排除掉。

图4-48

（4）在如图4-49所示的位置创建一盏平行光作为辅助光源，然后打开其"属性编辑器"对话框，并将其更名为fuzhu2，接着设置"强度"为0.4，如图4-50所示。

图4-49 　　　　　　　　　　图4-50

（5）打开"关系编辑器"对话框，然后在列表的左侧选择fuzhu2灯光，接着在列表的右侧选择pCylinder1物体，这样可以排除灯光对这个物体的影响，如图4-51所示。

图4-51

（6）在如图4-52所示的位置创建一盏聚光灯作为辅助光源，打开其"属性编辑器"对话框，并将其更名为fuzhu3，然后设置"颜色"为（R:227，G:255，B:242），接着设置"圆锥体角度"为41.658、"半影角度"为-7.851，再选择"使用光线跟踪阴影"选项，最后设置"灯光半径"为0.165、"阴影光线数"为6、"光线深度限制"为3，如图4-53所示。

图4-52 　　　　　　　　　　图4-53

（7）在如图4-54所示的灯罩内创建一盏聚光灯作为辅助灯光，打开其"属性编辑器"对话框，并将其更名为fuzhu4，然后设置"颜色"为（R:255，G:242，B:192）、"强度"为3，接着设置"圆锥体角度"为41.658、"半影角度"为-7.851，再选择"使用光线跟踪阴影"选项，最后设置"灯光半径"为0.165、"阴影光线数"为6、"光线深度限制"为3,如图4-55所示。

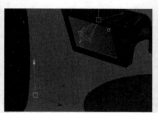

图4-54　　　　　　　　　　图4-55

（8）打开"关系编辑器"对话框,然后在列表的左侧选择fuzhu4灯光,接着在列表的右侧选择pCylinder1物体,这样可以排除灯光对这个物体的影响,如图4-56所示。

图4-56

（9）在如图4-57所示的位置创建一盏点光源作为辅助灯光,然后打开其"属性编辑器"对话框,并将其更名为fuzhu5,接着设置"颜色"为（R:244,G:241,B:228）、"强度"为0.826,最后关闭"发射漫反射"选项,如图4-58所示。

图4-57　　　　　　　　　　图4-58

提示 由于这盏点光源只用来照亮底座的高光,所以不需要它发射漫反射。

（10）打开"关系编辑器"对话框,然后在列表的左侧选择fuzhu5灯光,接着在列表的右侧选择如图4-59所示的物体,这样可以排除灯光对这些物体的影响。

图4-59

（11）在fuzhu5灯光附近创建一盏点光源,以增强照明效果,如图4-60所示;然后打开其"属性编辑器"对话框,并将其更名为fuzhu6,接着设置"颜

色"为（R:255,G:251,B:237）、"强度"为0.496,最后关闭"发射漫反射"选项,如图4-61所示。

图4-60　　　　　　　　　　图4-61

（12）打开"关系编辑器"对话框,然后在列表的左侧选择fuzhu6灯光,接着在列表的右侧选择如图4-62所示的物体,这样可以排除灯光对这些物体的影响。

图4-62

（13）在fuzhu6灯光的附近再创建一盏点光源,如图4-63所示;然后打开其"属性编辑器"对话框,并将其更名为fuzhu7,接着设置"颜色"为（R:255,G:251,B:237）、"强度"为3,最后关闭"发射漫反射"选项,如图4-64所示。

图4-63　　　　　　　　　　图4-64

（14）打开"关系编辑器"对话框,然后在列表的左侧选择fuzhu7灯光,接着在列表的右侧选择如图4-65所示的物体,这样可以排除灯光对这些物体的影响。

图4-65

（15）设置完成后，渲染当前场景，最终效果如图4-66所示。

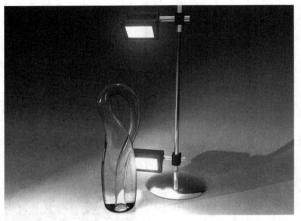

图4-66

4.3.2 课堂案例：模拟自然照明效果

场景位置	Scenes>CH04>D3>D3.mb
实例位置	Examples>CH04>D3>D3.mb
难易指数	★★☆☆☆
技术掌握	学习 "光线跟踪阴影" 的使用方法

案例介绍

在前面的案例中，我们制作的都是有明显光源的案例，但是无明显光源的时候，应该怎么设置灯光呢？对于无明显光源的场景，它的灯光是无明确方向的，如阴天的室内，对于这类场景，它产生的阴影也是比较柔的，如图4-67所示，这是本案例的灯光效果，可看出虽然无明显灯光照射，但是整个场景的画面显得柔和清晰。

图4-67

制作思路

第1步：打开场景，观察灯光结构。

第2步：选择场景中已有的"区域光"，然后设置其"阴影"参数。

第3步：打开"渲染设置"对话框，设置渲染参数。

（1）打开素材文件夹中的Scenes>CH04>D3>D3.mb文件，本场景设置了一盏"区域光"作为主光源，还有一个反光板和一台摄影机，如图4-68所示。

图4-68

（2）打开区域光的"属性编辑器"对话框，然后展开"阴影"卷展栏下的"光线跟踪阴影属性"复卷展栏，接着选择"使用光线跟踪阴影"选项，并设置"阴影光线数"为10、"光线深度限制"为10，如图4-69所示。

（3）打开"渲染设置"对话框，然后设置渲染器为mental ray渲染器，接着在"质量"选项卡下展开"光线跟踪"卷展栏，再选择"光线跟踪"选项，最后设置"反射"和"折射"为6、"最大跟踪深度"为12，如图4-70所示。

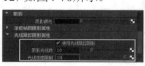

图4-69 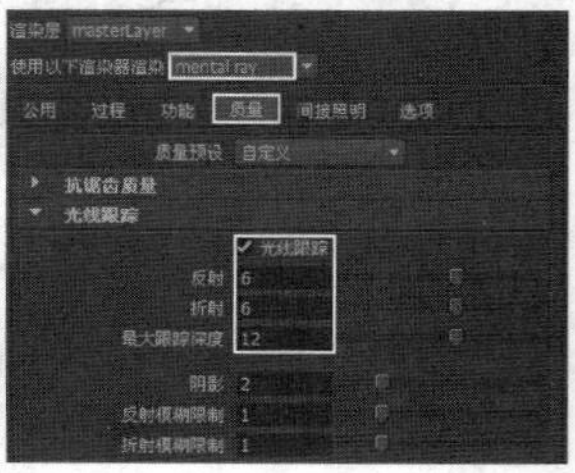   图4-70

（4）渲染当前场景，最终效果如图4-71所示。

图4-71

4.3.3 点光源

　　"点光源"就像一个灯泡，从一个点向外均匀地发射光线，所以点光源产生的阴影是发散状的，如图4-72所示。执行"创建>灯光>点光源"或单击"渲染"选项卡下的"点光源"工具，即可在场景中创建灯光。

图4-72

> **提示**　"点光源"是一种衰减类型的灯光，离点光源越近，光照强度越大。"点光源"实际上是一种理想的灯光，因为其光源体积是无限小的，它在Maya中是使用最频繁的一种灯光。
> 　　另外，因为Maya中所有光源的灯光属性基本都类似，读者可以参考"聚光灯"的参数来学习。

4.3.4 区域光

　　"区域光"是一种矩形状的光源，在使用光线跟踪阴影时可以获得很好的阴影效果，如图4-73所示。区域光与其他灯光有很大的区别，如聚光灯或点光源的发光点都只有一个，而区域光的发光点是一个区域，可以产生很真实的柔和阴影。

图4-73

4.3.5 平行光

　　"平行光"的照明效果只与灯光的方向有关，与其位置没有任何关系，就像太阳光一样，其光线是相互平行的，不会产生夹角，如图4-74所示。当然这是理论概念，现实生活中的光线很难达到绝对的平行，只要光线接近平行，就默认其为平行光。

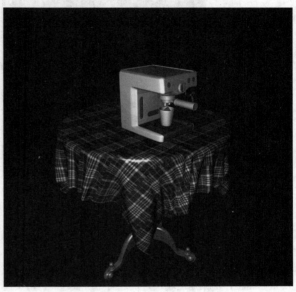

图4-74

> **提示**　平行光没有一个明显的光照范围，经常用于室外全局光照来模拟太阳光照。平行光没有灯光衰减，所以要使用灯光衰减时只能用其他的灯光来代替平行光。

4.3.6 阴影

　　阴影在场景中具有非常重要的地位，它可以增强场景的层次感与真实感。Maya有"深度贴图阴影"和"光线跟踪阴影"两种阴影模式，如图4-75所示。"深度贴图阴影"是使用阴影贴图来模拟阴影效果；"光线跟踪阴影"是通过跟踪光线路径来生成阴影，可以使透明物体产生透明的阴影效果。这两种阴影模式都有用于设置"阴影颜色"的参数。

图4-75

1.深度贴图阴影属性

展开"深度贴图阴影属性"卷展栏，如图4-76所示。

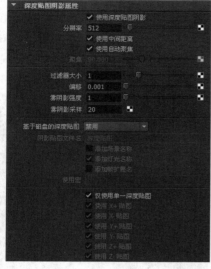

图4-76

参数详解

使用深度贴图阴影：控制是否开启"深度贴图阴影"功能。

分辨率：控制深度贴图阴影的大小。数值越小，阴影质量越粗糙，渲染速度越快，反之阴影质量越高，渲染速度也就越慢。

使用中间距离：如果禁用该选项，Maya会为深度贴图中的每个像素计算灯光与最近阴影投射曲面之间的距离。如果灯光与另一个阴影投射曲面之间的距离大于深度贴图的距离，则该曲面位于阴影中。

使用自动聚焦：选择该选项后，Maya会自动缩放深度贴图，使其仅填充灯光所照明的区域中包含阴影投射对象的区域。

聚焦：用于在灯光照明的区域内缩放深度贴图的角度。

过滤器大小：用来控制阴影边界的模糊程度。

偏移：设置深度贴图移向或远离灯光的偏移距离。

雾阴影强度：控制出现在灯光雾中的阴影的黑暗度，有效范围为1~10。

雾阴影采样：控制出现在灯光雾中的阴影的精度。

基于磁盘的深度贴图：包含以下3个选项。

禁用：Maya会在渲染过程中创建新的深度贴图。

覆盖现有深度贴图：Maya会创建新的深度贴图，并将其保存到磁盘。如果磁盘上已经存在深度贴图，Maya会覆盖这些深度贴图。

重用现有深度贴图：Maya会进行检查以确定深度贴图

是否在先前已保存到磁盘。如果已保存到磁盘，Maya会使用这些深度贴图，而不是创建新的深度贴图。如果未保存到磁盘，Maya会创建新的深度贴图，然后将其保存到磁盘。

阴影贴图文件名：Maya保存到磁盘的深度贴图文件的名称。

添加场景名称：将场景名称添加到Maya并保存到磁盘的深度贴图文件的名称中。

添加灯光名称：将灯光名称添加到Maya并保存到磁盘的深度贴图文件的名称中。

添加帧扩展名：如果选择该选项，Maya会为每个帧保存一个深度贴图，然后将帧扩展名称添加到深度贴图文件的名称中。

使用宏：仅当"基于磁盘的深度贴图"设定为"重用现有深度贴图"时才可用。它是指宏脚本的路径和名称，Maya会运行该宏脚本，以从磁盘中读取深度贴图时更新该深度贴图。

仅使用单一深度贴图：仅适用于聚光灯。如果选择该选项，Maya会为聚光灯生成单一深度贴图。

使用X/Y/Z+贴图：控制Maya为灯光生成的深度贴图的数量和方向。

使用X/Y/Z-贴图：控制Maya为灯光生成的深度贴图的数量和方向。

2.光线跟踪阴影属性

展开"光线跟踪阴影属性"卷展栏，如图4-77所示。

图4-77

参数详解

使用光线跟踪阴影：控制是否开启"光线跟踪阴影"功能。

灯光半径：控制阴影边界模糊的程度。数值越大，阴影边界越模糊，反之阴影边界就越清晰。

阴影光线数：用来控制光线跟踪阴影的质量。数值越大，阴影质量越高，渲染速度就越慢。

光线深度限制：用来控制光线在投射阴影前被折射或反射的最大次数限制。

技术专题12 深度贴图阴影与光线跟踪阴影的区别

"深度贴图阴影"是通过计算光与物体之间的位置来产生阴影贴图，不能使透明物体产生透明的阴影，渲染速度相比较快；"光线跟踪阴影"是跟踪光线路径来生成阴影，可以生成比较真实的阴影效果，并且可以使透明物体生成透明的阴影。

第4章 灯光技术

4.4 课堂练习：模拟太阳光效果

在前面的案例中，大家学习了如何模拟人工灯照明的方法。灯光照明是灯光常用的功能，为了使大家更熟练地运用其功能，笔者安排了如下练习。

场景位置	Scenes>CH04>D4>D4.mb
实例位置	Examples>CH04>D4>D4.mb
难易指数	★★★☆☆
技术掌握	学习"物理太阳和天空"的使用方法

案例介绍

太阳光和天光照明是日常生活中最常见的一种照明方式，这类光照的特点是可以将其光线理解为平行的。想必大家都知道应该用什么光源来模拟了。在布置灯光的时候，虽然是模拟太阳光照，但是我们不能完全模拟为只有太阳一个光源，也要根据实际情况考虑主光与辅光，案例效果如图4-78所示。

图4-78

制作思路

第1步：打开"渲染设置"对话框，设置渲染器为mental ray渲染器，为场景创建一个"天光"。

第2步：设置创建好的"天光"参数，然后调整其位置，将其作为主光源。

第3步：为对象创建辅助光。

（1）打开素材文件夹中的Scenes>CH04>D4>D4.mb文件，如图4-79所示。

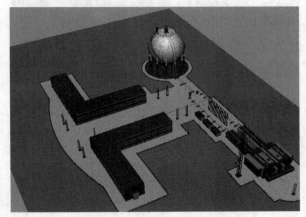

图4-79

（2）打开"渲染设置"对话框，设置渲染器为mental ray渲染器，然后在"间接照明"选项卡下展开"环境"卷展栏，接着单击"物理太阳和天空"选项后面的"创建"按钮 创建 ，为场景创建一个天光，如图4-80所示。

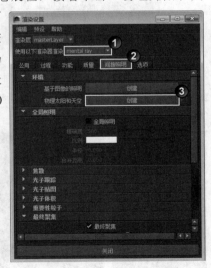

图4-80

> **提示** 关于渲染器的使用，在后面的章节中会进行详细介绍。

（3）此时场景中会自动生成一个平行光，选择平行光，然后在"通道盒/层编辑器"中，设置"旋转 x"为-43.574，如图4-81所示。

（4）在工作区中，执行"面板>透视>camera1"命令，如图4-82所示，使摄像机切换到设置好的角度。

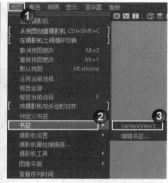

图4-81   图4-82

（5）渲染当前场景，最终效果如图4-83所示。

图4-83

（6）在"通道盒/层编辑器"中，设置"旋转 x"为-18.362，如图4-84所示。然后渲染当前场景，最终效果如图4-85所示。

图4-84   图4-85

提示　创建完"物理太阳和天空"后，用户可以修改平行光的角度，以模拟不同时段的阳光，达到真实自然的效果。

4.5 本章小结

本章介绍了Maya 2014各种重要灯光的作用以及各种重要参数（如灯光属性、灯光效果和阴影等），同时以案例的形式将灯光与场景联系起来进行讲解，使读者在理解灯光参数意义的同时，也学会了如何布置灯光。大家在学习本章时，不仅要深刻理解各项重要技术，还要多对重要灯光进行练习。

4.6 课后习题：制作日食的辉光效果

本章安排了一个案例供大家练习，都是一些最基本的知识，希望大家好好练习，牢固地掌握灯光的基本知识，以便于能更好地使用灯光制作各种效果。

场景位置	无
实例位置	Examples>CH04>D5>D5.mb
难易指数	★★☆☆☆
技术掌握	练习通过"点光源"制作辉光效果的方法

操作指南

本题制作的是日食的辉光效果，这种灯光效果给人以视觉上有很大的冲击，通常用来做一些特效，而相对于其壮观的视觉效果来说，它的制作方法却非常的简单。首先只需要在Maya 2014的视图中创建一盏"点光源"，然后设置其"灯光辉光"参数，再渲染出灯光效果，效果如图4-86所示。

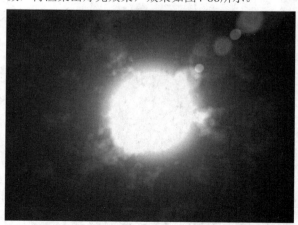

图4-86

第5章
摄影机技术

本章将介绍Maya 2014的摄影机技术，包含摄影机的类型、各种摄影机的作用、摄影机的基本设置和摄影机的工具等。Maya中的摄影机可以模拟现实中的摄影机，为目标对象创建一个固定视角、制作摄影机漫游动画等，本章内容比较简单，大家只需要掌握比较重要的知识即可，如"景深"的运用。

学习目标

● 了解摄影机的类型
● 掌握摄影机的基本设置
● 掌握摄影机工具的使用方法
● 掌握摄影机景深特效的制作方法

5.1 关于摄影机

Maya默认的场景中有4台摄影机，一个透视图摄影机和3个正交视图摄影机。执行"创建>摄影机"菜单下的命令可以创建一台新的摄影机，如图5-1所示。

摄影机　　　　　　　　□
摄影机和目标　　　　　□
摄影机、目标和上方向　□
立体摄影机
Multi Stereo Rig

图5-1

5.1.1 摄影机

"摄影机"是最基本的摄影机，可以用于静态场景和简单的动画场景，如图5-2所示。打开"创建摄影机选项"对话框，如图5-3所示。

图5-2

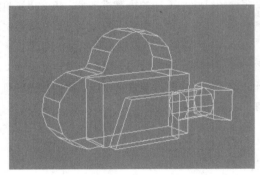

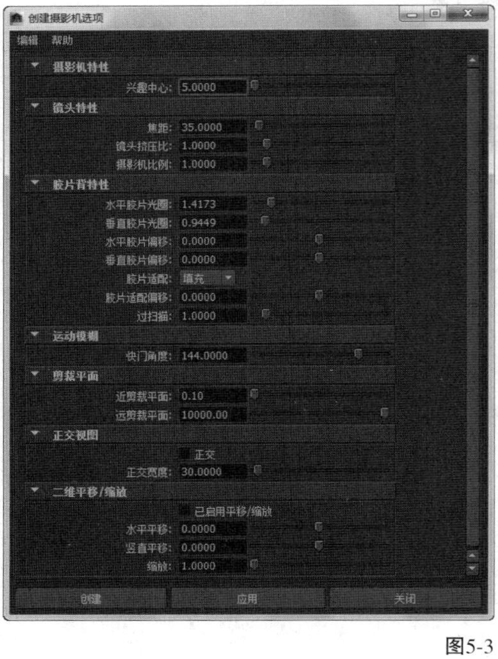

图5-3

参数详解

兴趣中心：设置摄影机到兴趣中心的距离（以场景的线性工作单位为测量单位）。

焦距：设置摄影机的焦距（以mm为测量单位），有效值范围为2.5~3500。增加焦距值可以拉近摄影机镜头，并放大对象在摄影机视图中的大小。减小焦距可以拉远摄影机镜头，并缩小对象在摄影机视图中的大小。

镜头挤压比：设置摄影机镜头水平压缩图像的程度。大多数摄影机不会压缩所录制的图像，因此其"镜头挤压比"为1。但是有些摄影机（如变形摄影机）会水平压缩图像，使大纵横比（宽度）的图像落在胶片的方形区域内。

摄影机比例：根据场景缩放摄影机的大小。

水平/垂直胶片光圈：摄影机光圈或胶片背的高度和宽度（以"英寸"为测量单位）。

水平/垂直胶片偏移：在场景的垂直和水平方向上偏移分辨率门和胶片门。

胶片适配：控制分辨率门相对于胶片门的大小。如果分辨率门和胶片门具有相同的纵横比，则"胶片适配"的设置不起作用。

水平/垂直：使分辨率门水平/垂直适配胶片门。

填充：使分辨率门适配胶片门。

过扫描：使胶片门适配分辨率门。

胶片适配偏移：设置分辨率门相对于胶片门的偏移量，测量单位为"英寸"。

过扫描：仅缩放摄影机视图（非渲染图像）中的场景大小。调整"过扫描"值可以查看比实际渲染更多或更少的场景。

快门角度：会影响运动模糊对象的对象模糊度。快门角度设置越大，对象越模糊。

近/远剪裁平面：对于硬件渲染、矢量渲染和mentalray渲染，这两个选项表示透视摄影机或正交摄影机的近裁平面和远剪裁平面的距离。

正交：如果选择该选项，则摄影机为正交摄影机。

正交宽度：设置正交摄影机的宽度（以"英寸"为单位）。正交摄影机宽度可以控制摄影机的可见场景范围。

已启用平移/缩放：启用"二维平移/缩放工具"。

水平/竖直平移：设置在水平/垂直方向上的移动距离。

缩放：对视图进行缩放。

5.1.2 摄影机和目标

执行"摄影机和目标"命令可以创建一台带目

标点的摄影机，如图5-4所示。这种摄影机主要用于比较复杂的动画场景，如追踪鸟的飞行路线。

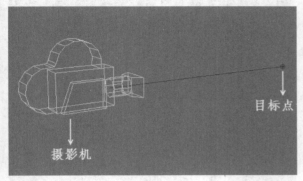

图5-4

5.1.3 摄影机、目标和上方向

执行"摄影机、目标和上方向"命令可以创建一台带两个目标点的摄影机，一个目标点朝向摄影机的前方，另外一个位于摄影机的上方，如图5-5所示。这种摄影机可以指定摄影机的哪一端必须朝上，适用于更为复杂的动画场景，如让摄影机随着转动的过山车一起移动。

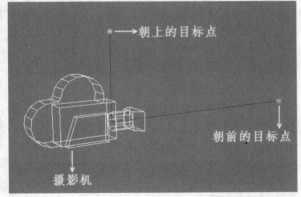

图5-5

5.1.4 立体摄影机

执行"立体摄影机"命令可以创建一台立体摄影机，如图5-6所示。使用立体摄影机可以创建具有三维景深的渲染效果。当渲染立体场景时，Maya会考虑所有的立体摄影机属性，并执行计算以生成可被其他程序合成的立体图或平行图像。

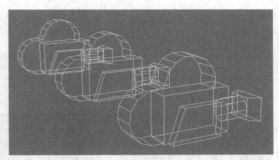

图5-6

5.1.5 Multi Stereo Rig（多重摄影机装配）

执行Multi Stereo Rig（多重摄影机装配）命令可以创建由两个或更多立体摄影机组成的多重摄影机装配，如图5-7所示。

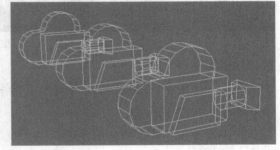

图5-7

提示 在这5种摄影机当中，前3种摄影机最为重要，后面两种基本用不上。

5.2 摄影机的使用

在前面的内容中，我们了解了摄影机的类型；在本节中，我们将学习摄影机的使用方法以及摄影机的特效功能。摄影机的学习并不难，但希望大家能够掌握其特有的功能。

5.2.1 课堂案例：测试景深效果

场景位置	Scenes>CH05>E1>E1.mb
实例位置	Examples>CH05>E1>E1.mb
难易指数	★★☆☆☆
技术掌握	学习摄影机的创建方法、学习景深的制作方法

案例介绍

本案例是一个制作景深特效的案例，通过本案例的学习，希望大家能掌握摄影机的创建方法、位置的调整、景深的设置，案例效果如图5-8所示。另外，摄影机的创建及位置调整是需要耐心的，部分读者通过本案例或许还不能熟练摄影机的操作，所以在后面的内容中，准备了习题供大家练习。

图5-8

制作思路

第1步：在场景中创建摄影机，并调整其至合适的位置。

第2步：设置"摄影机属性编辑器"的参数，然后渲染景深效果。

第3步：设置不同的"摄影机属性编辑器"参数，对比渲染效果。

（1）打开素材文件夹中的Scenes>CH05>E1>E1.mb文件，如图5-9所示。

图5-9

（2）在默认的状态下渲染当前的视图，效果如图5-10所示。可以看到渲染的结果是正常的，没有任何景深的效果。

图5-10

（3）执行"创建>摄像机>摄影机"菜单命令，在场景中创建一架摄像机，如图5-11所示。

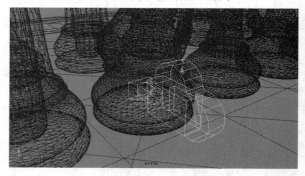

图5-11

（4）使用"移动工具" 和"旋转工具" 调整摄影机的位置，其在顶视图的位置如图5-12所示，在前视图的位置如图5-13所示。

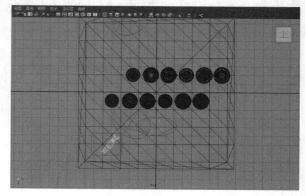

图5-12

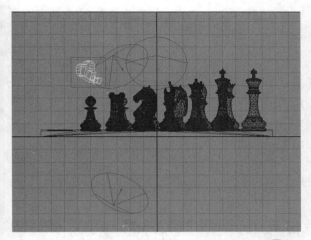

图5-13

图5-15

> **提示** 在调整摄影机位置的时候可以按T键调出灯光的控制手柄来进行调节。

（5）执行视图菜单中的"视图>摄影机属性编辑器"命令，打开摄影机的"属性编辑器"，然后在"景深"卷展栏下选择"景深"选项，如图5-14所示。

（7）设置"聚焦距离"参数为6，并设置"F制光圈"参数为6，如图5-16所示。然后渲染当前场景，最终效果如图5-17所示。

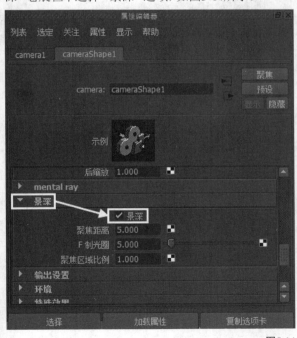

图5-14

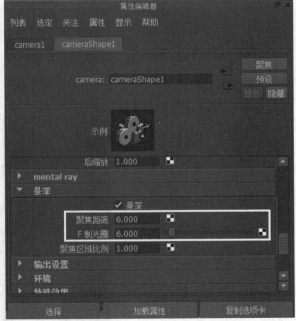

图5-16

（6）渲染摄影机视图，效果如图5-15所示。可以在渲染结果中看到清晰的部位在场景中最前端的物体上。

图5-17

图5-19

图5-20

> **提示** "聚焦距离"选项用来设置景深范围的最远点与摄影机的距离;"F制光圈"选项用来设置景深范围的大小,值越大,景深越大。

5.2.2 摄影机设置

展开视图菜单中的"视图>摄影机设置"菜单,如图5-18所示。该菜单下的命令可以用来设置摄影机。

可撤消的移动:如果选择该选项,则所有的摄影机移动(如翻滚、平移和缩放)将写入"脚本编辑器",如图5-21所示。

图5-18

图5-21

参数详解

透视:选择该选项时,摄影机将变成透视摄影机,视图也会变成透视图,如图5-19所示;若不选择该选项,视图将变为正交视图,如图5-20所示。

忽略二维平移/缩放:选择该选项后,可以忽略"二维平移/缩放"的设置,从而使场景视图显示在完整摄影机视图中。

无门:选择该选项,不会显示"胶片门"和"分辨率门"。

胶片门:选择该选项后,视图会显示一个边界,用于指示摄影机视图的区域,如图5-22所示。

图5-22

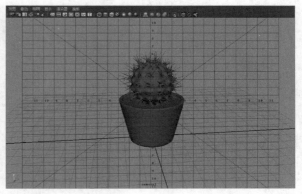

图5-25

分辨率门：选择该选项后，可以显示出摄影机的渲染框。在这个渲染框内的物体都会被渲染出来，而超出渲染框的区域将不会被渲染出来，图5-23和图5-24所示分别是分辨率为640×480和1024×768时的范围对比。

安全动作：该选项主要针对场景中的人物对象。在一般情况下，场景中的人物都不要超出安全动作框的范围（占渲染画面的90%），如图5-26所示。

图5-23

图5-26

安全标题：该选项主要针对场景中的字幕或标题。字幕或标题一般不要超安全标题框的范围（占渲染画面的80%），如图5-27所示。

图5-24

门遮罩：选择该选项后，可以更改"胶片门"或"分辨率门"之外的区域的不透明度和颜色。

区域图：选择该选项后，可以显示栅格，如图5-25所示。该栅格表示12个标准单元动画区域的大小。

图5-27

胶片原点：在通过摄影机查看时，显示胶片原点助手，如图5-28所示。

图5-28

胶片枢轴：在通过摄影机查看时，显示胶片枢轴助手，如图5-29所示。

图5-29

填充：选择该选项后，可以使"分辨率门"尽量充满"胶片门"，但不会超出"胶片门"的范围，如图5-30所示。

图5-30

水平/垂直：选择"水平"选项，可以使"分辨率门"在水平方向上尽量充满视图，如图5-31所示；选择"垂直"选项，可以使"分辨率门"在垂直方向上尽量充满视图，如图5-32所示。

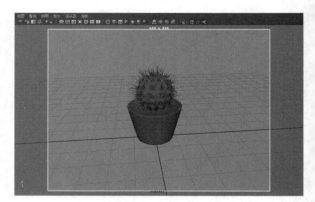

图5-31

图5-32

过扫描：选择该选项后，可以使胶片门适配分辨率门，也就是将图像按照实际分辨率显示出来，如图5-33所示。

图5-33

5.2.3 摄影机工具

展开视图菜单中的"视图>摄影机工具"菜单，如图5-34所示。该菜单下全部是对摄影机进行操作的工具，这些工具主要用于摄影机的平移、旋转和缩放等。

图5-34

1.翻滚工具

"翻滚工具"主要用来旋转视图摄影机，快捷键为Alt+鼠标左键。打开该工具的"工具设置"对话框，如图5-35所示。

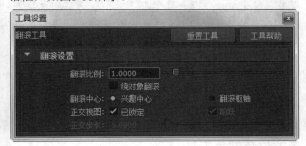

图5-35

参数详解

翻滚比例：设置摄影机移动的速度，默认值为1。

绕对象翻滚：选择该选项后，在开始翻滚时，"翻滚工具"图标位于某个对象上，则可以使用该对象作为翻滚枢轴。

翻滚中心：控制摄影机翻滚时围绕的点。

兴趣中心：摄影机绕其兴趣中心翻滚。

翻滚枢轴：摄影机绕其枢轴点翻滚。

正交视图：包含"锁定"和"已锁定"两个选项。

已锁定：选择该选项后，则无法翻滚正交摄影机；如果关闭该选项，则可以翻滚正交摄影机。

阶跃：选择该选项后，则能够以离散步数翻滚正交摄影机。通过"阶跃"操作，可以轻松返回到默认视图位置。

正交步长：在关闭"已锁定"并选择"阶跃"选项的情况下，该选项用来设置翻滚正交摄影机时所用的步长角度。

> **提示** "侧滚工具"快捷键是Alt+鼠标左键，按住Alt+Shift+鼠标左键可以在一个方向上翻转视图。

2.平移工具

使用"平移工具"可以在水平线上移动视图摄影机，快捷键为Alt+鼠标中键。打开该工具的"工具设置"对话框，如图5-36所示。

图5-36

参数详解

平移几何体：选择该选项后，视图中的物体与光标的移动是同步的。在移动视图时，光标相对于视图中的对象位置不会再发生变化。

平移比例：该选项用来设置移动视图的速度，系统默认的移动速度为1。

> **提示** "平移工具"的快捷键是Alt+鼠标中键，按住Alt+Shift+鼠标中键可以在一个方向上移动视图。

3.推拉工具

用"推拉工具"可以推拉视图摄影机，快捷键为Alt+鼠标右键或Alt+鼠标左键+鼠标中键。打开该工具的"工具设置"对话框，如图5-37所示。

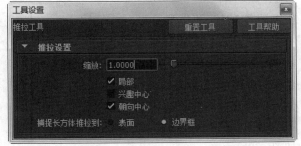

图5-37

参数详解

缩放：该选项用来设置推拉视图的速度，系统默认的推拉速度为1。

局部：选择该选项后，可以在摄影机视图中进行拖动，并且可以让摄影机朝向或远离其兴趣中心移动。如果关闭该选项，也可以在摄影机视图中进行拖动，但可以让摄影机及其兴趣中心一同沿摄影机的视线移动。

兴趣中心：选择该选项后，在摄影机视图中使用鼠标中键进行拖动，可以让摄影机的兴趣中心朝向或远离摄影机移动。

朝向中心：如果关闭该选项，可以在开始推拉时朝向"推拉工具"图标的当前位置进行推拉。

捕捉长方体推拉到：当使用快捷键Ctrl+Alt推拉摄影机时，可以把兴趣中心移动到蚂蚁线区域。

表面：选择该选项后，在对象上执行长方体推拉时，兴趣中心将移动到对象的曲面上。

边界框：选择该选项后，在对象上执行长方体推拉时，兴趣中心将移动到对象边界框的中心。

4.缩放工具

"缩放工具"主要用来缩放视图摄影机，以改变视图摄影机的焦距。打开该工具的"工具设置"对话框，如图5-38所示。

图5-38

参数详解

缩放比例：该选项用来设置缩放视图的速度，系统默认的缩放速度为1。

5.二维平移/缩放工具

用"二维平移/缩放工具"可以在二维视图中进行平移和缩放摄影机，并且可以在场景视图中查看结果。使用该功能可以在进行精确跟踪、放置或对位工作时查看特定区域中的详细信息，而无需实际移动摄影机。打开该工具的"工具设置"对话框，如图5-39所示。

图5-39

参数详解

缩放比例：该选项用来设置缩放视图的速度，系统默认的缩放速度为1。

模式：包含"二维平移"和"二维缩放"两种模式。

二维平移：对视图进行移动操作。

二维缩放：对视图进行缩放操作。

6.侧滚工具

用"侧滚工具"可以左右摇晃视图摄影机。打开该工具的"工具设置"对话框，如图5-40所示。

图5-40

参数详解

侧滚比例：该选项用来设置摇晃视图的速度，系统默认的滚动速度为1。

7.方位角仰角工具

用"方位角仰角工具"可以对正交视图进行旋转操作。打开该工具的"工具设置"对话框，如图5-41所示。

图5-41

参数详解

比例：该选项用来旋转正交视图的速度，系统默认值为1。

旋转类型：包含"偏转俯仰"和"方位角仰角"两种类型。

偏转俯仰：摄影机向左或向右的旋转角度称为偏转，向上或向下的旋转角度称为俯仰。

方位角仰角：摄影机视线相对于地平面垂直平面的角

称为方位角，摄影机视线相对于地平面的角称为仰角。

8.偏转–俯仰工具

用"偏转-俯仰工具"可以向上或向下旋转摄影机视图，也可以向左或向右旋转摄影机视图。打开该工具的"工具设置"对话框，如图5-42所示。

图5-42

提示 "偏转-俯仰工具"工具的参数与"方位角仰角工具"的参数相同，这里不再重复讲解。

9.飞行工具

用"飞行工具"可以让摄影机飞行穿过场景，不会受几何体约束。按住Ctrl键并向上拖动可以向前飞行，向下拖动可以向后飞行。若要更改摄影机方向，可以松开Ctrl键然后拖动鼠标左键。

5.2.4 剖析景深技术

"景深"就是指拍摄主体前后所能在一张照片上成像的空间层次的深度。简单地说，景深就是聚焦清晰的焦点前后的"可接受的清晰区域"，如图5-43所示。景深可以很好地突出主题，不同景深参数下的景深效果也不相同，下面会详细介绍其形成原理。

图5-43

1.焦点

与光轴平行的光线射入凸透镜时，理想的镜头应该是所有的光线聚集在一点后，再以锥状的形式扩散开来，这个聚集所有光线的点就称为"焦点"，如图5-44所示。

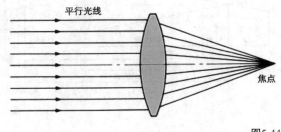

平行光线

焦点

图5-44

2.弥散圆

在焦点前后，光线开始聚集和扩散，点的影像会变得模糊，从而形成一个扩大的圆，这个圆就是"弥散圆"，如图5-45所示。

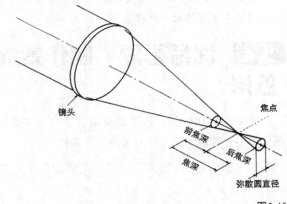

镜头

焦点

前焦深

后焦深

焦深

弥散圆直径

图5-45

3.景深因素

每张照片都有主题和背景之分，景深和摄影机的距离、焦距和光圈之间存在着以下3种关系（这3种关系可用图5-46来表达）。

第1种：光圈越大，景深越小；光圈越小，景深越大。

第2种：镜头焦距越长，景深越小；焦距越短，景深越大。

第3种：距离越远，景深越大；距离越近，景深越小。

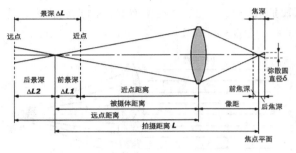

图5-46

5.3 本章小结

本章主要讲解了Maya 2014的摄影机工具，介绍了摄影机的类型及其创建方法，通过案例介绍了景深特效的制作方法及原理。摄影机的内容比较简单，但其在Maya中是不可或缺的，希望读者认真学习，以便于能熟练地使用摄影机。

5.4 课后习题：制作景深效果

本章内容比较简单，笔者只准备了一个课后习题，希望读者能掌握习题所涉及的知识点。

图5-47

场景位置	Scenes>CH05>E2>E2.mb
实例位置	Examples>CH05>E2>E2.mb
难易指数	★★☆☆☆
技术掌握	练习摄影机的创建方法、景深的制作方法

通过本章的学习，相信读者对摄影机已经有了很全面的认识，前面介绍过景深效果的制作，部分读者可能在操作过程的时候不是特别熟练，所以笔者希望通过完成本题的景深效果，读者能够掌握摄影机的创建、设置以及景深的制作，效果如图5-47所示。

第6章
材质与纹理

本章将介绍Maya 2014的材质与纹理技术，通过讲解常用材质的制作方法来介绍各种材质和纹理的知识点。如果将作品比作一个人，那么材质与纹理就相当于是衣服，所以要想作品精美，材质与纹理就必须精益求精。本章的内容非常重要，也是本书中的难点，请大家务必对本章的知识多加练习，掌握材质设置的方法与技巧。

学习目标

- 掌握Hypershade的使用方法
- 掌握常用材质的通用属性
- 掌握Lambert材质
- 掌握Phong/Phong E材质
- 掌握Blinn材质

6.1 关于材质

材质主要用于表现物体的颜色、质地、纹理、透明度和光泽等特性，依靠各种类型的材质可以制作出现实世界中的任何物体，如图6-1所示。一幅完美的作品除了需要优秀的模型和良好的光照外，同时也需要具有精美的材质。材质不仅可以模拟现实和超现实的质感，同时也可以增强模型的细节，如图6-2所示。

图6-1

图6-2

6.1.1 材质编辑器

要在Maya中创建和编辑材质，首先要学会使用Hypershade对话框（Hypershade就是材质编辑器）。Hypershade对话框是以节点网络的方式来编辑材质，使用起来非常方便。在Hypershade对话框中可以很清楚地观察到一个材质的网络结构，并且可以随时在任意两个材质节点之间创建或打断链接。

执行"窗口>渲染编辑器>Hypershade"菜单命令，打开Hypershade对话框，如图6-3所示。

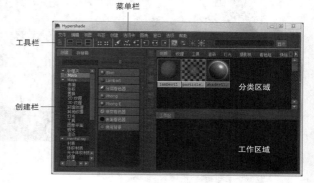

图6-3

> **提示** 菜单栏中包含了Hypershade对话框中的所有功能，但一般常用的功能都可以通过下面的工具栏、创建栏、分类区域和工作区域来完成。

1.工具栏

工具栏提供了编辑材质的常用工具，如图6-4所示，用户可以通过这些工具来编辑材质和调整材质节点的显示方式。

图6-4

功能介绍

开启/关闭创建栏 ：用来显示或隐藏创建栏，如图6-5所示是隐藏了创建栏的Hypershade对话框。

图6-5

仅显示顶部选项卡 ：单击该按钮，只显示分类区域，工作区域会被隐藏。

仅显示底部选项卡 ：单击该按钮，只显示工作区域，分类区域会被隐藏。

显示顶部和底部选项卡 ：单击该按钮，可以将分类区域和工作区域同时显示出来。

显示前一图表 ：显示工作区域的上一个节点连接。

显示下一图表 ：显示工作区域的下一个节点连接。

清除图表 ：用来清除工作区域内的节点网格。

提示 清除图表只清除工作区域内的节点网格，但节点网格本身并没有被清除，在分类区域中仍然可以找到。

重新排列图表 ：用来重新排列工作区域内的节点网格，使工作区域变得更加整洁。

为选定对象上的材质制图 ：用来查看选择物体的材质节点，并且可以将选择物体的材质节点网格显示在工作区域内，以方便查找。

输入连接 ：显示选定材质的输入连接节点。

输入和输出连接 ：显示选定材质的输入和输出连接节点。

输出连接 ：显示选定材质的输出连接节点。

2.创建栏

创建栏用来创建材质、纹理、灯光和工具等节点。直接单击创建栏中的材质球就可以在工作区域中创建出材质节点，同时分类区域也会显示出材质节点，当然也可以通过Hypershade对话框中的"创建"菜单来创建材质。

3.分类区域

分类区域的主要功能是将节点网格进行分类，以方便用户查找相应的节点，如图6-6所示。

图6-6

提示 分类区域主要用于分类和查找材质节点，不能用于编辑材质，可以通过Alt+鼠标右键来缩放分类区域。

4.工作区域

工作区域主要用来编辑材质节点，在这里可以编辑出复杂的材质节点网格。在材质上单击鼠标右键，通过打开的快捷菜单可以快速将材质指定给选

定对象。另外，也可以打开材质节点的"属性编辑器"对话框，对材质属性进行调整。

提示 使用Alt+鼠标中键可以对工作区域的材质节点进行移动操作；使用Alt+鼠标右键可以对材质节点进行缩放操作。

6.1.2 材质类型

在创建栏中列出了Maya所有的材质类型，包含"表面"材质、"体积"材质和"置换"材质3大类型，如图6-7所示。

图6-7

1.表面材质

"表面"材质总共有12种类型，如图6-8所示。表面材质都是很常用的材质类型，物体的表面基本上都是表面材质。

图6-8

功能介绍

各向异性 ：该材质用来模拟物体表面带有细密凹槽的材质效果，如光盘、细纹金属和光滑的布料等，如图6-9所示。

图6-9

Blinn Blinn：这是使用频率最高的一种材质，主要用来模拟具有金属质感和强烈反射效果的材质，如图6-10所示。

图6-10

头发管着色器 头发管着色器：该材质是一种管状材质，主要用来模拟细小的管状物体（如头发），如图6-11所示。

图6-11

Lambert Lambert：这是使用频率最高的一种材质，主要用来制作表面不会产生镜面高光的物体，如墙面、砖和土壤等具有粗糙表面的物体。Lambert材质是一种基础材质，无论是何种模型，其初始材质都是Lambert材质，如图6-12所示。

图6-12

分层着色器 分层着色器：该材质可以混合两种或多种材质，也可以混合两种或多种纹理，从而得到一个新的材质或纹理。

海洋着色器 海洋着色器：该材质主要用来模拟海洋的表面效果，如图6-13所示。

图6-13

Phong Phong：该材质主要用来制作表面比较平滑且具有光泽的塑料效果，如图6-14所示。

图6-14

Phong E Phong E：该材质是Phong材质的升级版，其特性和Phong材质相同，但该材质产生的高光更加柔和，并且能调节的参数也更多，如图6-15所示。

图6-15

渐变着色器 渐变着色器 ：该材质在色彩变化方面具有更多的可控特性，可以用来模拟具有色彩渐变的材质效果。

着色贴图 着色贴图 ：该材质主要用来模拟卡通风格的材质，可以用来创建各种非照片效果的表面。

表面着色器 表面着色器 ：这种材质不进行任何材质计算，它可以直接把其他属性和它的颜色、辉光颜色和不透明度属性连接起来，如可以把非渲染属性（移动、缩放和旋转等属性）和物体表面的颜色连接起来。当移动物体时，物体的颜色也会发生变化。

使用背景 使用背景 ：该材质可以用来合成背景图像。

2.体积材质

"体积"材质包括6种类型，如图6-16所示。

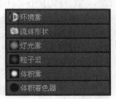

图6-16

功能介绍

环境雾 环境雾 ：主要用来设置场景的雾气效果。

流体形状 流体形状 ：主要用来设置流体的形态。

灯光雾 灯光雾 ：主要用来模拟灯光产生的薄雾效果。

粒子云 粒子云 ：主要用来设置粒子的材质，该材质是粒子的专用材质。

体积雾 体积雾 ：主要用来控制体积节点的密度。

体积着色器 体积着色器 ：主要用来控制体积材质的色彩和不透明度等特性。

3.置换材质

"置换"材质包括"C肌肉材质"和"置换"材质两种，如图6-17所示。

图6-17

功能介绍

C肌肉着色器 C肌肉着色器 ：该材质主要用来保护模型的中缝，它是另一种置换材质。原来在Zbrush中完成的置换贴图，用这个材质可以消除UV的接缝，而且速度比"置换"材质要快很多。

置换 置换 ：用来制作表面的凹凸效果。与"凹凸"贴图相比，"置换"材质所产生的凹凸是在模型表面产生的真实凹凸效果，而"凹凸"贴图只是使用贴图来模拟凹凸效果，所以模型本身的形态不会发生变化，其渲染速度要比"置换"材质快。

6.1.3 纹理概述

当模型被指定材质时，Maya会迅速对灯光做出反映，以表现出不同的材质特性，如固有色、高光、透明度和反射等。但模型额外的细节，如凹凸、刮痕和图案可以用纹理贴图来实现，这样可以增强物体的真实感。通过对模型添加纹理贴图，可以丰富模型的细节，图6-18所示的是一些很真实的纹理贴图。

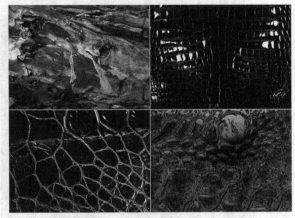

图6-18

1.纹理类型

材质、纹理、工具节点和灯光的大多数属性都可以使用纹理贴图。纹理可以分为二维纹理、三维纹理、环境纹理和层纹理4大类型。二维和三维纹理主要作用于物体本身，Maya提供了一些二维和三维的纹理类型，并且用户可以自行制作纹理贴图，如图6-19所示。三维软件中的纹理贴图的工作原理比较类似，不同软件中的相同材质也有着相似的属性，因此其他软件的贴图经验也可以应用在Maya中。

图6-19

2.纹理的作用

模型制作完成后，要根据模型的外观来选择合适的贴图类型，并且要考虑材质的高光、透明度和反射属性。指定材质后，可以利用Maya的节点功能使材质表现出特有的效果，以增强物体的表现力，如图6-20所示。

图6-20

二维纹理作用于物体表面，与三维纹理不同，二维纹理的效果取决于投射和uv坐标，而三维纹理不受其外观的限制，可以将纹理的图案作用于物体的内部。二维纹理就像动物外面的皮毛，而三维纹理可以将纹理延伸到物体的内部，无论物体如何改变外观，三维纹理都是不变的。

环境纹理并不直接作用于物体，主要用于模拟周围的环境，可以影响到材质的高光和反射，不同类型的环境纹理模拟的环境外形是不一样的。

使用纹理贴图可以在很大程度上降低建模的工作量，弥补模型在细节上的不足。同时也可以通过对纹理的控制，制作出在现实生活中不存在的材质效果。

6.2 Lambert材质

这种材质主要用来制作表面不会产生镜面高光的物体，如墙面、砖和土壤等具有粗糙表面的物体。Lambert材质是一种基础材质，无论是何种模型，其初始材质都是Lambert材质。

6.2.1 课堂案例：制作斑马材质

场景位置	Scenes>CH06>F1>F1.mb
实例位置	Examples>CH06>F1>F1.mb
难易指数	★★★☆☆
技术掌握	学习Lambert材质的使用方法、了解如何用纹理控制材质的颜色属性

案例介绍

本案例制作的是坦克的迷彩材质，重点是为了体现其颜色特点，所以就不必考虑其表面高光等属性，在选取材质的时候选择最普通的Lambert材质即可，同时选择"分形纹理"来控制材质的颜色属性，效果如图6-21所示。

图6-21

制作思路

第1步：在Hypershade对话框中创建一个"分形"纹理节点，然后设置节点的"颜色偏移"为绿色。

第2步：复制一个"分形纹理"，设置其"颜色偏移"为红色。

第3步：创建一个Lambert材质和"分层"纹理节点，然后将纹理与材质进行处理。

第4步：给模型赋材质，渲染效果。

（1）打开素材文件夹中的Scenes>CH06>F1>F1.mb文件，如图6-22所示。

图6-22

（2）打开Hypershade对话框，然后在创建栏选择Lambert节点，如图6-23所示。

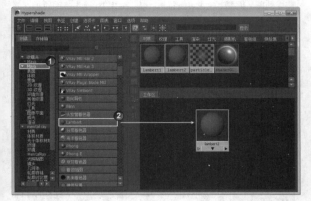

图6-23

（3）双击lambert2节点，打开其"属性编辑器"对话框，然后单击"颜色"属性后面的■按钮，如图6-24所示。

图6-24

（4）在打开的"创建渲染节点"对话框中，选择"文件"节点，如图6-25所示；然后在"属性编辑器"面板中单击"图像名称"后面的■按钮，如图6-26所示；接着选择素材文件夹中的Examples>CH06>F1>Zebra_dif.png文件。

图6-25　　　　图6-26

（5）双击lambert2节点，然后在"属性编辑器"中单击"凹凸贴图"属性后面的■按钮，如图6-27所示；接着在打开的"创建渲染节点"对话框中，选择"文件"节点，如图6-28所示；最后为"文件"节点加载素材文件夹中的Examples>CH06>F1>Zebra_nor.jpg文件。

图6-27　　　　图6-28

（6）加载完文件后，会自动创建一个bump2d1节点。在"属性编辑器"中设置"用作"为"切线空间法线"，如图6-29所示。

图6-29

（7）选择lambert2节点，然后将光标移至file1节点上，接着按住鼠标中键，并将其拖曳到lambert2节点的"透明度"属性上，最后松开鼠标，这样file1节点就连接到"透明度"属性上了，如图6-30所示。至此斑马材质就完成了，制作好的材质节点效果如图6-31所示。

图6-30

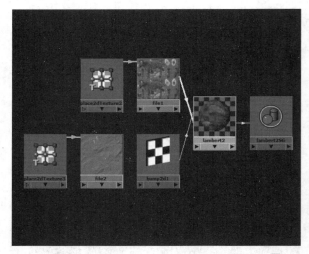

图6-31

（8）在场景中选择斑马模型，然后将光标移至lambert2节点上，接着按住鼠标右键，最后选择"为当前选择指定材质"命令，如图6-32所示，效果如图6-33所示。

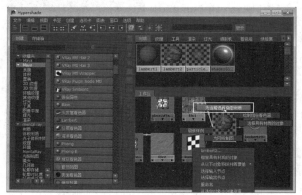

图6-32

图6-33

提示 将光标移至lambert2节点，然后按住鼠标中键并将其拖曳到斑马模型上，也可以将材质赋予给模型，如图6-34所示。

图6-34

（9）选择一个合适角度，然后渲染当前场景，最终效果如图6-35所示。

图6-35

6.2.2 公用材质属性

"各向异性"、Blinn、Lambert、Phong和Phong E材质具有一些共同的属性，因此只需要掌握其中一种材质的属性即可。

在创建栏中单击Lambert材质球，在工作区域中创建一个Lambert材质，然后在材质节点上双击鼠标左键或按快捷键Ctrl+A，打开该材质的"属性编辑器"对话框，图6-36所示是材质的通用参数。

图6-36

参数详解

颜色： 颜色是材质最基本的属性，即物体的固有色。颜色决定了物体在环境中所呈现的色调，在调节时可以采用RGB颜色模式或HSV颜色模式来定义材质的固有颜色，当然也可以使用纹理贴图来模拟材质的颜色，如图6-37所示。

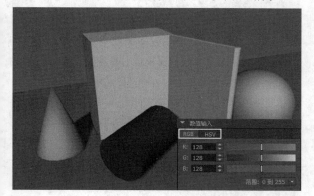

图6-37

技术专题13 常用颜色模式

以下是3种常见颜色模式。

RGB颜色模式： 该模式是工业界的一种颜色标准模式，是通过对R（红）、G（绿）、B（蓝）3个颜色通道的变化以及他们相互之间的叠加来得到各式各样的颜色效果，如图6-38所示。RGB颜色模式几乎包括了人类视眼所能感知的所有颜色，是目前运用最广的颜色系统。另外，本书所有颜色设置均采用RGB颜色模式。

HSV颜色模式： H（Hue）代表色相、S（Saturation）代表色彩的饱和度、V（Value）代表色彩的明度，它是Maya默认的颜色模式，但是调节起来没有RGB颜色模式方便，如图6-39所示。

图6-39

图6-38

CMYK颜色模式： 该颜色模式是通过对C（青）、M（洋红）、Y（黄）、K（黑）4种颜色变化以及他们相互之间的叠加来得到各种颜色效果，如图6-40所示。CMYK颜色模式是专用的印刷模式，但是在Maya中不能创建带有CMYK颜色的图像，如果使用CMYK颜色模式的贴图，Maya可能会显示错误。CMYK颜色模式的颜色数量要少于RGB颜色模式的颜色数量，所以印刷出的颜色往往没有屏幕上显示出来的颜色鲜艳。

图6-40

透明度： "透明度"属性决定了在物体后面的物体的可见程度，如图6-41所示。在默认情况下，物体的表面是完全不透明的（黑色代表完全不透明，白色代表完全透明）。

图6-41

提示 在大多数情况下，"透明度"属性和"颜色"属性可以一起控制色彩的透明效果。

环境色： "环境色"是指由周围环境作用于物体所呈现出来的颜色，即物体背光部分的颜色，如图6-42和图6-43所示是在黑色和黄色环境色下的球体效果。

图6-42

图6-43

提示 在默认情况下，材质的环境色都是黑色，而在实际工作中为了得到更真实的渲染效果（在不增加辅助光照的情况下），可以通过调整物体材质的环境色来得到良好的视觉效果。当环境色变亮时，它可以改变被照亮部分的颜色，使两种颜色互相混合。另外，环境色还可以作为光源来使用。

白炽度：材质的"白炽度"属性可以使物体表面产生自发光效果，图6-44和图6-45所示是不同颜色的自发光效果。在自然界中，一些物体的表面能够自我照明，也有一些物体的表面能够产生辉光，比如在模拟熔岩时就可以使用"白炽度"属性来模拟。"白炽度"属性虽然可以使物体表面产生自发光效果，但并非真实的发光，也就是说具有自发光效果的物体并不是光源，没有任何照明作用，只是看上去好像在发光一样，它和"环境色"属性的区别是一个是主动发光，一个是被动发光。

图6-44　　　　　　　　　　图6-45

凹凸贴图："凹凸贴图"属性可以通过设置一张纹理贴图来使物体的表面产生凹凸不平的效果。利用凹凸贴图可以在很大程度上提高工作效率，因为采用建模的方式来表现物体表面的凹凸效果会耗费很多时间。

技术专题14　凹凸贴图与置换材质的区别

凹凸贴图只是视觉假象，而置换材质会影响模型的外形，所以凹凸贴图的渲染速度要快于置换材质。另外，在使用凹凸贴图时，一般要与灰度贴图一起配合使用，如图6-46所示。

凹凸贴图　　　　　　　　灰度贴图

图6-46

漫反射："漫反射"属性表示物体对光线的反射程度，较小的值表明该物体对光线的反射能力较弱（如透明的物体）；较大的值表明物体对光线的反射能力较强（如较粗糙的表面）。"漫反射"属性的默认值是0.8，在一般

情况下，默认值就可以渲染出较好的效果。虽然在材质编辑过程中并不会经常对"漫反射"属性值进行调整，但是它对材质颜色的影响却非常大。当"漫反射"值为0时，材质的环境色将替代物体的固有色；当"漫反射"值为1时，材质的环境色可以增加图像的鲜艳程度，在渲染真实的自然材质时，使用较小的"漫反射"值即可得到较好的渲染效果，如图6-47所示。

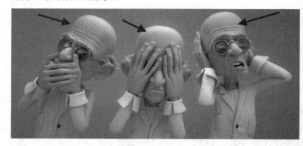

图6-47

半透明："半透明"属性可以使物体呈现出透明效果。在现实生活中经常可以看到这样的物体，如蜡烛、树叶、皮肤和灯罩等，如图6-48所示。当"半透明"数值为0时，表示关闭材质的透明属性，然而随着数值的增大，材质的透光能力将逐渐增强。

图6-48

提示 在设置透明效果时，"半透明"相当于一个灯光，只有当"半透明"设置为一个大于0的数值时，透明效果才能起作用。

半透明深度："半透明深度"属性可以控制阴影投射的距离。该值越大，阴影穿透物体的能力越强，从而映射在物体的另一面。

半透明焦点："半透明焦点"属性可以控制在物体内部由于光线散射造成的扩散效果。该数值越小，光线的扩散范围越大，反之就越小。

6.2.3　光线跟踪属性

因为"各向异性"、Blinn、Lambert、Phong和Phong E材质的"光线跟踪"属性都相同，在这里选择Phong E材质来进行讲解。打开Phong E材质的"属性编辑器"对话框,然后展开"光线跟踪选项"卷展栏,如图6-49所示。

图6-49

参数详解

折射:用来决定是否开启折射功能。

折射率:用来设置物体的折射率。折射是光线穿过不同介质时发生的弯曲现象,折射率就是光线弯曲的大小,图6-50所示为常见介质的折射率。

介质	折射率
真空	1.0000
空气	1.0003
冰	1.3090
水	1.3333
玻璃	1.5000
红宝石	1.7700
蓝宝石	1.7700
水晶	2.0000
钻石	2.4170
翡翠	1.570

图6-50

折射限制:用来设置光线穿过物体时产生折射的最大次数。数值越高,渲染效果越真实,但渲染速度会变慢。

> **提示** "折射限制"数值如果低于6,Maya就不会计算折射,所以该数值只能等于或大于6才有效。在一般情况下,一般设置为9~10之间即可获得比较高的渲染质量。

灯光吸收:用来控制物体表面吸收光线的能力。值为0时,表示不吸收光线;值越大,吸收的光线就越多。

表面厚度:用于渲染单面模型,可以产生一定的厚度效果。

阴影衰减:用于控制透明对象产生光线跟踪阴影的聚焦效果。

色度色差:当开启光线跟踪功能时,该选项用来设置光线穿过透明物体时以相同的角度进行折射。

反射限制:用来设置物体被反射的最大次数。

镜面反射度:用于避免在反射高光区域产生锯齿闪烁效果。

> **提示** 若要使用"光线跟踪"功能,必须在"渲染设置"对话框中开启"光线跟踪"选项后才能正常使用,如图6-51所示。

图6-51

6.3 Blinn材质

这是使用频率最高的一种材质,主要用来模拟具有金属质感和强烈反射效果的材质,具有较好的软高光效果,是许多艺术家经常使用的材质,有高质量的镜面高光效果。

6.3.1 课堂案例:制作卡通鲨鱼

场景位置	Scenes>CH06>F2>F2.mb
实例位置	Examples>CH06>F2>F2.mb
难易指数	★☆☆☆☆
技术掌握	学习Blinn材质的、"着色贴图"的使用方法

案例介绍

本案例是使用Blinn和"着色贴图"制作做卡通材质效果,这种材质,可以将原本真实立体的模型处理为墨水涂抹的卡通效果。相对于上一个案例来讲,本案例是比较简单的,材质效果如图6-52所示。

图6-52

制作思路

第1步:在Hypershade对话框中创建一个"着色贴图"材质,并设置其颜色。

第2步:在其颜色通道中加载Blinn节点,并在Blinn节点的"颜色"通道中加载"渐变"节点。

第3步:设置渐变色,然后渲染材质。

(1)打开素材文件夹中的Scenes>CH06>F2>F2.mb文件,如图6-53所示,这是一个鲨鱼模型,即使没有材质纹理的修饰,它仍然有一种立体感。

图6-53

（2）创建一个"着色贴图"材质节点，然后打开其"属性编辑器"对话框，接着单击"颜色"属性后面的▓按钮，并在打开的"创建渲染节点"对话框中单击Blinn节点，最后设置"着色贴图颜色"为（R:0，G:6，B:60），如图6-54所示。

图6-54

（3）切换到Blinn节点的参数设置面板，然后在"颜色"贴图通道中加载一个"渐变"节点，接着设置"插值"为"无"，最后调节好渐变色，如图6-55所示。

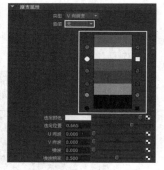

图6-55

（4）将制作好的材质赋予模型，然后渲染当前场景，最终效果如图6-56所示。

图6-56

6.3.2 Blinn高光属性

创建一个Blinn材质，然后打开其"属性编辑器"对话框，接着展开"镜面反射着色"卷展栏，如图6-57所示。

图6-57

参数详解

偏心率：用来控制材质上的高光面积大小。值越大，高光面积越大；值为0时，表示不产生高光效果。

镜面反射衰减：用来控制Blinn材质的高光的衰减程度。

镜面反射颜色：用来控制高光区域的颜色。当颜色为黑色时，表示不产生高光效果。

反射率：用来设置物体表面反射周围物体的强度。值越大，反射越强；值为0时，表示不产生反射效果。

反射的颜色：用来控制物体的反射颜色，可以在其颜色通道中添加一张环境贴图来模拟周围的反射效果。

6.3.3 各向异性属性

创建一个"各向异性"材质，然后打开其"属性编辑器"对话框，接着展开"镜面反射着色"卷展栏，如图6-58所示。

图6-58

参数详解

角度：用来控制椭圆形高光的方向。"各向异性"材质的高光比较特殊，它的高光区域是一个月牙形。

扩散x：用来控制x方向的拉伸长度。

扩散y：用来控制y方向的拉伸长度。

粗糙度：用来控制高光的粗糙程度。数值越大，高光越强，高光区域就越分散；数值越小，高光越小，高光区域就越集中。

Fresnel系数：用来控制高光的强弱。

镜面反射颜色：用来设置高光的颜色。

反射率：用来设置反射的强度。

反射的颜色：用来控制物体的反射颜色，可以在其颜色通道中添加一张环境贴图来模拟周围的反射效果。

各向异性反射率：用来控制是否开启"各向异性"材质的"反射率"属性。

6.4 Phong/Phong E材质

在生活中，我们常常看到有很多物体，如玻璃、金属和水等，它们都有明显的高光区，而且表面湿滑、具有光泽，对于这类物体的材质，都可以使用Phong材质来制作，而Phong E材质是Phong材质的升级版，其特性和Phong材质相同，但该材质产生的高光更加柔和，并且能调节的参数也更多。

6.4.1 课堂案例：制作金属材质

场景位置	Scenes>CH06>F3>F3.mb
实例位置	Examples>CH06>F3>F3.mb
难易指数	★★☆☆☆
技术掌握	学习Phong材质的使用方法

案例介绍

金属和玻璃的表现一直是令初学者头疼的问题。但是，这两种材质也是最基础、最简单的材质，只要掌握了它们之间的相同点和不同点、抓住规律，就可以很快速地表现出它们的质感了。本案例主要介绍金属材质的制作方法，并介绍表现金属质感的环境因素。案例效果如图6-59所示。

图6-59

制作思路

第1步：为场景中的金属模型创建一个Phong材质，然后制作金属材质。

第2步：继续创建一个Phong材质，制作木纹烤漆材质。

第3步：为了金属的反射效果能更好体现，模拟场景环境。

第4步：为了得到良好的阴影效果，设置灯光并渲染场景。

1.设置金属材质参数

（1）打开素材文件夹中的Scenes>CH06>F3>F3.mb文件，如图6-60所示。

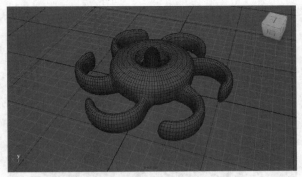

图6-60

（2）执行"窗口>大纲视图"菜单命令，在"大纲视图"窗口中可以观察到场景中有两个模型，如图6-61所示。

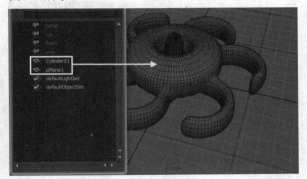

图6-61

（3）执行"窗口>渲染编辑器>Hypershade"菜单命令，打开Hypershade窗口，然后创建一个phong材质，如图6-62所示。

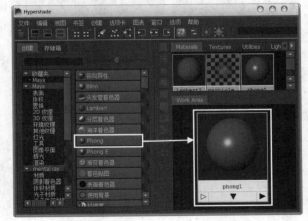

图6-62

（4）双击材质球打开其"属性编辑器"，然后将材质球的名称修改为metal，并设置"颜色"为

（h:40，h:0.500，v:0.101），如图6-63所示；接着设置材质的"环境色"为（h:3，h:0.350，v:0.030），如图6-64所示。

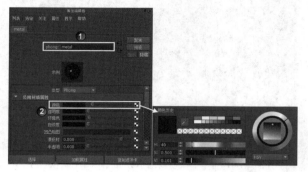

图6-63

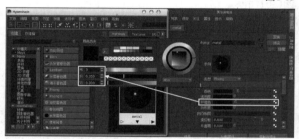

图6-64

（5）展开"镜面反射着色"卷展栏，然后设置"余弦幂"为92.829，接着将"镜面反射颜色"设置为白色，再将"反射率"设置为0.732，最后再设置"反射限制"为6，如图6-65和图6-66所示。

图6-65　　　　　　　　　图6-66

（6）将metal材质赋予场景中的模型，如图6-67所示。至此金属材质的制作就完成了。

（7）在状态栏中单击"打开渲染视图"按钮 ，然后在打开的"渲染视图"窗口中将渲染器调整为mental ray，并渲染当前视图，如图6-68所示。此时金属材质并没有达到想象中的效果，但是基本的反射效果已经有了。

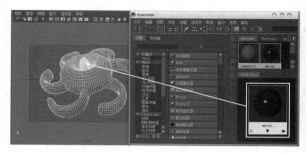

图6-67

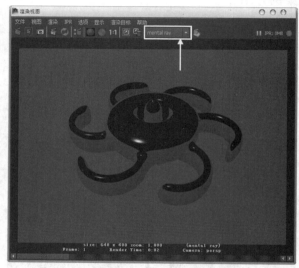

图6-68

提示 金属材质的制作方法虽然简单，但是要制作出真实的金属材质，需要注意以下3个方面。

颜色：金属的颜色多为中灰色和亮灰色。

高光：因为金属物体本身比较光滑，所以金属的高光一般较为强烈。

反射：金属的表面具有较强的反射效果。

2.设置木纹烤漆材质参数

（1）在Hypershade窗口中创建一个phong材质，并将该材质命名为floor，如图6-69所示。

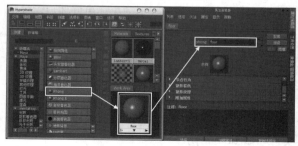

图6-69

（2）在floor材质的"颜色"参数后面单击■按钮，然后在打开的对话框中选择"文件"节点，如图6-70所示。

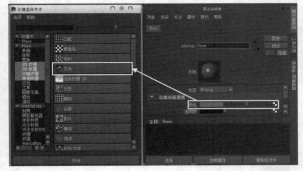

图6-70

（3）在"文件"节点的"属性编辑器"中单击"图像名称"参数后面的■按钮，并导入素材文件夹中的Examples>CH06> F3>41259394.jpg文件，如图6-71所示。

图6-71

（4）选择floor材质，然后在"属性编辑器"的"镜面反射着色"卷展栏中设置"余弦幂"为20，再将"镜面反射颜色"设置为灰色，接着将"反射率"设置为0.500，最后设置"反射限制"为6，如图6-72和图6-73所示。

图6-72　　　　　　　　图6-73

（5）将floor材质赋予场景中的地面模型，如图6-74所示。

（6）对场景进行渲染，此时可以看到金属材质已经反射出地板的效果了，如图6-75所示。

图6-74

图6-75

3.模拟环境

（1）执行"创建>多边形基本体>球体"菜单命令，在场景中创建一个球体，然后使用"缩放工具"■调整球体的大小，使球体包裹住整个场景，如图6-76所示。

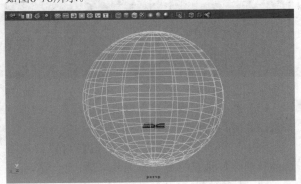

图6-76

（2）在Hypershade窗口中创建一个"文件"节点和一个"表面着色器"材质球，如图6-77所示。

图6-77

（3）在"文件"节点的"属性编辑器"中单击"图像名称"参数后面的 按钮，然后导入素材文件夹中的Examples>CH06>F3>kitchen.hdr文件，如图6-78所示。

图6-78

（4）将"文件"节点连接到"表面着色器"材质球的"输出颜色"属性上，如图6-79所示。

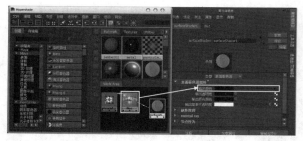

图6-79

（5）将"表面着色器"材质赋予场景中的球体模型，如图6-80所示。

（6）对场景进行渲染，此时已经可以看到金属的材质很好地反射出了周围的环境，如图6-81所示。缺点是物体没有阴影，缺乏体积感。

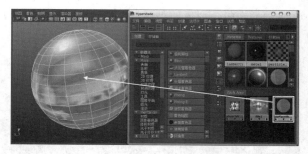

图6-80

图6-81

4.设置灯光

（1）执行"创建>灯光>区域光"菜单命令，在场景中创建一盏区域光，并调整灯光的位置和角度，如图6-82所示。

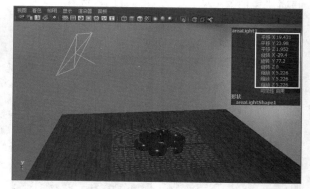

图6-82

（2）在灯光的"属性编辑器"的"区域光属性"卷展栏中设置"颜色"为白色，然后设置"强度"为0.6，如图6-83所示。

（3）展开"光线跟踪阴影属性"卷展栏，然后选择"使用光线追踪阴影"选项，接着设置"阴影光线数"参数为12、"光线深度限制"参数为6，如图6-84所示。

图6-83　　　　　　　　　图6-84

（4）调整一个比较具有动感的画面视角，如图6-85所示。

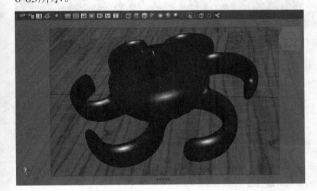

图6-85

（5）打开"渲染设置"对话框，然后将渲染尺寸设置为1024×768，如图6-86所示。

（6）单击"质量"选项卡，然后在"采样"卷展栏下设置"最高采样级别"为2，如图6-87所示。

图6-86　　　　　　　　　图6-87

（7）渲染当前场景，最终效果如图6-88所示。

图6-88

> **提示**　金属材质比较常用，希望读者能够反复练习，掌握其设置方法，了解其光学反射原理，为后面制作玻璃等材质打下良好的基础。

6.4.2　Phong高光属性

创建一个Phong材质，然后打开其"属性编辑器"对话框，接着展开"镜面反射着色"卷展栏，如图6-89所示。

图6-89

参数详解

佘弦幂：用来控制高光面积的大小。数值越大，高光越小，反之越大。

镜面反射颜色：用来控制高光区域的颜色。当高光颜色为黑色时，表示不产生高光效果。

反射率：用来设置物体表面反射周围物体的强度。值越大，反射越强；值为0时，表示不产生反射效果。

反射的颜色：用来控制物体的反射颜色，可以在其颜色通道中添加一张环境贴图来模拟周围的反射效果。

6.4.3　Phong E高光属性

创建一个Phong E材质，然后打开其"属性编辑

器"对话框,接着展开"镜面反射着色"卷展栏,如图6-90所示。

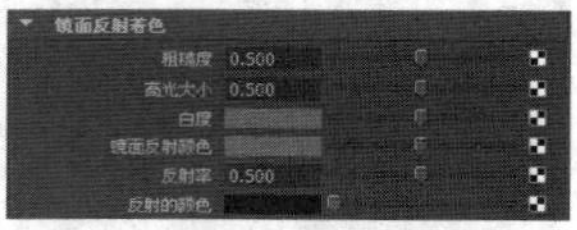

图6-90

参数详解

粗糙度:用来控制高光中心的柔和区域的大小。

高光大小:用来控制高光区域的整体大小。

白度:用来控制高光中心区域的颜色。

镜面反射颜色:用来控制高光区域的颜色。当高光颜色为黑色时,表示不产生高光效果。

反射率:用来设置物体表面反射周围物体的强度。值越大,反射越强;值为0时表示不产生反射效果。

反射的颜色:用来控制物体的反射颜色,可以在其颜色通道中添加一张环境贴图来模拟周围的反射效果。

6.5 纹理的属性

在前面的案例中,我们使用过"文件"来制作材质,其实它属于一种常用纹理。在Maya中,常用的纹理有"2D纹理"和"3D纹理",如图6-91和图6-92所示。

图6-91

图6-92

在Maya中,可以创建3种类型的纹理,分别是正常纹理、投影纹理和蒙版纹理(在纹理上单击鼠标右键,在打开的菜单中即可看到这3种纹理),如图6-93所示。下面就针对这3种纹理进行重点讲解。

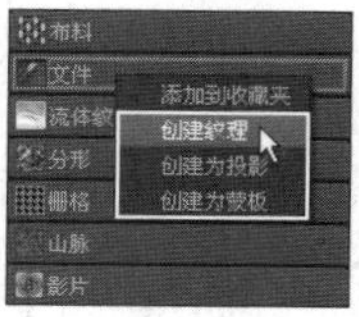

图6-93

6.5.1 课堂案例:制作酒瓶标签

场景位置	Scenes>CH06>F4.mb
实例位置	Examples>CH06>F4.mb
难易指数	★★★☆☆
技术掌握	学习"蒙版纹理"的用法

案例介绍

在学习材质的时候,我们都是将材质直接赋给模型,就好像用一层材质将其包裹一样。但是通过观察现实生活中的物体,我们发现很多物体的表面还有其他元素,如本案例中的酒瓶,如图6-94所示。在酒瓶表面瓶身处有一层标签,对于这类材质,可以使用纹理来修饰。

图6-94

制作思路

第1步:创建Blinn材质模拟瓶身,然后为其创建"蒙版纹理"。

第2步:为"文件"纹理节点加载贴图,并将其连接到Blinn材质的"颜色"属性上。

第3步:打开"蒙版"节点的"属性编辑器",设置其"遮罩"的参数。

第4步:调整贴图的位置和"蒙版"的颜色平衡,然后渲染对象。

(1)打开素材文件夹中的Scenes>CH06>F4>F4.mb文件,如图6-95所示。

(2)创建一个Blinn材质,然后在"文件"节点上单击鼠标右键,并在打开的菜单中选择"创建为蒙版"命令,如图6-96所示。创建的材质节点如图6-97所示。

图6-95

图6-96

图6-97

（3）打开"文件"纹理节点的"属性编辑器"对话框，然后在"图像名称"贴图通道中加载素材文件夹中的Examples>CH06>F4>Labe Huber.jpg文件，如图6-98所示。

（4）将"蒙版"节点（即stencil1节点）的outColor（输出颜色）属性连接到Blinn材质节点的Color（颜色）属性上，如图6-99所示。

图6-98

图6-99

（5）打开"蒙版"节点的"属性编辑器"对话框，然后在"遮罩"贴图通道中加载素材文件夹中的Examples>CH06>F4>Labe Huber1.jpg文件，如图6-100所示，此时会自动生成一个"文件"节点。

（6）选择file2节点上的place2dTexture3节点，如图6-101所示，然后按Delete键将其删除。

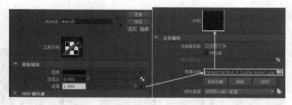

图6-100

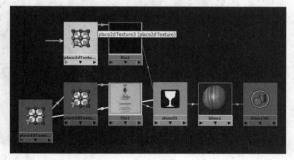

图6-101

（7）将剩下的place2dTexture1节点和place2dTexture2节点的outUVFilterSize（输出UV过滤尺寸）属性连接到"遮罩"节点的uvFilterSize（UV过滤尺寸）属性上，如图6-102所示，得到的材质节点连接如图6-103所示。

图6-102

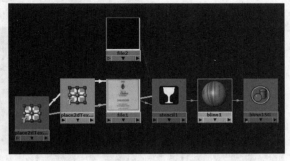

图6-103

提示　如果在"连接编辑器"对话框中找不到outUVFilterSize（输出UV过滤尺寸）节点和uvFilterSize（UV过滤尺寸）节点，需要在"连接编辑器"对话框中执行"左侧/右侧显示>显示隐藏项"命令将其显示出来。因为这两个节点在默认状态下处于隐藏状态。

（8）将制作好的Blinn材质指定给瓶子模型，然后测试渲染当前场景，效果如图6-104所示。

图6-104

> **提示** 从图6-121中观察不到标签，这是因为贴图的位置并不正确。下面就针对贴图的位置进行调整。

（9）打开place2dTexture1节点的"属性编辑器"对话框，具体参数设置如图6-105所示，然后测试渲染当前场景，效果如图6-106所示。

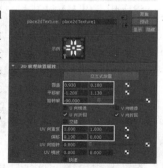

图6-105

图6-106

（10）打开"蒙版"节点（即stencil节点）的"属性编辑器"对话框，然后在"颜色平衡"卷展栏下设置"默认颜色"为（R:2，G:23，B:2），如

图6-107所示。

图6-107

（11）渲染当前场景，最终效果如图6-108所示。

图6-108

6.5.2 正常纹理

打开Hypershade对话框，然后创建一个"布料"纹理节点，如图6-109所示；接着双击在与其相连的place2dTexture节点，打开其"属性编辑器"对话框，如图6-110所示。

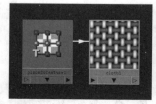

图6-109

图6-110

参数详解

交互式放置：单击该按钮后，可以使用鼠标中键对纹理进行移动、缩放和旋转等交互式操作，如图6-111所示。

图6-111

覆盖：控制纹理的覆盖范围，如图6-112和图6-113所示分别是设置该值为（1，1）和（3，3）时的纹理覆盖效果。

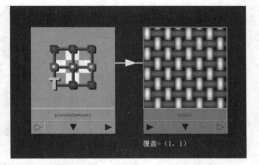

图6-112

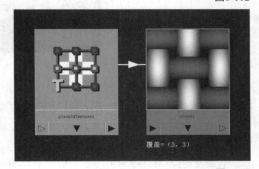

图6-113

平移帧：控制纹理的偏移量，图6-114所示的是将纹理在u向上平移了2，在v向上平移了1后的纹理效果。

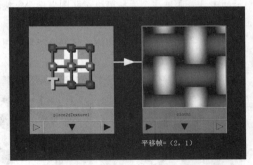

图6-114

旋转帧：控制纹理的旋转量，图6-115所示的是将纹理旋转45°后的效果。

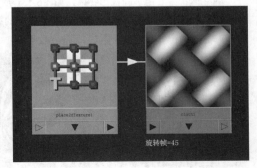

图6-115

*u/v*向镜像：表示在u/v方向上镜像纹理，图6-116所示的是

在u向上镜像的纹理效果，图6-117所示的是在v向上镜像的纹理效果。

图6-116　　　　　　　　图6-117

*u/v*向折回：表示纹理uv的重复程度，在一般情况下都采用默认设置。

交错：该选项一般在制作砖墙纹理时使用，可以使纹理之间相互交错，图6-118所示的是选择该选项前后的纹理对比。

图6-118

*uv*向重复：用来设置uv的重复程度，图6-119和图6-120所示分别是设置该值为（3，3）与（1，3）时的纹理效果。

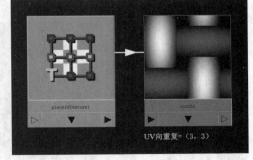

图6-119

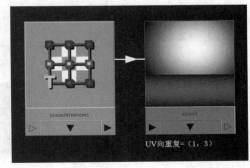

图6-120

143

偏移：设置uv的偏移量，图6-121所示的是在u向上偏移了0.2后的效果，图6-122所示的是在v向上偏移了0.2后的效果。

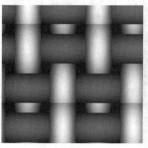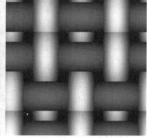

图6-121　　　　　　　　　　　图6-122

*uv*向旋转：该选项和"旋转帧"选项都可以对纹理进行旋转，不同的是该选项旋转的是纹理的uv，"旋转帧"选项旋转的是纹理，图6-123所示的是设置该值为30时的效果。

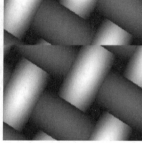

图6-123

*uv*噪波：该选项用来对纹理的uv添加噪波效果，图6-124所示的是设置该值为（0.1，0.1）时的效果，图6-125所示的是设置该值为（10，10）时的效果。

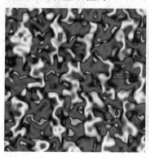

图6-124　　　　　　　　　　　图6-125

6.5.3　投影纹理

在"棋盘格"纹理上单击鼠标右键，在打开的菜单中选择"创建为投影"命令，如图6-126所示。这样可以创建一个带"投影"节点的"棋盘格"节点，如图6-127所示。

图6-126

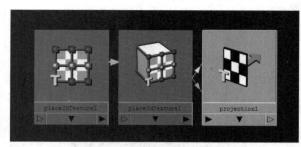

图6-127

双击projection1节点，打开其"属性编辑器"对话框，如图6-128所示。

图6-128

参数详解

交互式放置 交互式放置：在场景视图中显示投影操纵器。

适应边界框 适应边界框：使纹理贴图与贴图对象或集的边界框重叠。

投影类型：选择2D纹理的投影方式，共有以下9种方式。

禁用：关闭投影功能。

平面：主要用于平面物体，图6-129所示的贴图中有个手柄工具，通过这个手柄可以对贴图坐标进行旋转、移动和缩放操作。

球形：主要用于球形物体，其手柄工具的用法与"平面"投影相同，如图6-130所示。

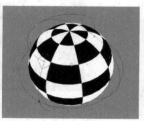

图6-129　　　　　　　　　　　图6-130

圆柱体：主要用于圆柱形物体，如图6-131所示。

球：与"球形"投影类似，但是这种类型的投影不能调整uv方向的位移和缩放参数，如图6-132所示。

图6-131　　　　　　　　　　　图6-132

立方：主要用于立方体，可以投射到物体6个不同的方向上，适合于具有6个面的模型，如图6-133所示。

三平面：这种投影可以沿着指定的轴向通过挤压方式将纹理投射到模型上，也可以运用于圆柱体以及圆柱体的顶部，如图6-134所示。

图6-133　　　　　　　　　　　　　图6-134

同心：这种贴图坐标是从同心圆的中心出发，由内向外产生纹理的投影方式，可以使物体纹理呈现出一个同心圆的纹理形状，如图6-135所示。

透视：这种投影是通过摄影机的视点将纹理投射到模型上，一般需要在场景中自定义一台摄影机，如图6-136所示。

 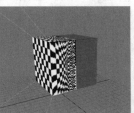

图6-135　　　　　　　　　　　　　图6-136

图像：设置蒙版的纹理。

透明度：设置纹理的透明度。

u/v向角度：仅限"球形"和"圆柱体"投影，主要用来更改uv向的角度。

6.5.4 蒙版纹理

"蒙版"纹理可以使某一特定图像作为2D纹理将其映射到物体表面的特定区域，并且可以通过控制"蒙版"纹理的节点来定义遮罩区域，如图6-137所示。

 "蒙版"纹理主要用来制作带标签的物体，如酒瓶等。

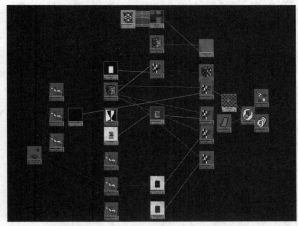

图6-137

在"文件"纹理上单击鼠标右键，在打开的菜单中选择"创建为蒙版"命令，如图6-138所示，这样可以创建一个带"蒙版"的"文件"节点，如图6-139所示。双击stencil1节点，打开其"属性编辑器"对话框，如图6-140所示。

图6-138

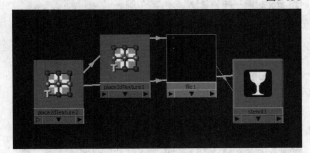

图6-139

图6-140

参数详解

图像：设置蒙版的纹理。

边混合：控制纹理边缘的锐度。增加该值可以更加柔和地对边缘进行混合处理。

遮罩：表示蒙版的透明度，用于控制整个纹理的总体透明度。若要控制纹理中选定区域的透明度，可以将另一纹理映射到遮罩上。

6.6 课堂练习：制作玻璃材质

本练习主要是针对Blinn材质的一个练习，希望读者能好好练习，以便于熟练地使用Blinn材质。

场景位置	Scenes>CH06>F5>F5.mb
实例位置	Examples>CH06>F5>F5.mb
难易指数	★★☆☆☆
技术掌握	学习玻璃材质的制作方法

案例介绍

玻璃是一种比较常用的材质，经常用于窗户、装饰和容器等，玻璃材质与金属材质类似，具有明显的高光区域，表面光滑和透明等特点，所以根据这些特征，本案例使用Blinn材质、"采样信息"节点、"渐变"节点、"环境铬"节点和"环境铬"节点制作的玻璃材质，效果如图6-141所示。

图6-141

制作思路

第1步：创建Blinn材质，然后创建一个"采样器信息"和"渐变"纹理节点，并将它们连接起来。

第2步：通过"渐变"纹理节点设置Blinn材质的"反射率"。

第3步：创建一个"环境铬"节点，并用其设置Blinn材质的"反射颜色"。

第4步：创建一个"渐变"节点，用于设置Blinn材质的"半透明"属性。

（1）打开素材文件夹中的Scenes>CH06>F5>F5.mb文件，如图6-142所示。场景中已经设置好了其他材质和灯光，我们只需要制作玻璃材质即可。

图6-142

（2）创建一个Blinn材质，然后打开其"属性编辑器"对话框，将其命名为glass；接着设置"颜色"为黑色，最后设置"偏心率"为0.06、"镜面反射衰减"为2、"镜面反射颜色"为白色，具体参数设置如图6-143所示。

图6-143

（3）创建一个"采样器信息"节点和"渐变"纹理节点，然后用鼠标中键拖曳"采样器信息"到"渐变"节点上，并在打开的菜单中选择"其他"命令，如图6-144所示。打开"连接编辑器"对话框，最后将"采样信息"节点的facingRatio（面比率）连接到"渐变"节点的vCoord（v坐标）属性上，如图6-145所示。

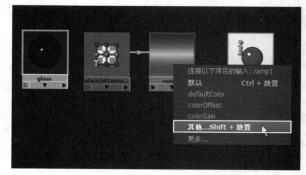

图6-144

（4）打开"渐变"节点的"属性编辑器"对话框，然后设置第1个色标的"选定位置"为0.69，接着设置"选定颜色"为（R:7，G:7，B:7）；设置第2个色标的"选定位置"为0，接着设置"选定颜色"为（R:81，G:81，B:81），如图6-146所示。

图6-145　　　　　　　　　　图6-146

（5）用鼠标中键将"渐变"节点拖曳到glass材质节点上，然后在打开的菜单中选择"其他"命令，打开"连接编辑器"对话框，接着将"渐变"节点的outAlpha（输出Alpha）属性连接到glass节点的reflectivity（反射率）属性上，如图6-147所示。

图6-147

（6）创建一个"环境铬"节点，然后用鼠标中键将其拖曳到glass材质节点上，在打开的菜单中选择"其他"命令，打开"连接编辑器"对话框，接着将"环境铬"节点的outColor（输出颜色）属性连接到glass节点的reflectedColor（反射颜色）属性上，如图6-148所示。此时的材质节点效果如图6-149所示。

图6-148　　　　　　　　　　图6-149

（7）打开"环境铬"节点的"属性编辑器"对话框，设置好各项参数，具体参数设置如图6-150所示。

（8）创建一个"渐变"节点，然后用鼠标中键将其拖曳到glass材质节点上，在打开的菜单中选择

"其他"命令，打开"连接编辑器"对话框，接着将"渐变"节点的outColor（输出颜色）属性连接到glass节点的transparency（半明度）属性上，如图6-151所示。此时的材质节点效果如图6-152所示。

图6-150　　　　　　　　　　图6-151

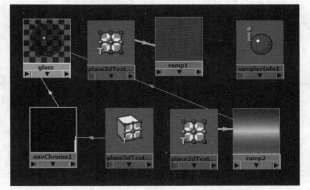

图6-152

（9）打开"渐变"节点的"属性编辑器"对话框，然后"插值"为"平滑"，接着设置第1个色标的"选定位置"为0.61，最后设置"选定颜色"为（R:240，G:240，B:240）；设置第2个色标的"选定位置"为0，接着设置"选定颜色"为（R:35，G:35，B:35），如图6-153所示。设置好的材质节点如图6-154所示。

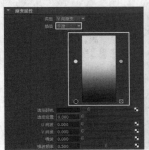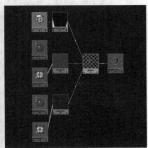

图6-153　　　　　　　　　　图6-154

（10）将设置好的glass材质指定瓶子模型，然后渲染当前场景，最终效果如图6-155所示。

图6-155

6.7 课堂练习：制作冰雕材质

Phong材质作为比较常用的材质，其重要性不容忽视，本练习是关于Phong材质的练习。

场景位置	Scenes>CH06>F6>F6.mb
实例位置	Examples>CH06>F6>F6.mb
难易指数	★★★★☆
技术掌握	练习冰雕材质的制作方法

案例介绍

在上一个练习中，我们使用Blinn制作了玻璃材质，接下来将练习如何通过Phong材质制作类似的材质。通过观察图6-156所示的效果图，可以发现冰雕和玻璃有类似之处，同样有比较明显的高光区域、表面也是非常光滑、有硬度，不同的是其透明度不如玻璃，所以根据这些特性，接下来就可以制作其材质了。

图6-156

制作思路

第1步：创建Phong材质，然后设置其参数。

第2步：创建"混合颜色"节点，用于设置Phong材质的"半透明"属性。

第3步：创建"凹凸3D"节点，用于设置Phong材质的"凹凸贴图"属性。

第4步：通过创建其他节点设置"凹凸3D"节点。

（1）打开素材文件夹中的Scenes>CH06>F6>F6.mb文件，如图6-157所示。

图6-157

（2）创建一个Phong材质，然后打开其"属性编辑器"对话框，接着设置"颜色"和"环境色"为白色，再设置"余弦幂"为11.561，最后设置"镜面反射颜色"为白色，如图6-158所示。

（3）展开"光线跟踪选项"卷展栏，然后选择"折射"选项，接着设置"折射率"为1.5、"灯光吸收"为1、"表面厚度"为0.789，如图6-159所示。

（4）创建一个"混合颜色"节点，然后打开其"属性编辑器"对话框，接着设置"颜色1"为白色、"颜色2"为（R:171，G:171，B:171），如图6-160所示。

图6-158

图6-159

图6-160

（5）用鼠标中键将"混合颜色"节点拖曳到Phong材质节点上，然后在打开的菜单中选择transparency（半透明）命令，如图6-161所示。

图6-161

（6）创建一个"采样器信息"节点，然后将该节点的facingRatio（面比率）属性连接到"混合颜色"节点的blender（混合器）属性上，如图6-162所示。

（7）创建一个"凹凸3D"节点，然后用鼠标中键将其拖曳到Phone材质节点上，接着在打开的菜单中选择"凹凸贴图"命令，如图6-163所示。

图6-162

图6-163

（8）创建一个"匀值分形"节点，然后打开"凹凸3D"节点的"属性编辑器"对话框，接着用鼠标中键将"匀值分形"节点拖曳到"凹凸3D"节点的"凹凸值"属性上，并设置"凹凸深度"为0.9，如图6-164所示。

图6-164

（9）打开"匀值分形"节点的"属性编辑器"对话框，然后设置"振幅"为0.4、"比率"为0.6，如图6-165所示。

图6-165

（10）创建一个"凹凸2D"节点，然后将该节点的outNormal（输出法线）属性连接到"凹凸3D"节点的normalCamera（法线摄影机）属性上，如图6-166所示。

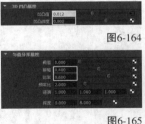

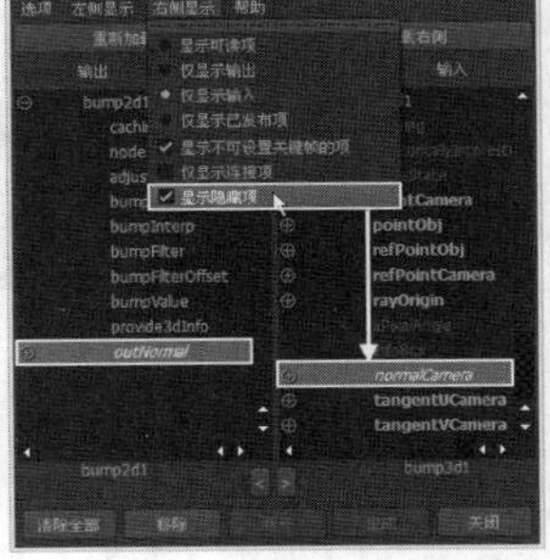

图6-166

提示 注意，在默认情况下normalCamera（法线摄影机）属性处于隐藏状态，可以在"连接编辑器"对话框中执行"右侧显示>显示隐藏项"命令将其显示出来。

（11）创建一个"噪波"节点，然后打开"凹凸2D"节点的"属性编辑器"对话框，接着用鼠标中键将"噪波"节点拖曳到"凹凸2D"节点的"凹凸值"属性上，最后设置"凹凸深度"为0.04，如图6-167所示。

（12）继续创建一个"凹凸2D"节点，然后将该节点的outNomal（输出法线）属性连接到第1个"凹凸2D"节点（即bump2d1节点）的normalCamera（法线摄影机）属性上，如图6-168所示。

图6-168   图6-167

（13）创建一个"分形"节点，然后打开第2个"凹凸2D"节点（即bump2d2节点）的"属性编辑器"对话框，接着用鼠标中键将"分形"节点拖曳到bump2d2节点的"凹凸值"属性上，并设置"凹凸深度"为0.03，如图6-169所示。材质节点连接如图6-170所示。

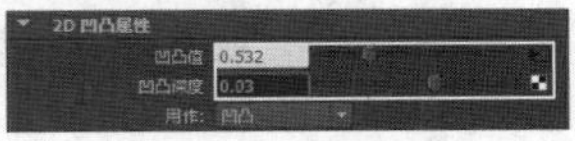

图6-169

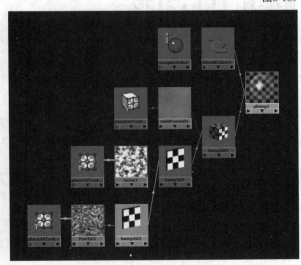

图6-170

（14）将制作好的Phong材质球指定给场景中的模型，然后渲染当前场景，最终效果如图6-171所示。

图6-171

图6-172

6.8 本章小结

本章主要讲解了"材质编辑器"的用法，以及材质的类型、材质的属性、纹理技术和UV编辑等知识点。通过实际案例介绍了常用的材质的制作方法，鉴于本章知识的难度和重要性，请读者一定要勤加练习，务必掌握材质纹理技术的相关知识。

6.9 课后习题

本章共准备了两个课后习题供读者练习，这些习题主要是针对"表面着色器"材质和Blinn材质的练习，通过多种节点的结合来完成最终的效果。

6.9.1 课后习题：制作卡通材质

场景位置	Scenes>CH06>F7>F7.mb
实例位置	Examples>CH06>F7>F7.mb
难易指数	★★☆☆☆
技术掌握	练习卡通材质的制作方法

操作指南

在前面的课堂案例中，我们学习了如何制作卡通鲨鱼。本练习主要利用"表面着色器"材质、"渐变"节点和"采样器信息"节点制作卡通材质，其效果如图6-172所示。

6.9.2 课后习题：使用Blinn制作金属材质

场景位置	Scenes>CH06>F8>F8.mb
实例位置	Examples>CH06>F8>F8.mb
难易指数	★★☆☆☆
技术掌握	练习使用Blinn材质制作金属的方法

操作指南

通过学习我们知道了使用Phong材质制作金属的方法，但是Blinn材质同样可以用来制作金属，如图6-173所示，就是使用Blinn材质制作的金属。本题的金属材质比较简单，读者仅仅需要设置Blinn材质的"属性编辑器"中的"颜色""镜面反射着色""镜面反射衰减"和"反射率"即可。

图6-173

第7章

渲染技术

本章的重要性不言而喻，如果没有渲染，所做的一切工作都毫无用处。本章不仅要介绍Maya的渲染器，还会介绍比较常用的mental ray渲染器，这些渲染器都很重要，尤其是mental ray渲染器。大家在学习本章内容时，不但要掌握其参数，还要掌握渲染参数的设置原理。

学习目标

- 了解渲染的主要流程
- 掌握"Maya软件"渲染器的使用方法
- 掌握mental ray渲染器的使用方法

7.1 关于渲染

在三维作品的制作过程中，渲染是非常重要的阶段。不管制作何种作品，都必须经过渲染来输出最终的成品。

7.1.1 渲染概念

Render就是经常所说的"渲染"，直译为"着色"，也就是为场景对象进行着色的过程。当然这并不是简单的着色过程，Maya会经过相当复杂的运算，将虚拟的三维场景投影到二维平面上，从而形成最终输出的画面，如图7-1所示。

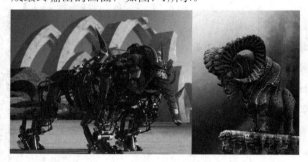

图7-1

> **提示** 渲染可以分为实时渲染和非实时渲染。实时渲染可以实时地将三维空间中的内容反应到画面上，能即时计算出画面内容，如游戏画面就是实时渲染；非实时渲染是将三维作品提前输出为二维画面，然后再将这些二维画面按一定速率进行播放，如电影、电视等都是非实时渲染出来的。

7.1.2 渲染算法

从渲染的原理来看，可以将渲染的算法分为"扫描线算法""光线跟踪算法"和"热辐射算法"3种，每种算法都有其存在的意义。

1.扫描线算法

扫描线算法是早期的渲染算法，也是目前发展最为成熟的一种算法，其最大的优点是渲染速度很快，现在的电影大部分都采用这种算法进行渲染。使用扫描线渲染算法最为典型的渲染器是Render man渲染器。

2.光线跟踪算法

光线跟踪算法是生成高质量画面的渲染算法之一，能实现逼真的反射和折射效果，如金属、玻璃类物体。

光线跟踪算法是从视点发出一条光线，通过投影面上的一个像素进入场景。如果光线与场景中的物体没有发生相遇情况，即没有与物体产生交点，那么光线跟踪过程就结束了；如果光线在传播的过程中与物体相遇，将会根据以下3种条件进行判断。

第1种：与漫反射物体相遇，将结束光线跟踪过程。

第2种：与反射物体相遇，将根据反射原理产生一条新的光线，并且继续传播下去。

第3种：与折射的透明物体相遇，将根据折射原理弯曲光线，并且继续传播。

光线跟踪算法会进行庞大的信息处理，与扫描线算法相比，其速度相对比较慢，但可以产生真实的反射和折射效果。

3.热辐射算法

热辐射算法是基于热辐射能在物体表面之间的能量传递和能量守恒定律。热辐射算法可以使光线在物体之间产生漫反射效果，直至能量耗尽。这种算法可以使物体之间产生色彩溢出现象，能实现真实的漫反射效果。

> **提示** 著名的mental ray渲染器就是一种热辐射算法渲染器，能够输出电影级的高质量画面。热辐射算法需要大量的光子进行计算，在速度上比前面两种算法都慢。

7.2 默认渲染器——Maya软件

"Maya软件"渲染器是Maya默认的渲染器。执行"窗口>渲染编辑器>渲染设置"菜单命令，打开"渲染设置"对话框，如图7-2所示。

图7-2

提示 渲染设置是渲染前的最后准备，将直接决定渲染输出的图像质量，所以必须掌握渲染参数的设置方法。

7.2.1 课堂案例：用Maya软件渲染变形金刚

场景位置	Scenes>CH07>G1>G1.mb
实例位置	Examples>CH07>G1>G1.mb
难易指数	★★★★☆
技术掌握	学习金属材质的制作方法、学习Maya软件渲染器的使用方法

案例介绍

本案例是渲染一个变形金刚，图7-3所示的是其效果图，从图中可看出变形金刚大部分是由金属材质构成的，所以本案例的主要任务就是制作金属材质和设置渲染参数。

图7-3

制作思路

第1步：打开场景文件并分析场景。

第2步：创建两个Blinn材质，并用它们来设置金属材质。

第3步：使用"平行光"和"聚光灯"为场景设置灯光。

第4步：设置"Maya软件"渲染参数。

第5步：渲染场景，并对渲染图像进行后期处理。

1.材质制作

（1）打开素材文件夹中的Scenes>CH07>G1>G1.mb文件，如图7-4所示。

（2）打开Hypershade对话框，由于变形金刚主要由金属构成，所以先要为其创建金属材质。创建两个Blinn材质节点和一个"分层着色器"材质节点，如图7-5所示。

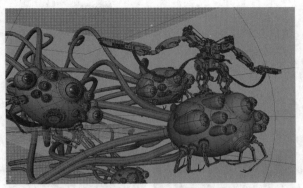

图7-4

图7-5

（3）打开blinn1材质的"属性编辑器"对话框，然后单击"透明度"，在通道中加载一个"渐变"纹理节点，如图7-6所示。

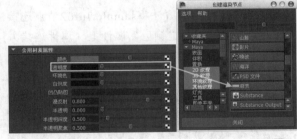

图7-6

（4）打开"渐变"节点的"属性编辑器"对话框，然后设置"类型"为"v向渐变""插值"为"平滑"，接着调节好渐变色，如图7-7所示。

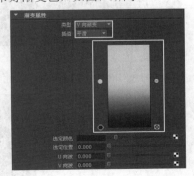

图7-7

（5）打开blinn1材质的"属性编辑器"对话框，然后在"反射率"通道中加载一个"渐变"纹理节点，接着设置"类型"为"v向渐变"，"插值"为"平滑"，最后调节好渐变色，如图7-8所示。

（6）打开blinn1材质的"属性编辑器"对话框，然后单击"反射的颜色"在通道中加载一个"环境铬"节点，此时的节点连接如图7-9所示。

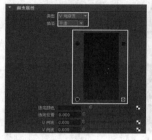
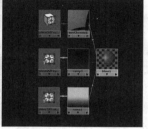

图7-8　　　　　　　　　　图7-9

（7）首先创建两个"采样器信息"节点，然后打开ramp1节点的"属性编辑器"对话框，接着用鼠标中键将samplerInfo1节点拖曳到ramp1节点的"选定颜色"属性上，最后在弹出的对话框中连接如图7-10所示的属性。

（8）采用相同的方法将samplerInfo2节点连接到ramp2节点的"选定颜色"属性上（属性连接方式也一样），完成后的blinn1材质节点连接效果如图7-11所示。

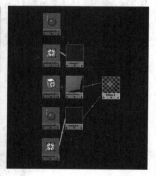

图7-10　　　　　　　　　　图7-11

（9）打开blinn2材质的"属性编辑器"对话框，然后在"颜色"通道中加载一个"花岗岩"节点，具体参数设置如图7-12所示。

图7-12

（10）打开layeredShader1材质节点的"属性编辑器"对话框，然后用鼠标中键分别将blinn1和blinn2材质节点拖曳到如图7-13所示的位置，设置好的材质节点如图7-14所示。

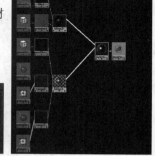

图7-13　　　　　　　　　　图7-14

（11）将设置好的材质指定给变形金刚和章鱼模型，如图7-15所示。

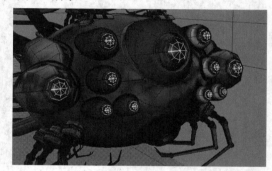

图7-15

提示　该步骤需要再创建一个Blinn材质，然后将颜色设置为红色，并添加一个辉光特效，最后将该材质指定给章鱼的眼睛部分。

（12）执行"创建>体积基本体>立方体"菜单命令，在场景中创建一个体积立方体，然后调整好其大小，将整个变形金刚和章鱼模型全部包容在立方体内，如图7-16所示。

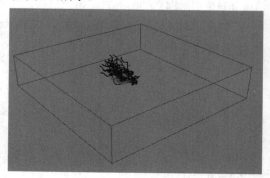

图7-16

（13）打开Hypershade对话框，可以观察到里面有一个cubeFog（立方体雾）节点，打开其"属性编辑器"对话框，然后在"透明度"通道中加载一个"云"纹理节点，如图7-17所示。

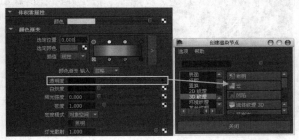

图7-17

2.灯光设置

（1）执行"创建>灯光>平行光"菜单命令，在场景中创建一盏平行光，然后将其放在如图7-18所示的位置。

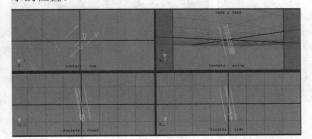

图7-18

（2）打开平行光的"属性编辑器"对话框，然后设置"颜色"为（R:211，G:235，B:255）、"强度"为1，如图7-19所示。

图7-19

（3）执行"创建>灯光>聚光灯"菜单命令，在场景创建一盏聚光灯，然后调整好聚光灯的照射范围，接着将其放在如图7-20所示的位置。

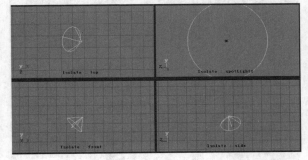

图7-20

（4）打开聚光灯的"属性编辑器"对话框，然后设置"颜色"为（R:198，G:232，B:255）、"强度"为0.8，接着在"深度贴图阴影属性"卷展栏下选择"使用深度贴图阴影"选项，具体参数设置如图7-21所示。

图7-21

3.渲染设置

（1）打开"渲染设置"对话框，然后设置渲染器为"Maya软件"渲染器，接着在"图像大小"卷展栏下设置"宽度"为5000、"高度"为3000，如图7-22所示。

图7-22

（2）单击"Maya软件"选项卡，然后在"抗锯齿质量"卷展栏下设置"质量"为"产品级质量"，"边缘抗锯齿"为"最高质量"，如图7-23所示。接着在"光线跟踪质量"卷展栏下选择"光线跟踪"选项，如图7-24所示。

图7-23   图7-24

（3）渲染当前场景，效果如图7-25所示。

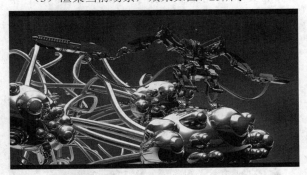

图7-25

提示 渲染完毕后，可以将图片保存为tga格式的文件，这样导入到Photoshop中时可以利用Alpha通道对主题图像进行后期处理。

4.后期处理

（1）在Photoshop中打开素材文件夹中的Examples>CH07>G1>带通道的变形金刚.psd文件，然后切换到"通道"面板，接着按住Ctrl键的同时单击Alpha1通道的缩览图，载入该通道的选区，如图7-26所示。

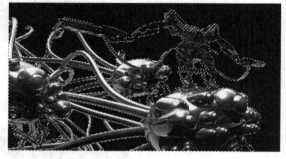

图7-26

（2）保持选区状态，按快捷键Ctrl+J将选区中的图像复制到一个新的图层中，如图7-27所示。

图7-27

（3）打开素材文件夹中的Examples>CH07>G1>背景.png文件，作为变形金刚的背景，如图7-28所示；然后为变形金刚所在的图层添加一个图层蒙版，接着使用黑色画笔将其处理成如图7-29所示的效果。

图7-28

图7-29

（4）为变形金刚所在的图层添加一个"色相/饱和度"调整图层，然后设置"色相"为-44、"饱和度"为37，如图7-30所示。效果如图7-31所示。

图7-30

图7-31

（5）选择背景所在的图层，然后按快捷键Ctrl+B打开"色彩平衡"对话框，接着设置"色阶"为（-34，-24，9），如图7-32所示。效果如图7-33所示。

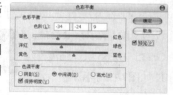

图7-32

图7-33

提示 这里调节背景的色彩平衡，主要是为了拉开背景与前景的层次。

（6）选择变形金刚所在的图层，然后按快捷键Ctrl+J复制一个副本图层，接着将该图层的"混合模式"设置为"滤色"，"不透明度"设置为56%，如图7-34所示。最终效果如图7-35所示。

图7-34

图7-35

7.2.2 文件输出与图像大小

在"公用"选项卡中展开"文件输出"和"图像大小"两个卷展栏，如图7-36所示。这两个卷展栏主要用来设置文件名称、文件类型以及图像渲染大小等。

图7-36

参数详解

文件名前缀：设置输出文件的名字。

图像格式：设置图像文件的保存格式。

帧/动画扩展名：用来决定是渲染静帧图像还是渲染动画，以及设置渲染输出的文件名采用何种格式。

帧填充：设置帧编号扩展名的位数。

帧缓冲区命名：将字段与多重渲染过程功能结合使用。

自定义名字符串：设置"帧缓冲区命名"为"自定义"选项时可以激活该选项。使用该选项可以自己选择渲染标记来自定义通道命名。

使用自定义扩展名：选择"使用自定义扩展名"选项后，可以在下面的"扩展名"选项中输入扩展名，这样可以对渲染图像文件名使用自定义文件格式扩展名。

本版标签：可以将版本标签添加到渲染输出文件名中。

预设：Maya提供了一些预置的尺寸规格，以方便用户进行选择。

保持宽度/高度比率：选择该选项后，可以保持文件尺寸的宽高比。

保持比率：指定要使用的渲染分辨率的类型。

像素纵横比：组成图像的宽度和高度的像素数之比。

设备纵横比：显示器的宽度单位数乘以高度单位数。4:3的显示器将生成较方正的图像，而16:9的显示器将生成全景形状的图像。

宽度：设置图像的宽度。

高度：设置图像的高度。

大小单位：设置图像大小的单位，一般以"像素"为单位。

分辨率：设置渲染图像的分辨率。

分辨率单位：设置分辨率的单位，一般以"像素/英寸"为单位。

设备纵横比：查看渲染图像的显示设备的纵横比。"设备纵横比"表示图像纵横比乘以像素纵横比。

像素纵横比：查看渲染图像的显示设备的各个像素的纵横比。

7.2.3 渲染设置

在"渲染设置"对话框中单击"Maya软件"选项卡，在这里可以设置"抗锯齿质量""光线跟踪质量"和"运动模糊"等参数，如图7-37所示。

图7-37

1.抗锯齿质量

展开"抗锯齿质量"卷展栏,如图7-38所示。

图7-38

参数详解

质量:设置抗锯齿的质量,共有6种选项,如图7-39所示。

图7-39

自定义:用户可以自定义抗锯齿质量。

预览质量:主要用于测试渲染时预览抗锯齿的效果。

中键质量:比预览质量更加好的一种抗锯齿质量。

产品级质量:产品级的抗锯齿质量,可以得到比较好的抗锯齿效果,适用于大多数作品的渲染输出。

对比度敏感产品级:比"产品级质量"抗锯齿效果更好的一种抗锯齿级别。

3D运动模糊产品级:主要用来渲染动画中的运动模糊效果。

边界抗锯齿:控制物体边界的抗锯齿效果,有"低质量""中等质量""高质量"和"最高质量"级别之分。

着色:用来设置表面的采样数值。

最大着色:设置物体表面的最大采样数值,主要用于决定最高质量的每个像素的计算次数。但是如果数值过大会增加渲染时间。

3D模糊可见性:当运动模糊物体穿越其他物体时,该选项用来设置其可视性的采样数值。

最大3D模糊可见性:用于设置更高采样级别的最大采样数值。

粒子:设置粒子的采样数值。

使用多像素过滤器:多重像素过滤开关器。当选择该选项时,下面的参数将会被激活,同时在渲染过程中会对整个图像中的每个像素之间进行柔化处理,以防止输出的作品产生闪烁效果。

像素过滤器类型:设置模糊运算的算法,有以下5种。

长方体过滤器:一种非常柔和的方式。

三角形过滤器:一种比较柔和的方式。

高斯过滤器:一种细微柔和的方式。

二次B样条线过滤器:比较陈旧的一种柔和方式。

插件过滤器:使用插件进行柔和。

像素过滤器宽度*x/y*:**用来设置每个像素点的虚化宽度。值越大,模糊效果越明显。

红/绿/蓝:用来设置画面的对比度。值越低,渲染出来的画面对比度越低,同时需要更多的渲染时间;值越高,画面的对比度越高,颗粒感越强。

2.光线跟踪质量

展开"光线跟踪质量"卷展栏,如图7-40所示。该卷展栏控制是否在渲染过程中对场景进行光线跟踪,并控制光线跟踪图像的质量。更改这些全局设置时,关联的材质属性值也会更改。

图7-40

参数详解

光线跟踪:选择该选项时,将进行光线跟踪计算,可以产生反射、折射和光线跟踪阴影等效果。

反射:设置光线被反射的最大次数,与材质自身的"反射限制"一起起作用,但是较低的值才会起作用。

折射:设置光线被折射的最大次数,其使用方法与"反射"相同。

阴影:设置被反射和折射的光线产生阴影的次数,与灯光光线跟踪阴影的"光线深度限制"选项共同决定阴影的效果,但较低的值才会起作用。

偏移:如果场景中包含3D运动模糊的物体并存在光线跟踪阴影,可能在运动模糊的物体上观察到黑色画面或不正常的阴影,这时应设置该选项的数值在0.05~0.1之间;如果场景中不包含3D运动模糊的物体和光线跟踪阴影,该值应设置为0。

3.运动模糊

展开"运动模糊"卷展栏,如图7-41所示。渲染动画时,运动模糊可以通过对场景中的对象进行模糊处理来产生移动的效果。

图7-41

参数详解

运动模糊：选择该选项时，渲染时会将运动的物体进行模糊处理，使渲染效果更加逼真。

运动模糊类型：有2D和3D两种类型。2D是一种比较快的计算方式，但产生的运动模糊效果不太逼真；3D是一种很真实的运动模糊方式，会根据物体的运动方向和速度产生很逼真的运动模糊效果，但需要更多的渲染时间。

模糊帧数：设置前后有多少帧的物体被模糊。数值越高，物体越模糊。

模糊长度：用来设置2D模糊方式的模糊长度。

使用快门打开/快门关闭：控制是否开启快门功能。

快门打开/关闭：设置"快门打开"和"快门关闭"的数值。"快门打开"的默认值为-0.5，"快门关闭"的默认值为0.5。

模糊锐度：用来设置运动模糊物体的锐化程度。数值越高，模糊扩散的范围就越大。

平滑：用来处理"平滑值"产生抗锯齿作用所带来的噪波的副作用。

平滑值：设置运动模糊边缘的级别。数值越高，更多的运动模糊将参与抗锯齿处理。

保持运动向量：选择该选项时，可以将运动向量信息保存到图像中，但不处理图像的运动模糊。

使用2D模糊内存限制：决定是否在2D运动模糊过程中使用内存数量的上限。

2D模糊内存限制：设置在2D运动模糊过程中使用内存数量的上限。

7.3 电影级渲染器——mental ray

mental ray是一款超强的高端渲染器，能够生成电影级的高质量画面，被广泛应用于电影、动画和广告等领域。从Maya 5.0起，mental ray就内置于Maya中，使Maya的渲染功能得到很大提升。随着Maya的不断升级，mental ray与Maya的融合也更加完美。

mental ray可以使用很多种渲染算法，能方便地实现透明、反射、运动模糊和全局照明等效果，并且使用mental ray自带的材质节点还可以快捷方便地制作出烤漆材质、3S材质和不锈钢金属材质等，如图7-42所示。

图7-42

技术专题15　加载mental ray渲染器

执行"窗口>设置/首选项>插件管理器"菜单命令，打开"插件管理器"对话框，然后在Mayatomr插件右侧选择"已加载"选项，这样就可以使用mental ray渲染器了，如图7-43所示。如果选择"自动加载"选项，在重启Maya时可以自动加载mental ray渲染器。

图7-43

7.3.1 课堂案例：用mental ray模拟全局照明

场景位置	Scenes>CH07>G2>G2.mb
实例位置	Examples>CH07>G2>G2.mb
难易指数	★★☆☆☆
技术掌握	学习"全局照明"的使用方法

案例介绍

图7-44所示的是本案例的渲染效果，可以从图中观察到，在右上角的部分，由于"全局照明"的作用所产生的区别。下面将介绍其制作方法。

图7-44

制作思路

第1步：打开场景文件，渲染场景，观察光照效果。

第2步：设置渲染器为mental ray，然后设置"全局照明"的参数，最后渲染效果。

（1）打开素材文件夹中的Scenes>CH07>G2>G2.mb文件，如图7-45所示。

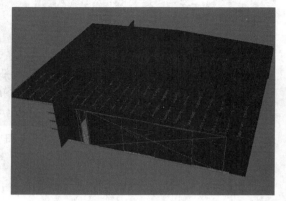

图7-45

本场景中的材质均为Lambert材质，主光源是一盏开启了光线跟踪阴影的聚光灯。

（2）在工作区中，执行"视图>书签>camera View1"命令，如图7-46所示，然后打开"渲染设置"对话框，设置渲染器为mental ray渲染器，接着测试渲染当前场景，效果如图7-47所示。通过观察效果图可发现，图中的右上角出现了黑暗区域。

图7-46

图7-47

（3）打开"渲染设置"对话框，然后选择"间接照明"选项卡，接着在"全局照明"卷展栏下选择"全局照明"选项，接着设置"精确度"为1000，如图7-48所示。

（4）选择areaLight2灯光，然后按快捷键Ctrl+A打开其"属性编辑器"对话框，接着展开"mental ray>焦散和全局照明"卷展栏，选择"发射光子"选项，最后设置"光子密度"为100000、"指数"为1.3、"全局照明光子"为1000000，如图7-49所示。

图7-48　　　　　　　　　　　图7-49

（5）选择areaLight3灯光，然后按快捷键Ctrl+A打开其"属性编辑器"对话框，接着展开"mental ray>焦散和全局照明"卷展栏，选择"发射光子"选项，最后设置"光子密度"为100000、"指数"为1.3、"全局照明光子"为1000000，如图7-50所示。

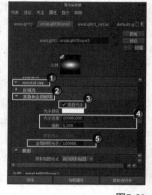

图7-50

（6）渲染当前场景，最终效果如图7-51所示。从图中可见右上角的黑暗区域，由于"全局照明"的作用显示出了细节。

图7-51

7.3.2 课堂案例：用mib_cie_d灯光节点调整色温

场景位置　Scenes>CH07>G3>G3.mb
实例位置　Examples>CH07>G3>G3.mb
难易指数　★★☆☆☆
技术掌握　学习如何用mib_cie_d灯光节点调整灯光的色温

案例介绍

mib_cie_d灯光节点是mental ray灯光节点中最为重要的一个，其主要作用就是调节灯光的色温，使场景的氛围更加合理，图7-52所示的上图是默认渲染效果，下图是调节了色温后的渲染效果。

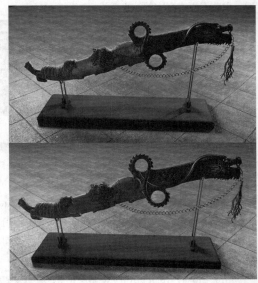

图7-52

制作流程

第1步：打开场景文件，然后渲染场景，观察并分析其渲染效果。

第2步：创建mib_cie_d灯光节点，用以调节场景灯光的色温，最后渲染效果。

（1）打开素材文件夹中的Scenes>CH07>G3>G3.mb文件，如图7-53所示。

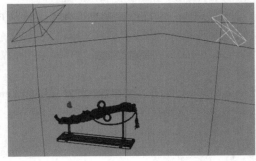

图7-53

提示　本场景创建两盏区域光作为照明灯光，同时还利用了"基于图像的照明"技术。

（2）测试渲染场景，效果如图7-54所示，场景的光照比较冷清，所以接下来需要设置其灯光，让其具有乱色调。

图7-54

提示　从图7-52中可以观察到场景中的灯光效果很平淡，没有渲染出氛围。

（3）打开Hypershade对话框，然后创建一个mib_cie_d灯光节点，如图7-55所示。

图7-55

（4）执行"窗口>大纲视图"菜单命令，打开"大纲视图"对话框，然后选择areaLight1灯光，如图7-56所示。

图7-56

（5）打开areaLight1灯光的"属性编辑器"对话框，然后用鼠标中键将mib_cie_d灯光节点拖曳到areaLight1灯光的"颜色"属性上，接着在CIE Attributes（CIE属性）卷展栏下设置Temperature（色温）为4000，这是该节点的最低值，对应的色温是橘红色，如图7-57所示。

（6）打开areaLight2灯光的"属性编辑器"对话框，同样用鼠标中键将mib_cie_d灯光节点拖曳到areaLight2灯光的"颜色"属性上，接着在CIE Attributes（CIE属性）卷展栏下设置Temperature（色温）为16000，并设置Intensity（强度）为0.6，这个色温是一个偏蓝的颜色，如图7-58所示。

图7-57	图7-58

（7）渲染当前场景，最终效果如图7-59所示，此时可以发现画面色调变暖了。

图7-59

7.3.3 mental ray的常用材质

mental ray的材质非常多，这里只介绍一些比较常用的材质，如图7-60所示。

```
dgs_material
dielectric_material              mib_illum_lambert
mi_car_paint_phen                mib_illum_phong
mi_car_paint_phen_x              mib_illum_ward
mi_car_paint_phen_x_passes       mib_illum_ward_deriv
mi_metallic_paint                misss_call_shader
mi_metallic_paint_x              misss_fast_shader
mi_metallic_paint_x_passes       misss_fast_shader_x
mia_material                     misss_fast_simple_maya
mia_material_x                   misss_fast_skin_maya
mia_material_x_passes            misss_physical
mib_glossy_reflection            misss_set_normal
mib_glossy_refraction            misss_skin_specular
mib_illum_blinn                  path_material
mib_illum_cooktorr               transmat
mib_illum_hair
```

图7-60

功能介绍

dgs_material（DGS物理学表面材质）：材质中的dgs是指Diffuse（漫反射）、Glossy（光泽）和Specular（高光）。该材质常用来模拟具有强烈反光的金属物体。

dielectric_material（电解质材质）：常用于模拟水、玻璃等光密度较大的折射物体，可以精确地模拟出玻璃和水的效果。

mi_car_paint_phen（车漆材质）：常用于制作汽车或其他金属的外壳，可以支持加入Dirt（污垢）来获得更加真实的渲染效果，如图7-61所示。

图7-61

mi_metallic_paint（金属漆材质）：和车漆材质比较类似，只是减少了Diffuse（漫反射）、Reflection Parameters（反射参数）和Dirt Parameters（污垢参数）。

mia_material（金属材质）/mia_material_X（金属材质_X）：这两个材质是专门用于建筑行业的材质，具有很强大的功能，通过它的预设值就可以模拟出很多建筑材质类型。

mib_glossy_reflection（玻璃反射）/mib_glossy_refraction（玻璃折射）：这两个材质可以用来模拟反射或折射效果，也可以在材质中加入其他材质来进一步控制反射或折射效果。

> **提示** 用mental ray渲染器渲染玻璃和金属材质时，最好使用mental ray自带的材质，这样不但速度快，而且设置非常方便，物理特性也很鲜明。

mib_illum_blinn：材质类似于Blinn材质，可以实现丰富的高光效果，常用于模拟金属和玻璃。

mib_illum_cooktorr：类似于Blinn材质，但是其高光可以基于角度来改变颜色。

mib_illum_hair：材质主要用来模拟角色的毛发效果。

mib_illum_lambert：类似于Lambert材质，没有任何镜面反射属性，不会反射周围环境，多用于表现不光滑的表面，如木头和岩石等。

mib_illum_phong：类似于Phong材质，其高光区域很明显，适用于制作湿润的、表面具有光泽的物体，如玻璃和水等。

mib_illum_ward（ mib_illum_ward ）：可以用来创建各向异性和反射模糊效果，只需要指定模糊的方向就可以受到环境的控制。

mib_illum_ward_deriv（ mib_illum_ward_deriv ）：主要用来作为DGS shader（DGS着色器）材质的附加环境控制。

misss_call_shader（ misss_call_shader ）：是mental ray用来调用不同的单一次表面散射的材质。

misss_fast_shader（ misss_fast_shader ）：不包含其他色彩成分，以Bake lightmap（烘焙灯光贴图）方式来模拟次表面散射的照明结果[需要lightmap shader（灯光贴图着色器）的配合]。

misss_fast_simple_maya（ misss_fast_simple_maya ）/misss_fast_skin_maya（ misss_fast_skin_maya ）：包含所有的色彩成分，以Bake lightmap（烘焙灯光贴图）方式来模拟次表面散射的照明结果[需要lightmap shader（灯光贴图着色器）的配合]。

misss_physical（ misss_physical ）：主要用来模拟真实的次表面散射的光能传递以及计算次表面散射的结果。该材质只能在开启全局照明的场景中才起作用。

misss_set_normal（ misss_set_normal ）：主要用来将Maya软件的"凹凸"节点的"法线"的"向量"信息转换成mental ray可以识别的"法线"信息。

misss_skin_specular（ misss_skin_specular ）：主要用来模拟有次表面散射成分的物体表面的透明膜（常见的如人类皮肤的角质层）上的高光效果。

> **提示** 上述材质名称中带有sss，这就是常说的3S材质。

path_material（ path_material ）：只用来计算全局照明，并且不需要在"渲染设置"对话框中开启GI选项和"光子贴图"功能。由于其需要使用强制方法和不能使用"光子贴图"功能，所以渲染速度非常慢，并且需要使用更高的采样值，所以渲染整体场景的时间会延长，但是这种材质计算出来的GI非常精确。

transmat（ transmat ）：用来模拟半透膜效果。在计算全局照明时，可以用来制作空间中形成光子体积的特效，如混浊的水底和光线穿过布满灰尘的房间。

7.3.4 公用

"公用"选项卡下的参数与"Maya软件"渲染器的"公用"选项卡下的参数相同，主要用来设置动画文件的名称、格式和设置动画的时间范围，同时还可以设置输出图像的分辨率以及摄影机的控制属性等，如图7-62所示。

图7-62

7.3.5 过程

"过程"选项卡包含"渲染过程"和"预合成"两个卷展栏，如图7-63所示。该选项卡主要用来设置mental ray渲染器的分层渲染以及相关的分层通道。

图7-63

7.3.6 功能

"功能"选项卡包含"渲染功能"和"轮廓"两个卷展栏，如图7-64所示。下面对这两个卷展栏分别进行讲解。

图7-64

1.渲染功能

展开"渲染功能"卷展栏，如图7-65所示。"渲染功能"卷展栏包含一个"附加功能"复卷展栏。

图7-65

参数详解

渲染模式： 用于设置渲染的模式，包含以下4种模式。

法线： 渲染"渲染设置"对话框中设定的所有功能。

仅最终聚焦： 只计算最终聚焦。

仅阴影贴图： 只计算阴影贴图。

仅光照贴图：只计算光照贴图（烘焙）。

主渲染器：用于选择主渲染器的渲染方式，共有以下3种。

扫描线：这是mental ray通常而且尽量使用的一种快速渲染计算方式。

光栅化器（快速运动）：这种方式又称为"快速扫描线"，计算速度比"扫描线"方式还要快。

光线跟踪：使用光线跟踪进行渲染。

次效果：在使用mental ray渲染器渲染场景时，可以启用一些补充效果，从而加强场景渲染的精确度，以提高渲染质量，这些效果包括以下7种。

光线跟踪：选择该选项后，可以计算反射和折射效果。

全局照明：选择该选项后，可以计算全局照明。

焦散：选择该选项后，可以计算焦散效果。

重要性粒子：选择该选项后，可以计算重要性粒子。

最终聚焦：选择该选项后，可以计算最终聚集。

辐照度粒子：选择该选项后，可以计算重要性粒子和发光粒子。

环境光遮挡：选择该选项后，可以启用环境光遮挡功能。

阴影：选择该选项后，可以计算阴影效果。该选项相当于场景中阴影的总开关。

运动模糊：控制计算运动模糊的方式，共有以下3种。

禁用：不计算运动模糊。

无变形：这种计算速度比较快，类似于"Maya软件"渲染器的"2D运动模糊"。

完全：这种方式可以精确计算运动模糊效果，但计算速度比较慢。

提示 "附加功能"复卷展栏下的参数基本不会被用到，因此这里不对这些参数进行介绍。

2.轮廓

展开"轮廓"卷展栏，如图7-66所示。该卷展栏可以设置如何对物体的轮廓进行渲染。

图7-66

参数详解

启用轮廓渲染：选择该选项后，可以使用线框渲染功能。

隐藏源：选择该选项后，只渲染线框图，并使用"整体应用颜色"填充背景。

整体应用颜色：该选项配合"隐藏源"选项一起使用，主要用来设置背景颜色，图7-67和图7-68所示是设置"整体应用颜色"为白色和绿色时的线框渲染效果。

图7-67   图7-68

过采样：该值越大，获得的线框效果越明显，但渲染的时间也会延长，图7-69和图7-70所示是设置该值为1和20时的线框对比。

图7-69   图7-70

过滤器类型：选择过滤器的类型，包含以下3种。

长方体过滤器：用这种过滤器渲染出来的线框比较模糊。

三角形过滤器：线框模糊效果介于"长方体过滤器"和"高斯过滤器"之间。

高斯过滤器：可以得到比较清晰的线框效果。

按特性差异绘制：该卷展栏下的参数主要用来选择绘制线框的类型，共有8种类型，用户可以根据实际需要来进行选项。

启用颜色对比度：该选项主要和"整体应用颜色"选项一起配合使用。

启用深度对比度：该选项主要是对像素所具有的Z深度进行对比，若超过指定的阈值，则会产生线框效果。

启用距离对比度：该选项与深度对比类似，只不过是对像素间距进行对比。

提示 距离对比与深度对比的差别并不是很明显，渲染时可以调节这两个参数来为画面增加细节效果。

启用法线对比度：该值以角度为单位，当像素间的法线的变化差值超过一定的度时，会在变化处绘制线框。

7.3.7 质量

"质量"选项卡下的参数主要用来设置渲染的质量、采样、光线跟踪和运动模糊等，如图7-71所示。

图7-71

1.采样

"采样"卷展栏中包含渲染设置所需的各项采样相关参数，如图7-72所示。

图7-72

参数详解

采样模式：设置图像采样的模式，共有以下3种。

统一采样：使用统一的样本数量进行采样。

旧版光栅化器模式：使用旧版的栅格化器的模式进行采样。

旧版采样模式：使用旧版的模式进行采样。

质量：最终渲染时采样的精度。

最小采样数：用来设置每一个图像采样数的最小参数。

最大采样数：用来设置每一个图像采样数的最大参数。

> **提示** 注意，当进行渲染时，样本的最大和最小采样数不能相差超过2，这是推荐的设置。对于高级用户，可以根据经验来进行设置。

2.采样选项

"采样选项"卷展栏包含渲染参数采样设置，如图7-73所示。

图7-73

参数详解

过滤器：设置多像素过滤的类型，可以通过模糊处理来提高渲染的质量，共有以下5种类型。

长方体：这种过滤方式可以得到相对较好的效果和较快的速度，图7-74所示为"长方体"过滤示意图。

三角形：这种过滤方式的计算更加精细，计算速度比"长方体"过滤方式慢，但可以得到更均匀的效果，图7-75所示为"三角形"过滤示意图。

高斯：这是一种比较好的过滤方式，能达到最佳的效果，速度是最慢的一种，但可以得到比较柔和的图像，图7-76所示为Gauss（高斯）过滤示意图。

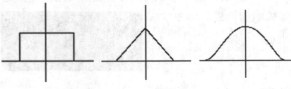

图7-74　　　　图7-75　　　　图7-76

米切尔/兰索斯：这两种过滤方式与Gauss（高斯）过滤方式不一样，他们更加倾向于提高最终计算的像素。因此，如果想要增强图像的细节，可以选择Mitchell（米切尔）/Lanczos（兰索斯）过滤类型。

> **提示** 相比于Mitchell（米切尔）过滤方式，Lanczos（兰索斯）过滤方式会呈现出更多的细节。

过滤器大小：该参数的数值越大，来自相邻像素的信息就越多，图像也越模糊，但数值不能低于（1，1）。

抖动：这是一种特殊的方向采样计算方式，可以减少锯齿现象，但是会以牺牲几何形状的正确性为代价，一般情况都应该关闭该选项。

采样锁定：选择该选项后，可以消除渲染时产生的噪波、杂点和闪烁效果，一般情况都要开启该选项。

诊断采样：选择该选项后，可以产生一种灰度图像来代表采样密度，从而可以观察采样是否符合要求。

3.光线跟踪

"光线跟踪"卷展栏下的参数主要用来控制物理反射、折射和阴影效果，如图7-77所示。

图7-77

参数详解

光线跟踪：控制是否开启"光线跟踪"功能。

反射：设置光线跟踪的反射次数。数值越大，反射效果越好。

折射：设置光线跟踪的折射次数。数值越大，折射效果越好。

最大跟踪深度：用来限制反射和折射的次数，从而控制反射和折射的渲染效果。

阴影：设置光线跟踪的阴影质量。如果该数值为0，阴影将不穿过透明折射的物体。

反射/折射模糊限制：设置二次反射/折射的模糊值。数值越大，反射/折射的效果会更加模糊。

4.运动模糊/运动模糊优化

"运动模糊"卷展栏下的参数主要用来设置运动模糊的效果，如图7-78所示。

图7-78

参数详解

运动模糊：设置运功模糊的方式，共有以下3种。

禁用：关闭运动模糊。

无变形：以线性平移方式来处理运动模糊，只针对未开孔或没有透明属性的平移运动物体，渲染速度比较快。

完全：针对每个顶点进行采样，而不是针对每个对象。这种方式的渲染速度比较慢，但能得到准确的运动模糊效果。

运动步数：启用运动模糊后，mental ray可以通过运动变换创建运动路径，就像顶点处的多个运动向量可以创建运动路径一样。

运动模糊时间间隔：该参数的数值越大，运动模糊效果越明显，但是渲染速度很慢。

置换运动因子：根据可视运动的数量控制精细置换质量。

5.阴影

"阴影"卷展栏下的参数主要用来设置阴影的渲染模式以及阴影贴图，如图7-79所示。

图7-79

参数详解

阴影方法：用来选择阴影的使用方法，共有4种，分别是"已禁用""简单""已排序"和"分段"。

阴影链接：选择阴影的链接方式，共有"启用""遵守灯光链接"和"禁用"3种方式。

格式：设置阴影贴图的格式，共有以下4种。

已禁用阴影贴图：关闭阴影贴图。

常规：能得到较好的阴影贴图效果，但是渲染速度较慢。

常规（OpenGL加速）：如果用户的显卡是专业显卡，可以使用这种阴影贴图格式，以获得较快的渲染速度，但是渲染时有可能会出错。

细节：使用细节较强的阴影贴图格式。

重建模式：确定是否重新计算所有的阴影贴图，共有以下3种模式。

重用现有贴图：如果情况允许，可以载入以前的阴影贴图来重新使用之前渲染的阴影数据。

重建全部并覆盖：全部重新计算阴影贴图和现有的点来覆盖现有的数据。

重建全部并合并：全部重新计算阴影贴图来生成新的数据，并合并这些数据。

运动模糊阴影贴图：控制是否生成运动模糊的阴影贴图，使运动中的物体沿着运动路径产生阴影。

6.帧缓冲区

"帧缓冲区"卷展栏下的选项主要针对图像最终渲染输出进行设置，如图7-80所示。

图7-80

参数详解

数据类型：选择帧缓冲区中包含的信息类型。

Gamma（伽马）：对已渲染的颜色像素应用Gamma（伽马）校正，以补偿具有非线性颜色响应的输出设备。

颜色片段：控制在将颜色写入到非浮点型帧缓冲区或文件之前，该选项来决定如何将颜色剪裁到有效范围（0，1）内。

对采样插值：该选项可使mental ray在两个已知的像素采样值之间对采样值进行插值。

降低饱和度：如果要将某种颜色输出到没有32位（浮点型）和16位（半浮点型）精度的帧缓冲区，并且其RGB分量超出（0，最大值）的范围，则mental ray会将该颜色剪裁至该合适范围。

预乘：如果选择该选项，mental ray会避免对象在背景上抗锯齿。

抖动：通过向像素中引入噪波，从而平摊舍入误差来减轻可视化带状条纹问题。

光栅化器使用不透明度：使用光栅化器时，启用该选项会强制在所有颜色用户帧缓冲区上执行透明度/不透明度合成，无论各个帧缓冲区上的设置都是如此。

为所有缓冲区分析对比度：这是一项性能优化技术，允许mental ray在颜色统一的区域对图像进行更为粗糙的采样，而在包含细节的区域（如对象边缘和复杂纹理）进行精细采样。

7.旧版选项

"帧缓冲区"卷展栏下的选项主要针对图像最终渲染输出进行设置，如图7-81所示。

图7-81

参数详解

快门打开/关闭：利用帧间隔来控制运动模糊，默认值为0和1。如果这两个参数值相等，运动模糊将被禁用；如果这两个参数值更大，运动模糊将被启用，正常取值为0和1；这两个参数值都为0.5时，同样会关闭运动模糊，但是会计算"运动向量"。

加速方法：选择加速度的方式，共有以下3种。

常规BSP：即"二进制空间划分"，这是默认的加速度方式，在单处理器系统中是最快的一种。若关闭了"光线跟踪"功能，最好选用这种方式。

大BSP：这是"常规BSP"方式的变种方式，适用于渲染应用了光线跟踪的大型场景，因为它可以将场景分解成很多个小块，将不需要的数据存储在内存中，以加快渲染速度。

BSP2：即"二进制空间划分"的第2代，主要运用在具有光线跟踪的大型场景中。

BSP大小：设置BSP树叶的最大面（三角形）数。增大该值将减少内存的使用量，但是会增加渲染时间，默认值为10。

BSP深度：设置BSP树的最大层数。增大该值将缩短渲染时间，但是会增加内存的使用量和预处理时间，默认值为40。

单独阴影BSP：让使用低精度场景的阴影来提高性能。

诊断BSP：使用诊断图像来判定"BSP深度"和"BSP大小"参数设置得是否合理。

7.3.8 间接照明

Maya默认的灯光照明是一种直接照明方式。所谓直接照明就是被照物体直接由光源进行照明，光源发出的光线不会发生反射来照亮其他物体，而现实生活中的物体都会产生漫反射，从而间接照亮其他物体，并且还会携带颜色信息，使物体之间的颜色相互影响，直到能量耗尽才会结束光能的反弹，这种照明方式也就是"间接照明"。

在讲解"间接照明"的参数之间，这里还要介绍下"全局照明"。所谓"全局照明"（习惯上简称为GI），就是直接照明加上间接照明，两种照明方式同时被使用可以生成非常逼真的光照效果。mental ray实现GI的方法有很多种，如"光子贴图""最终聚集"和"基于图像的照明"等。

"间接照明"选项卡是mental ray渲染器的核心部分，在这里可以制作"基于图像的照明"和"物理太阳和天空"效果，同时还可以设置"全局照明""焦散""光子贴图"和"最终聚焦"等，如图7-82所示。

图7-82

1.环境

"环境"卷展栏主要针对环境的间接照明进行设置，如图7-83所示。

图7-83

参数详解

基于图像的照明：单击后面的"创建"按钮 [创建] 可以利用纹理或贴图为场景提供照明。

物理阳光和天空：单击后面的"创建"按钮 [创建] 可以为场景添加天光效果。

2.全局照明

展开"全局照明"卷展栏，如图7-84所示。全局照明是一种允许使用间接照明和颜色溢出等效果的过程。

图7-84

参数详解

全局照明：控制是否开启"全局照明"功能。

精确度：设置全局照明的精度。数值越高，渲染效果越好，但渲染速度会变慢。

比例：控制间接照明效果对全局照明的影响。

半径：默认值为0，此时Maya会自动计算光子半径。如果场景中的噪点较多，增大该值（1~2之间）可以减少噪点，但是会带来更模糊的结果。为了减小模糊程度，必须增加由光源发出的光子数量（全局照明精度）。

合并距离：合并指定的光子世界距离。对于光子分布不均匀的场景，该参数可以大大降低光子映射的大小。

3.焦散

"焦散"卷展栏可以控制渲染的焦散效果，如图7-85所示。

图7-85

参数详解

焦散：控制是否开启"焦散"功能。

精确度：设置渲染焦散的精度。数值越大，焦散效果越好。

比例：控制间接照明效果对焦散的影响。

半径：默认值为0，此时Maya会自动计算焦散光子的半径。

合并距离：合并指定的光子世界距离。对于光子分布不均匀的场景，该参数可以大大减少光子映射的大小。

焦散过滤器类型：选择焦散的过滤器类型，共有以下3种。

长方体：用该过滤器渲染出来的焦散效果很清晰，并且渲染速度比较快，但是效果不太精确。

圆锥体：用该过滤器渲染出来的焦散效果很平滑，而渲染速度比较慢，但是焦散效果比较精确。

高斯：用该过滤器渲染出来的焦散效果最好，但渲染速度最慢。

焦散过滤器内核：增大该参数值，可以使焦散效果变得更加平滑。

提示 "焦散"就是指物体被灯光照射后所反射或折射出来的影像，其中反射后产生的焦散为"反射焦散"，折射后产生的焦散为"折射焦散"。

4.光子跟踪

"光子跟踪"卷展栏主要对mental ray渲染产生的光子进行设置，如图7-86所示。

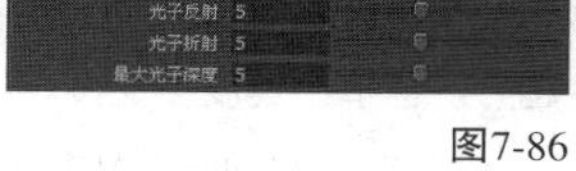

图7-86

参数详解

光子反射：限制光子在场景中的反射量。该参数与最大光子的深度有关。

光子折射：限制光子在场景中的折射量。该参数与最大光子的深度有关。

最大光子深度：限制光子反弹的次数。

5.光子贴图

"光子贴图"卷展栏主要针对mental ray渲染产生的光子形成的光子贴图进行设置，如图7-87所示。

图7-87

参数详解

重建光子贴图：选择该选项后，Maya会重新计算光子贴图，而现有的光子贴图文件将被覆盖。

光子贴图文件：设置一个光子贴图文件，同时新的光子贴图将加载这个光子贴图文件。

启用贴图可视化器：选择该选项后，在渲染时可以在视图中观察到光子的分布情况。

直接光照阴影效果：如果在使用了全局照明和焦散效果的场景中有透明的阴影，应该选择该选项。

诊断光子：使用可视化效果来诊断光子属性设置是否合理。

光子密度：使用光子贴图时，该选项可以使用内部着色器替换场景中的所有材质着色器，该内部着色器可以生成光子密度的伪彩色渲染。

6.光子体积

"光子体积"卷展栏主要针对mental ray光子的体积进行设置，如图7-88所示。

图7-88

参数详解

光子自动体积：控制是否开启"光子自动体积"功能。

精确度：控制光子映射来估计参与焦散效果或全局照明的光子强度。

半径：设置参与媒介的光子的半径。

合并距离：合并指定的光子世界距离。对于光子分布不均匀的场景，该参数可以大大降低光子映射的大小。

7.重要性粒子

"重要性粒子"卷展栏主要针对mental ray的"重要性粒子"进行设置，如图7-89所示。"重要性粒子"类似于光子的粒子，但是它们从摄影机中发射，并以相反的顺序穿越场景。

图7-89

参数详解

　　重要性粒子：控制是否启用重要性粒子发射。

　　密度：设置对于每个像素从摄影机发射的重要性粒子数。

　　合并距离：合并指定的世界空间距离内的重要性粒子。

　　最大深度：控制场景中重要性粒子的漫反射。

　　穿越：选择该选项后，可以使重要性粒子不受阻止，即使完全不透明的几何体也是如此；关闭该选项后，重要性粒子会存储在从摄影机到无穷远的光线与几何体的所有相交处。

8.最终聚焦

　　"最终聚集"简称FG，是一种模拟GI效果的计算方法。FG分为以下两个处理过程。

　　第1个过程：从摄影机发出光子射线到场景中，当与物体表面产生交点时，又从该交点发射出一定数量的光线，以该点的法线为轴，呈半球状分布，只发生一次反弹，并且储存相关信息为最终聚集贴图。

　　第2个过程：利用由预先处理过程中生成的最终聚集贴图信息进行插值和额外采样点计算，然后用于最终渲染。

　　展开"最终聚集"卷展栏，如图7-90所示。

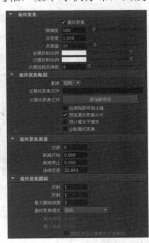

图7-90

参数详解

　　最终聚集：控制是否开启"最终聚集"功能。

　　精确度：增大该参数值可以减少图像的噪点，但会增加渲染时间，默认值为100。

　　点密度：控制最终聚集点的计算数量。

　　点插值：设置最终聚集插值渲染的采样点。数值越高，效果越平滑。

　　主漫反射比例：设置漫反射颜色的强度来控制场景的整体亮度或颜色。

　　次漫反射比例：主要配合"主漫反射比例"选项一起使用，可以得到更加丰富自然的照明效果。

　　次漫反射反弹数：设置多个漫反射反弹最终聚集，可

以防止场景的暗部产生过于黑暗的现象。

　　重建：设置"最终聚焦贴图"的重建方式，共有"禁用""启用"和"冻结"3种方式。

　　启用贴图可视化器：创建可以存储的可视化最终聚焦光子。

　　预览最终聚集分片：预览最终聚焦的效果。

　　预计算光子查找：选择该选项后，可以预先计算光子并进行查找，但是需要更多的内存。

　　诊断最终聚焦：允许使用显示为绿色的最终聚集点渲染初始光栅空间，使用显示为红色的最终聚集点作为渲染时的最终聚集点。这有助于精细调整最终聚集设置，以区分依赖于视图的结果和不依赖于视图的结果，从而更好地分布最终聚集点。

　　过滤：控制最终聚集形成的斑点有多少被过滤掉。

　　衰减开始/停止：用这两个选项可以限制用于最终聚集的间接光（但不是光子）的到达。

　　法线容差：指定要考虑进行插值的最终聚集点法线可能会偏离该最终聚集点曲面法线的最大角度。

　　反射：控制初级射线在场景中的反射数量。该参数与最大光子的深度有关。

　　折射：控制初级射线在场景中的折射数量。该参数与最大光子的深度有关。

　　最大跟踪深度：默认值为0，此时表示间接照明的最终计算不能穿过玻璃或反弹镜面。

　　最终聚焦模式：针对渲染不同的场合进行设置，可以得到速度和质量的平衡。

　　最大/最小半径：合理设置这两个参数可以加快渲染速度。一般情况下，一个场景的最大半径为外形尺寸的10%，最小半径为最大半径的10%。

　　视图（半径以像素为单位）：选择该选项后，会导致"最小半径"和"最大半径"的最后聚集再次计算像素大小。

9.辐照度粒子

　　"辐照度粒子"是一种全局照明技术，它可以优化"最终聚焦"的图像质量。展开"辐照度粒子"卷展栏，如图7-91所示。

图7-91

参数详解

　　辐照度粒子：控制是否开启"辐照度粒子"功能。

光线数：使用光线的数量来估计辐射。最低值为2，默认值为256。

间接过程：设置间接照明传递的次数。

比例：设置"辐照度粒子"的强度。

插值：设置"辐照度粒子"使用的插值方法。

插值点数量：用于设置插值点的数量，默认值为64。

环境：控制是否计算辐照环境贴图。

环境光线：计算辐照环境贴图使用的光线数量。

重建：如果选择该选项，mental ray会计算辐照粒子贴图。

贴图文件：指定辐射粒子的贴图文件。

10.环境光遮挡

展开"环境光遮挡"卷展栏，如图7-92所示。如果要创建环境光遮挡过程，则必须启用"环境光遮挡"功能。

图7-92

参数详解

环境光遮挡：控制是否开启"环境光遮挡"功能。

光线数：使用环境的光线来计算每个环境闭塞。

缓存：控制环境闭塞的缓存。

缓存密度：设置每个像素的环境闭塞点的数量。

缓存点数：查找缓存点的数目的位置插值，默认值为64。

7.3.9 选项

"选项"选项卡下的参数主要用来控制mental ray渲染器的"诊断""预览""覆盖"和"转换"等功能，如图7-93所示。

图7-93

提示 使用"诊断"功能可以检测场景中光子映射的情况。用户可以指定诊断网格和网格的大小，以及诊断光子的密度或辐照度。当选择"诊断采样"选项后，会出现灰度的诊断图，如图7-94所示。

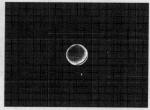

图7-94

7.4 课堂练习：用mental ray制作葡萄

本练习是针对mental ray的一个联系，包含了材质和渲染设置的使用方法。

场景位置	Scenes>CH07>G4>G4.mb
实例位置	Examples>CH07>G4>G4.mb
难易指数	★★★☆☆
技术掌握	学习misss_fast_simple_maya材质

案例介绍

葡萄是生活中常见的水果，通常情况下，我们在观察葡萄的时候，会发现葡萄的颜色并不均匀，会出现某一区域颜色特别深，而周围的颜色却不相同的情况，这种现象叫作散色。本案例用mental ray的misss_fast_simple_maya材质制作的葡萄次表面散射材质效果，如图7-95所示。

图7-95

制作思路

第1步：打开场景文件。

第2步：使用misss_fast_simple_maya材质制作葡萄材质。

第3步：使用Phong材质制作葡萄茎材质。

第4步：设置渲染参数，渲染对象。

第5步：后期处理。

（1）打开素材文件夹中的Scenes>CH07 >G4>G4.mb文件，如图7-96所示。

图7-96

提示 注意，次表面散射材质对灯光的位置非常敏感，所以在创建灯光的时候，要多进行调试。一般而言，场景至少需要设置两盏灯光。

（2）下面制作葡萄的次表面散射材质。创建一个misss_fast_simple_maya材质，如图7-97所示。然后将该材质指定给葡萄模型。

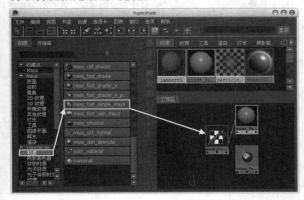

图7-97

（3）打开misss_fast_simple_maya材质的"属性编辑器"对话框，然后在Diffuse Color（漫反射颜色）通道中加载素材文件夹中的Examples>CH07>G4>FLAK_02B.jpg文件，接着设置Diffuse Weight（漫反射权重）为0.16，再设置Front SSS Color（前端次表面散射颜色）为（R:142，G:0，B:47），最后设置Front SSS Weight（前端次表面散射权重）为0.5、Front SSS Radius（前端次表面散射半径）为3，如图7-98所示。

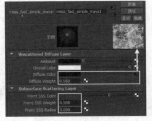

图7-98

（4）在Back SSS Color（背端次表面散射颜色）通道中加载素材文件夹中的Examples>CH07>G4>back07L.jpg文件，然后在"颜色平衡"卷展栏下设置"颜色增益"为（R:15，G:1，B:43），如图7-99所示。

图7-99

（5）返回到misss_fast_simple_maya材质设置面板，然后设置Back SSS Weight（背端散射权重）设置为8、Back SSS Radius（背端散射半径）为2.5、Back SSS Depth（背端散射深度）为0，如图7-100所示。

图7-100

（6）展开Specular Layer（高光层）卷展栏，然后设置Samples（采样）为128，接着在Specular Color（高光颜色）通道中加载素材文件夹中的Examples>CH07>G4>STAN_06B.jpg文件，最后在"颜色平衡"卷展栏下设置"颜色增益"为（R:136，G:136，B:136），具体参数设置如图7-101所示。

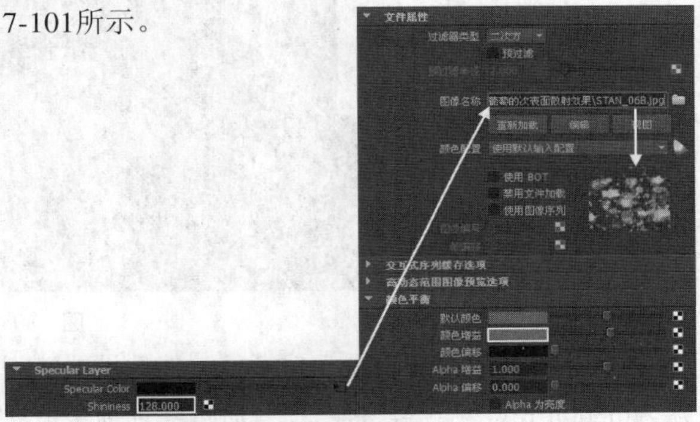

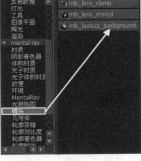

图7-101

（7）创建一个mib_lookup_background（背景环境）节点，如图7-102所示。

（8）切换到摄像机视图，然后执行视图菜单中的"视图>选择摄像机"命令，并打开其"属性编辑器"对话框，接着用鼠标中键将mib_lookup_background节点拖曳到mental ray卷展栏下的"环境着色器"属性上，如图7-103所示。

图7-102

图7-103

（9）打开mib_lookup_background节点的"属性编辑器"对话框，然后在Texture（纹理）通道中加载素材文件夹中的Examples>CH07>G4>aa.jpg文件，如图7-104所示。

图7-104

（10）制作葡萄茎材质。创建一个Phong材质，然后打开其"属性编辑器"对话框，接着在"颜色"通道中加载素材文件夹中的Examples>CH07>G4>152G1.jpg文件，最后在"颜色平衡"卷展栏下设置"颜色增益"为（R:52，G:74，B:25），如图7-105所示。

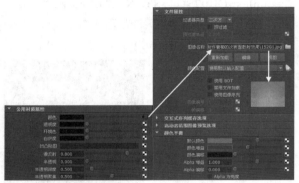

图7-105

（11）打开"渲染设置"对话框，然后设置渲染器为mental ray渲染器，接着在"质量"选项卡下展开"采样"卷展栏，采样模式设置为"旧版采样模式"，并设置"最高采样级别"为2，最后设置"过滤器"为"高斯"，如图7-106所示。

图7-106

（12）渲染当前场景，最终效果如图7-107所示。

图7-107

（13）渲染完成以后，可以将图像进行后期处理，本案例的后期效果如图7-108所示。

图7-108

7.5 课堂练习：用Maya软件制作水墨画

本练习主要针对"Maya软件"的使用方法、材质的制作。

场景位置	Scenes>CH07>G5>G5.mb
实例位置	Examples>CH07>G5>G5.mb
难易指数	★★★☆☆
技术掌握	练习水墨材质的制作方法及Maya软件渲染器的使用方法

案例介绍

水墨画是由水和墨经过调配水和墨的浓度所画出的画，是绘画的一种形式，更多时候，水墨画被视为中国传统绘画，也就是国画的代表。仅有水与墨，黑与白色，但进阶的水墨画，也有工笔花鸟画，色彩缤纷，后者有时也被称为彩墨画。本案例是一幅以虾为主题的水墨画，如图7-109所示。

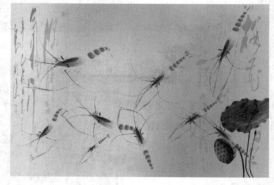

图7-109

制作思路

第1步：打开场景文件，分析虾的组成结构。
第2步：分别制作虾的不同部分的材质。

第3步：复制虾，然后渲染对象。

第4步：后期处理。

7.5.1 虾背材质

（1）打开素材文件夹中的Scenes>CH07>G5>G5.mb文件，如图7-110所示。

图7-110

（2）打开Hypershade对话框，创建一个"渐变着色器"材质，如图7-111所示。

（3）打开"渐变着色器"材质的"属性编辑器"对话框，并将其命名为bei，然后调整好"颜色"（注意，要设置"颜色"的"颜色输入"为"亮度"）、"透明度"颜色和"白炽度"颜色，如图7-112所示

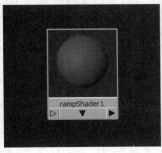

图7-111　　　　　　　　　　图7-112

（4）创建一个"渐变"纹理节点，然后打开其"属性编辑器"对话框，接着设置"类型"为"u向渐变""插值"为"钉形"，最后调节好渐变色，具体参数设置如图7-113所示。此时的节点连接效果如图7-114所示。

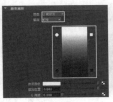
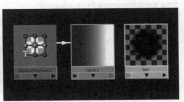

图7-113　　　　　　　　　　图7-114

（5）创建一个"噪波"纹理节点，然后打开其"属性编辑器"对话框，接着设置"阈值"为0.12、"振幅"为0.62，如图7-115所示。

（6）双击"噪波"纹理节点的place2dTexture2节点，打开其"属性编辑器"对话框，然后设置"uv向重复"为（0.3，0.6），如图7-116所示。

图7-115　　　　　　　　　　图7-116

（7）将"噪波"纹理节点的outColor（输出颜色）属性连接到"渐变"纹理节点的colorGain（颜色增益）属性上，如图7-117所示。然后将"渐变"纹理节点的outColor（输出颜色）属性连接到"渐变着色器"材质节点（即bei节点）的transparency[0].transparency_Color（透明度[0]透明度颜色）属性上，如图7-118所示。

图7-117　　　　　　　　　　图7-118

（8）将制作好的bei材质指定给龙虾的背部，如图7-119所示。

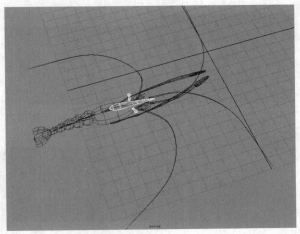

图7-119

7.5.2 触角材质

（1）创建一个"渐变着色器"材质，然后打开其"属性编辑器"对话框，并将其命名为chujiao；接着调整好"颜色"（注意，要设置"颜色"的"颜色输入"为"亮度"）和"透明度"的颜色，如图7-120所示。

图7-120

（2）创建一个"渐变"纹理节点，然后打开其"属性编辑器"对话框，接着设置"类型"为"u向渐变"，"插值"为"钉形"，最后调节好渐变色，具体参数设置如图7-121所示。

（3）创建一个"分形"纹理节点，然后打开该节点上的place2dTexture2节点的"属性编辑器"对话框，接着设置"uv向重复"为（0.05，0.1），如图7-122所示。

图7-121　　　　　　图7-122

（4）创建一个"分层纹理"节点，然后打开其"属性编辑器"对话框，用鼠标中键将"渐变"纹理节点和"分形"纹理节点拖曳到如图7-123所示的位置；接着设置"渐变"节点的"混合模式"为"相加"。

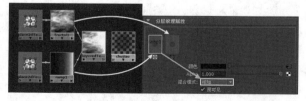

图7-123

提示　在"分层纹理"节点中还有个默认的层节点，这个默认的层节点没有任何用处，可以单击该节点下的图标，将其删除，如图7-124所示。

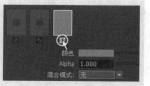

图7-124

（5）将"分层纹理"节点的outColor（输出颜色）属性连接到"渐变着色器"节点（即chujiao节点）的transparency[1].transparency_Color（透明度[1]透明度颜色）属性上，如图7-125所示。节点连接效果如图7-126所示。

 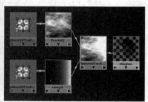

图7-125　　　　　　图7-126

（6）将设置好的chujiao材质指定给虾的触角，如图7-127所示。

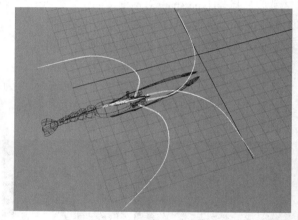

图7-127

7.5.3 虾鳍材质

（1）创建一个"渐变着色器"材质，然后打开其"属性编辑器"对话框，并将其更名为qi；接着调整好"颜色"（注意，要设置"颜色"的"颜色输入"为"亮度"）和"透明度"的颜色，如图7-128所示。

（2）创建一个"噪波"纹理节点，然后打开其"属性编辑器"对话框，具体参数设置如图7-129所示。

图7-128　　　　　　图7-129

（3）创建一个"渐变"纹理节点，然后打开其"属性编辑器"对话框，接着设置"类型"为"u向渐变""插值"为"钉形"，最后调节好渐变色，如图7-130所示。

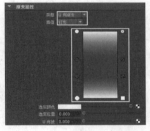

图7-130

（4）将"渐变"纹理节点的outColor（输出颜色）属性连接到"噪波"纹理节点的colorOffset（颜色偏移）属性上，如图7-131所示；然后将"噪波"纹理节点的outColor（输出颜色）属性连接到"渐变着色器"材质节点的transparency[2].transparency_Color（透明度[2]透明度颜色）属性上，如图7-132所示；节点连接效果如图7-133所示。

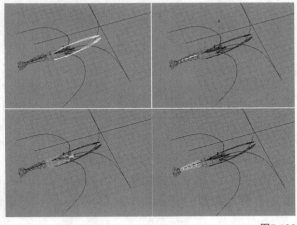

图7-135

图7-131

图7-132

图7-133

（5）将设置好的qi材质指定给虾的鳍，如图7-134所示。

7.5.4 渲染对象

（1）采用相同的方法制作出其他部分的材质，完后的效果如图7-135所示。然后测试渲染当前场景，效果如图7-136所示。

图7-136

（2）复制出多个模型，然后调整好各个模型的位置，如图7-137所示。渲染场景，效果如图7-138所示。

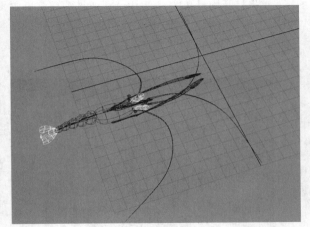

图7-134

图7-137

175

图7-138

7.5.5 后期处理

（1）启动Photoshop，然后打开素材文件夹中的Examples>CH07>G5>带通道的虾.psd文件，接着切换到"通道"面板，按住Ctrl键的同时单击Alpha1通道的缩览图，载入该通道的选区，如图7-139所示。

图7-139

（2）保持选区状态，按快捷键Ctrl+J将选区中的图像复制到一个新的图层中，然后导入素材文件夹中的Examples>CH07>G5>背景.jpg文件，如图7-140所示。

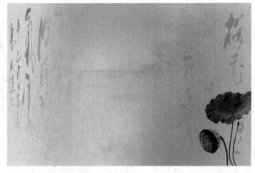

图7-140

（3）将背景放置在虾的下一层，最终效果如图7-141所示。

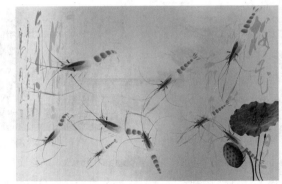

图7-141

7.6 本章小结

本章主要介绍了"Maya软件"和mental ray渲染器，针对每一个渲染器，都有专门的课堂案例，通过案例介绍渲染器的特点、属性以及使用方法。本章内容比较重要，知识点也非常多，希望读者在学习本章的时候要有耐心，务必要将理论与练习结合起来学习。

7.7 课后习题：用mental ray制作焦散特效

本章准备了一个关于mental ray的练习，该渲染器的效果在行业中是较为优秀的，希望大家能好好练习。

场景位置	Scenes>CH07>G6>G6.mb
实例位置	Examples>CH07>G6>G6.mb
难易指数	★★☆☆☆
技术掌握	学习"间接照明"选项卡的"焦散"选项的功能

操作指南

首先打开场景文件，渲染场景，通过观察渲染效果图，发现没有焦散效果；然后设置聚光灯的属性，在mental ray设置"焦散和全局照明"复卷展览的参数。渲染效果如图7-142所示。

图7-142

第8章
基础动画

从本章开始主要讲解Maya 2014的动画技术，动画是Maya非常成熟的技术。本章介绍的是基础动画技术，主要包括简单的关键帧动画、变形动画、受驱动关键帧动画、运动路径动画和约束动画。本章将针对不同的动画，通过案例的方式来讲解其制作方法及相关技术。

学习目标

● 掌握"时间轴"的用法

● 掌握关键帧动画的设置方法

● 掌握"曲线图编辑器"的用法

● 掌握受驱动关键帧动画的设置方法

● 掌握运动路径动画的设置方法

● 掌握常用变形器的使用方法

● 掌握常用约束的运用方法

8.1 关于动画

动画，顾名思义就是让角色或物体动起来，其英文为Animation。动画与运动是分不开的，因为运动是动画的本质，将多张连续的单帧画面连在一起就形成了动画，如图8-1所示。

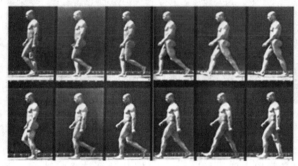

图8-1

Maya作为世界上最为优秀的三维软件之一，为用户提供了一套非常强大的动画系统，如关键帧动画、路径动画、非线性动画、表达式动画和变形动画等。但无论使用哪种方法来制作动画，都需要用户对角色或物体有着仔细的观察和深刻的体会，这样才能制作出生动的动画效果，如图8-2所示。

图8-2

8.2 关键帧动画

在制作动画时，无论是传统动画的创作还是用三维软件制作动画，时间都是一个难以控制的部分，但是它的重要性是无可比拟的，它存在于动画的任何阶段。通过它可以描述出角色的重量、体积

和个性等，而且时间不仅包含于运动当中，同时还能表达出角色的感情。

在Maya动画系统中，使用最多的就是关键帧动画。所谓关键帧动画，就是在不同的时间（或帧）将能体现动画物体动作特征的一系列属性采用关键帧的方式记录下来，并根据不同关键帧之间的动作（属性值）差异自动进行中间帧的插入计算，最终生成一段完整的关键帧动画，如图8-3所示。

图8-3

8.2.1 课堂案例：制作帆船航行动画

场景位置	Scenes>CH08>H1>H1.mb
实例位置	Examples>CH08>H1>H1.mb
难易指数	★☆☆☆☆
技术掌握	学习如何为对象的属性设置关键帧

案例介绍

关键帧动画是指在整个运动过程中选取几个具有代表性的关键时刻点，并将物体在这几个时刻点所表现出来的动作用"设置关键帧"的方式记录下来。设置关键帧是创建用于指定动画中的计时和动作的标记的过程。关键帧和关键帧序列可以重新排列、移除和复制。例如，可以将一个对象的动画属性复制到另一个对象，也可以在设置关键帧的原始时间段长的时间段内拉伸动画块。本例用关键帧技术制作的帆船平移动画效果如图8-4所示。

图8-4

制作思路

第1步：打开场景文件。

第2步：选择帆船模型，然后设置第1帧的帆船位置。

第3步：移动时间轴，设置帆船的位置。

第4步：观察动画效果。

（1）打开素材文件夹中的Scenes>CH08>H1>H1.mb文件，如图8-5所示。

图8-5

（2）选择帆船模型，保持时间滑块在第1帧，然后在"通道盒"中的"平移 x"属性上单击鼠标右键，接着在弹出的菜单中选择"为选定项设置关键帧"命令，记录下当前时间"平移 x"属性的关键帧，如图8-6所示。

（3）将时间滑块拖曳到第24帧，然后设置"平移 x"为40，并在该属性上单击鼠标右键，接着在弹出的菜单中选择"为选定项设置关键帧"命令，记录下当前时间"平移 x"属性的关键帧，如图8-7所示。

图8-6   图8-7

（4）单击"向前播放"按钮▶，可以观察到帆船已经在移动了。

8.2.2 时间轴

Maya中的"时间轴"提供了快速访问时间和关键帧设置的工具，包括"时间滑块""时间范围滑块"和"播放控制器"等，这些工具可以从"时间轴"快速地进行访问和调整，如图8-8所示。

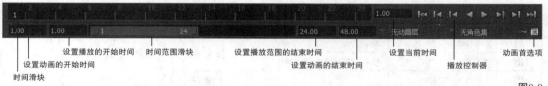

图8-8

1.时间滑块

"时间滑块"可以控制动画的播放范围、关键帧（红色线条显示）和播放范围内的受控制帧，如图8-9所示。

图8-9

技术专题16　如何操作时间滑块

在"时间滑块"上的任意位置单击鼠标左键，即可改变当前时间，场景会跳到动画的该时间处。

按住K键，然后在视图中按住鼠标左键水平拖曳光标，场景动画便会随光标的移动而不断更新。

按住Shift键，在"时间滑块"上单击鼠标左键并在水平位置拖曳出一个红色的范围，选择的时间范围会以红色显示出来，如图8-10所示。水平拖曳选择区域两端的箭头，可以缩放选择区域；水平拖曳选择区域中间的双箭头，可以移动选择区域。

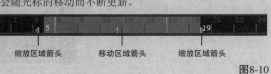

图8-10

2.时间范围滑块

"时间范围滑块"用来控制动画的播放范围，如图8-11所示。

图8-11

"时间范围滑块"的用法有以下3种。

第1种：拖曳"时间范围滑块"可以改变播放范围。

第2种：拖曳"时间范围滑块"两端的■按钮可以缩放播放范围。

第3种：双击"时间范围滑块"，播放范围会变成动画开始时间数值框和动画结束时间数值框中的数值的范围；再次双击，可以返回到先前的播放范围。

3.播放控制器

"播放控制器"主要用来控制动画的播放状态，如图8-12所示。各按钮及功能如下表所示。

图8-12

按钮	作用	默认快捷键
ǀ◂◂	转至播放范围开头	无
ǀ◂	后退一帧	Alt+,
◂ǀ	后退到前一关键帧	,
◂	向后播放	无
▸	向前播放	Alt+V，按Esc键可以停止播放
▸ǀ	前进到下一关键帧	。
▸ǀ	前进一帧	Alt+。
▸▸ǀ	转至播放范围末尾	无

4.动画控制菜单

在"时间滑块"的任意位置单击鼠标右键会弹出动画控制菜单，如图8-13所示。该菜单中的命令主要用于操作当前选择对象的关键帧。

剪切
复制
粘贴
删除
删除 FBIK 关键帧
捕捉
关键帧
切线
播放速度
显示关键帧 Tick
播放循环
将范围设置为
声音
播放预览....

图8-13

5.动画首选项

在"时间轴"右侧单击"动画首选项"按钮■，或执行"窗口>设置/首选项>首选项"菜单命令。打开"首选项"对话框，在该对话框中可以设置动画和时间滑块的首选项，如图8-14所示。

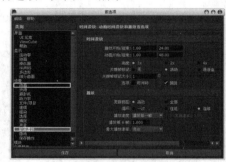

图8-14

8.2.3 设置关键帧

切换到"动画"模块，执行"动画>设置关键帧"菜单命令，可以完成一个关键帧的记录。用该命令设置关键帧的步骤如下。

第1步：用鼠标左键在拖曳时间滑块确定要记录关键帧的位置。

第2步：选择要设置关键帧的物体，修改相应的物体属性。

第3步：执行"动画>设置关键帧"菜单命令或按S键，为当前属性记录一个关键帧。

提示 通过这种方法设置的关键帧，在当前时间，选择物体的属性值将始终保持一个固定不变的状态，直到再次修改该属性值并重新设置关键帧。如果要继续在不同的时间为物体属性设置关键帧，可以重复执行以上操作。

单击"动画>设置关键帧"菜单命令后面的■按钮，打开"设置关键帧选项"对话框，如图8-15所示。

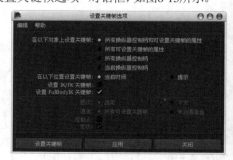

图8-15

参数详解

在以下对象上设置关键帧: 指定将在哪些属性上设置关键帧,提供了以下4个选项。

所有操纵器控制柄和可设置关键帧的属性: 当选择该选项时,将为当前操纵器和选择物体的所有可设置关键帧属性记录一个关键帧,这是默认选项。

所有可设置关键帧的属性: 当选择该选项时,将为选择物体的所有可设置关键帧属性记录一个关键帧。

所有操纵器控制柄: 当选择该选项时,将为选择操纵器所影响的属性记录一个关键帧。例如,当使用"旋转工具"时,将只会为"旋转 x""旋转 y"和"旋转 z"属性记录一个关键帧。

当前操纵器控制柄: 当选择该选项时,将为选择操纵器控制柄所影响的属性记录一个关键帧。例如,当使用"旋转工具"操纵器的y轴手柄时,将只会为"旋转 y"属性记录一个关键帧。

在以下位置设置关键帧: 指定在设置关键帧时将采用何种方式确定时间,提供了以下两个选项。

当前时间: 当选择该选项时,只在当前时间位置记录关键帧。

提示: 当选择该选项时,在执行"设置关键帧"命令时会弹出一个"设置关键帧"对话框,询问在何处设置关键帧,如图8-16所示。

图8-16

设置IK/FK关键帧: 当选择该选项,在为一个带有IK手柄的关节链设置关键帧时,能为IK手柄的所有属性和关节链的所有关节记录关键帧,它能够创建平滑的IK/FK动画。只有当"所有可设置关键帧的属性"选项处于选择状态时,这个选项才会有效。

设置FullBodyIK关键帧: 当选择该选项,可以为全身的IK记录关键帧,一般保持默认设置。

层次: 指定在有组层级或父子关系层级的物体中,将采用何种方式设置关键帧,提供了以下两个选项。

选定: 当选择该选项时,将只在选择物体的属性上设置关键帧。

下方: 当选择该选项时,将在选择物体和它的子物体属性上设置关键帧。

通道: 指定将采用何种方式为选择物体的通道设置关键帧,提供了以下两个选项。

所有可设置关键帧: 当选择该选项时,将在选择物体所有的可设置关键帧通道上记录关键帧。

来自通道盒: 当选择该选项时,将只为当前物体从"通道盒"中选择的属性通道设置关键帧。

控制点: 当选择该选项时,将在选择物体的控制点上设置关键帧。这里所说的控制点可以是NURBS曲面的CV控制点、多边形表面顶点或晶格点。如果在要设置关键帧的物体上存在有许多的控制点,Maya将会记录大量的关键帧,这样会降低Maya的操作性能,所以只有当非常有必要时才打开这个选项。

提示 请特别注意,当为物体的控制点设置了关键帧后,如果删除物体构造历史,将导致动画不能正确工作。

形状: 当选择该选项时,将在选择物体的形状节点和变换节点设置关键帧;如果关闭该选项,将只在选择物体的变换节点设置关键帧。

8.2.4 设置变换关键帧

在"动画>设置变换关键帧"菜单下有3个子命令,分别是"平移""旋转"和"缩放",如图8-17所示。执行这些命令可以为选择对象的相关属性设置关键帧。

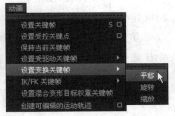

图8-17

参数详解

平移: 只为平移属性设置关键帧,快捷键为Shift+W。

旋转: 只为旋转属性设置关键帧,快捷键为Shift+E。

缩放: 只为缩放属性设置关键帧,快捷键为Shift+R。

8.2.5 自动关键帧

利用"时间轴"右侧的"自动关键帧切换"按钮 ,可以为物体属性自动记录关键帧。这样只需要改变当前时间和调整物体属性数值,省去了每次执行"设置关键帧"命令的麻烦。在使用自动设置关键帧功能之前,必须先采用手动方式为要动画的属性设置一个关键帧,之后自动设置关键帧功能才会发挥作用。

为物体属性自动记录关键帧的操作步骤如下。

第1步：先采用手动方式为要制作动画的物体属性设置一个关键帧。

第2步：单击"自动关键帧切换"按钮 ，使该按钮处于开启状态 。

第3步：用鼠标左键在"时间轴"上拖曳时间滑块，确定要记录关键帧的位置。

第4步：改变先前已经设置了关键帧的物体属性数值，这时在当前时间位置处会自动记录一个关键帧。

提示 如果要继续在不同的时间为物体属性设置关键帧，可以重复执行步骤3和步骤4的操作，直到再次单击"自动关键帧切换"按钮 ，使该按钮处于关闭状态 ，结束自动记录关键帧操作。

8.2.6 在通道盒中设置关键帧

在"通道盒"中设置关键帧是最常用的一种方法，这种方法十分简便，控制起来也很容易，其操作步骤如下。

第1步：用鼠标左键在"时间轴"上拖动时间滑块确定要记录关键帧的位置。

第2步：选择要设置关键帧的物体，修改相应的物体属性。

第3步：在"通道盒"中选择要设置关键帧的属性名称。

第4步：在属性名称上单击鼠标右键，然后在弹出的菜单中选择"为选定项设置关键帧"命令，如图8-18所示。（也可以在弹出的菜单中选择"为所有项设置关键帧"命令，为"通道盒"中的所有属性设置关键帧。）

图8-18

技术专题17 取消没有受到影响的关键帧

若要取消没有受到影响的关键帧属性，可以执行"编辑>按类型删除>静态通道"菜单命令，删除没有用处的关键帧。图8-19所示为所有属性都设置了关键帧，而实际起作用的只有"平移 x"属性，执行"静态通道"命令后，就只保留为"平移 x"属性设置的关键帧，如图8-20所示。

图8-19   图8-20

若要删除已经设置好的关键帧，可以先选中对象，然后执行"编辑>按类型删除>通道"菜单命令，或在"时间轴"上选中要删除的关键帧，接着单击鼠标右键，最后在弹出的菜单中选择"删除"命令即可。

8.3 曲线图编辑器

"曲线图编辑器"是一个功能强大的关键帧动画编辑对话框。在Maya中，所有与编辑关键帧和动画曲线相关的工作几乎都可以利用"曲线图编辑器"来完成。

"曲线图编辑器"能让用户以曲线图表的方式形象化地观察和操纵动画曲线。所谓动画曲线，就是在不同时间为动画物体的属性值设置关键帧，并通过在关键帧之间连接曲线段所形成的一条能够反映动画时间与属性值对应关系的曲线。利用"曲线图编辑器"提供的各种工具和命令，可以对场景中动画物体上现有的动画曲线进行精确细致的编辑调整，最终创造出更加令人信服的关键帧动画效果。

执行"窗口>动画编辑器>曲线图编辑器"菜单命令，打开"曲线图编辑器"对话框，如图8-21所示。"曲线图编辑器"对话框由菜单栏、工具栏、大纲列表和曲线图表视图4部分组成。

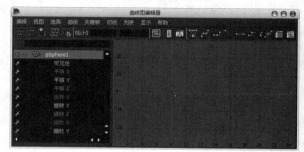

图8-21

8.3.1 课堂案例：制作人物重影动画

场景位置	Scenes>CH08>H2>H2.mb
实例位置	Examples>CH08>H2>H2.mb
难易指数	★★☆☆☆
技术掌握	掌握如何调整运动曲线

案例介绍

重影动画是比较常见的一种动画效果，它也属于关键帧动画，如本案例中的人物重影动画，所有人的奔跑路线是一致的，仿佛所有人就在一条线上奔跑，效果如图8-22所示。

图8-22

制作思路

第1步：打开场景文件，选中人物模型，然后创建动画快照。

第2步：打开"曲线图编辑器"对话框，然后对曲线进行编辑。

第3步：创建可编辑运动轨迹，然后继续编辑。

第4步：设置root骨架，然后播放效果。

（1）打开素材文件夹中的Scenes>CH08>H2>H2.mb文件，如图8-23所示。

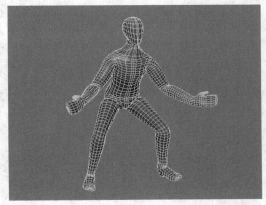

图8-23

（2）在"大纲视图"对话框中选择root骨架，然后打开"曲线图编辑器"对话框，选择"平移z"节点，显示出z轴的运动曲线，如图8-24所示。

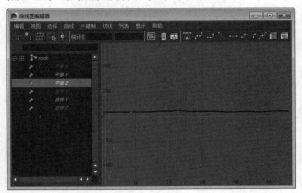

图8-24

（3）在"曲线编辑器"对话框中执行"曲线>简化曲线"菜单命令，以简化曲线，这样就可以很方便调整曲线来改变人体的运动状态，如图8-25所示；然后单击工具栏中的"平坦切线"按钮，使关键帧曲线都变成平直的切线，如图8-26所示。

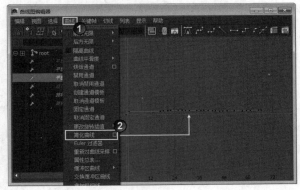

图8-25

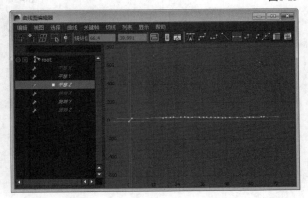

图8-26

（4）选择root骨架组，执行"动画>创建可编辑的运动轨迹"菜单命令，创建一条运动轨迹，如图8-27所示。

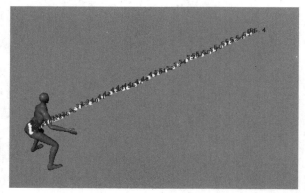

图8-27

（5）在"曲线图编辑器"对话框中，对"平移z"的运动曲线进行调整（多余的关键帧可按Delete键删除），这样就可以通过编辑运动曲线来控制人体的运动，调整好的曲线形状如图8-28所示。效果如图8-29所示。

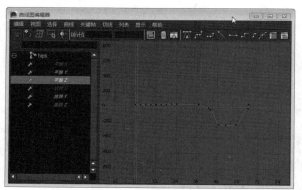

图8-28

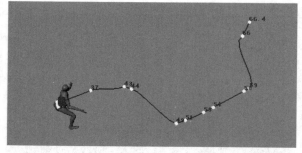

图8-29

（6）在"大纲视图"对话框中，选择run1_skin节点，然后单击"动画>创建动画快照"命令后面的□按钮；接着在打开的"动画快照选项"对话框中，设置"结束

时间"为70、"增量"为5，最后单击"快照"按钮 ，如图8-30所示。效果如图8-31所示。

图8-30

图8-31

（7）通过观察可以发现，有几个快照模型的运动方向不正确，如图8-32所示。选择root骨架，然后将关键帧拖曳到出问题的时间点上，接着调整骨架的方向，使人物的运动方向正确，如图8-33所示。

图8-32

图8-33

（8）调整完成后，快照模型会随即与原始模型同步，如图8-34所示。使用同样的方法，对其他有问题的快照模型进行调整，效果如图8-35所示。

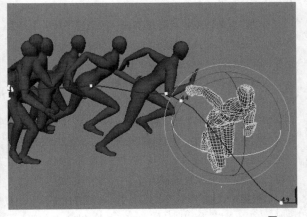

图8-34

图8-35

8.3.2 工具栏

为了节省操作时间，提高工作效率，Maya在"曲线图编辑器"对话框中增加了工具栏，如图8-36所示。工具栏中的多数工具按钮都可以在菜单栏的各个菜单中找到，因为在编辑动画曲线时这些命令和工具的使用频率很高，所以把他们做成工具按钮放在工具栏上。

图8-36

功能介绍

移动最近拾取的关键帧工具：使用这个工具，可以让用户利用鼠标中键在激活的动画曲线上直接拾取并拖曳一个最靠近的关键帧或切线手柄，用户不必精确选择他们就能够自由改变关键帧的位置和切线手柄的角度。

插入关键帧工具：使用这个工具，可以在现有动画曲线上插入新的关键帧。首先用鼠标左键单击一条要插入关键帧的动画曲线，使该曲线处于激活状态，然后拖曳鼠标中键确定在曲线上要插入关键帧的位置，当找到理想位置后松开鼠标中键，完成一个新关键帧的插入。新关键帧的切线将保持原有动画曲线的形状而不被改变。

添加关键帧工具：使用这个工具，可以随意在现有动画曲线的任何位置添加关键帧。它的操作方法与"插入关键帧工具"完全相同，所不同的是在被添加关键帧的位置处，原有动画曲线的形状会受切线影响而被改变。新添加关键帧的切线类型将与相邻关键帧的切线类型保持一致。

晶格变形关键帧：使用这个工具，可以在曲线图表视图中操纵动画曲线。该工具可以让用户围绕选择的一组关键帧周围创建"晶格"变形器，通过调节晶格操纵手柄可以一次操纵多个关键帧，这个工具提供了一种高级的控

制动画曲线方式。

关键帧状态数值输入框：这个关键帧状态数值输入框能显示出选择关键帧的时间值和属性值，用户也可以通过键盘输入数值的方式来编辑当前选择关键帧的时间值和属性值。

框显全部：激活该按钮，可以使所有动画曲线都能最大化显示在"曲线图编辑器"对话框中。

框显播放范围：激活该按钮，可以使在"时间轴"定义的播放时间范围能最大化显示在"曲线图编辑器"对话框中。

使视图围绕当前时间居中：激活该按钮，将在曲线图表视图的中间位置处显示当前时间。

自动切线：该工具会根据相邻关键帧值将帧之间的曲线值钳制为最大点或最小点。

样条线切线：用该工具可以为选择的关键帧指定一种样条切线方式，这种方式能在选择关键帧的前后两侧创建平滑动画曲线。

钳制切线：用该工具可以为选择的关键帧指定一种钳制切线方式，这种方式创建的动画曲线同时具有样条线切线方式和线性切线方式的特征。当两个相邻关键帧的属性

值非常接近时，关键帧的切线方式为线性；当两个相邻关键帧的属性值相差很大时，关键帧的切线方式为样条线。

线性切线：用该工具可以为选择的关键帧指定一种线性切线方式，这种方式使两个关键帧之间以直线连接。如果入切线的类型为线性，在关键帧之前的动画曲线段是直线；如果出切线的类型为线性，在关键帧之后的动画曲线段是直线。线性切线方式适用于表现匀速运动或变化的物体动画。

平坦切线：用该工具可以为选择的关键帧指定一种平直切线方式，这种方式创建的动画曲线在选择关键帧上入切线和出切线手柄是水平放置的。平直切线方式适用于表现存在加速和减速变化的动画效果。

阶跃切线：用该工具可以为选择的关键帧指定一种阶梯切线方式，这种方式创建的动画曲线在选择关键帧的出切线位置为直线，这条直线会在水平方向一直延伸到下一个关键帧位置，并突然改变为下一个关键帧的属性值。阶梯切线方式适用于表现瞬间突然变化的动画效果，如电灯的打开与关闭。

高原切线：用该工具可以为选择的关键帧指定一种高原切线方式，这种方式可以强制创建的动画曲线不超过关键帧属性值的范围。当想要在动画曲线上保持精确的关键帧位置时，平稳切线方式是非常有用的。

缓冲区曲线快照：单击该工具，可以为当前动画曲线形状捕捉一个快照。通过与"交换缓冲区曲线"工具配合使用，可以在当前曲线和快照曲线之间进行切换，用来比较当前动画曲线和先前动画曲线的形状。

交换缓冲区曲线：单击该工具，可以在原始动画曲线（即缓冲区曲线快照）与当前动画曲线之间进行切换，同时也可以编辑曲线。利用这项功能，可以测试和比较两种动画效果的不同之处。

断开切线：用该工具单击选择的关键帧，可以将切线手柄在关键帧位置处打断，这样允许单独操作一个关键帧的入切线手柄或出切线手柄，使进入和退出关键帧的动画曲线段彼此互不影响。

统一切线：用该工具单击选择的关键帧，在单独调整关键帧任何一侧的切线手柄之后，仍然能保持另一侧切线手柄的相对位置。

自由切线权重：当移动切线手柄时，用该工具可以同时改变切线的角度和权重。该工具仅应用于权重动画曲线。

锁定切线权重：当移动切线手柄时，用该工具只能改变切线的角度，而不能影响动画曲线的切线权重。该工具仅应用于权重动画曲线。

自动加载曲线图编辑器开/关：激活该工具后，每次在场景视图中改变选择的物体时，在"曲线图编辑器"对话框中显示的物体和动画曲线也会自动更新。

从当前选择加载曲线图编辑器：激活该工具后，可以使用手动方式将在场景视图中选择的物体载入到"曲线图编辑器"对话框中显示。

时间捕捉开/关：激活该工具后，在曲线图视图中移动关键帧时，将强迫关键帧捕捉到与其最接近的整数时间单位值位置，这是默认设置。

值捕捉开/关：激活该工具后，在曲线图视图中移动关键帧时，将强迫关键帧捕捉到与其最接近的整数属性值位置。

启用规格化曲线显示：用该工具可以按比例缩减大的关键帧值或提高小的关键帧值，使整条动画曲线沿属性数值轴向适配到-1~1的范围内。当想要查看、比较或编辑相关的动画曲线时，该工具非常有用。

禁用规格化曲线显示：用该工具可以为选择的动画曲线关闭标准化设置。当曲线返回到非标准化状态时，动画曲线将退回到它们的原始范围。

重新规格化曲线：缩放当前显示在图表视图中的所有选定曲线，以适配在-1~1的范围内。

启用堆叠的曲线显示：激活该工具后，每个曲线均会使用其自身的值轴显示。默认情况下，该值已规格化为1~-1之间的值。

禁用堆叠的曲线显示：激活该工具后，可以不显示堆叠的曲线。

前方无限循环：在动画范围之外无限重复动画曲线的复制。

前方无限循环加偏移：在动画范围之外无限重复动画曲线的复制，并且循环曲线最后一个关键帧值将添加到原始曲线第1个关键帧值的位置处。

后方无限循环：在动画范围之内无限重复动画曲线的复制。

后方无限循环加偏移：在动画范围之内无限重复动画曲线的复制，并且循环曲线最后一个关键帧值将添加到原始曲线第1个关键帧值的位置处。

打开摄影表：单击该按钮，可以快速打开"摄影表"对话框，并载入当前物体的动画关键帧，如图8-37所示。

图8-37

打开Trax编辑器▣：单击该按钮，可以快速打开
"Trax编辑器"对话框，并载入当前物体的动画片
段，如图8-38所示。

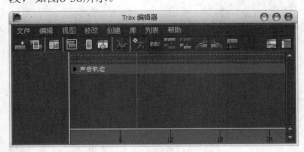

图8-38

提示　"曲线图编辑器"对话框中的菜单栏就不介绍了，
这些菜单中的命令的用法大多与工具栏中的工具相同。

8.3.3 大纲列表

"曲线图编辑器"对话框的大纲列表与执行
"窗口>大纲视图"菜单命令打开的"大纲视图"
对话框有许多共同的特性。大纲列表中显示动画物
体的相关节点，如果在大纲列表中选择一个动画节
点，该节点的所有动画曲线将显示在曲线图表视图
中，如图8-39所示。

图8-39

8.3.4 曲线图表视图

在"曲线图编辑器"对话框的曲线
图表视图中，可以显示和编辑动画曲线
段、关键帧和关键帧切线。如果在曲线
图表视图中的任何位置单击鼠标右键，
还会弹出一个快捷菜单，这个菜单组中
包含与"曲线图编辑器"对话框的菜单
栏相同的命令，如图8-40所示。

图8-40

一些操作3D场景视图的快捷键在"曲线图编辑器"对话
框的曲线图表视图中仍然适用，这些快捷键及其功能如下。

按住Alt键在曲线图表视图中沿任意方向拖曳鼠标中键，
可以平移视图。

按住Alt键在曲线图表视图中拖曳鼠标右键或同时拖动鼠标
的左键和中键，可以推拉视图。

按住快捷键Shift+Alt在曲线图表视图中沿水平或垂直方
向拖曳鼠标中键，可以在单方向上平移视图。

按住快捷键Shift+Alt在曲线图表视图中沿水平或垂直方向
拖曳鼠标右键或同时拖动鼠标的左键和中键，可以缩放视图。

8.4 变形器

使用Maya提供的变形功能，可以改变可变形
物体的几何形状，在可变形物体上产生各种变形效
果。可变形物体就是由控制顶点构建的物体。这里
所说的控制顶点，可以是NURBS曲面的控制点、多
边形曲面的顶点、细分曲线的顶点和晶格物体的晶
格点。由此可以得出，NURBS曲线、NURBS曲面、
多边形曲面、细分曲面和晶格物体都是可变形物
体，如图8-41所示。

图8-41

为了满足制作变形动画的需要，Maya提供了各种功能齐全的变形器，用于创建和编辑这些变形器的工具和命令都被集合在"创建变形器"菜单中，如图8-42所示。

图8-42

8.4.1 课堂案例：制作人体腹部运动

场景位置	Scenes>CH08>H3>H3.mb
实例位置	Examples>CH08>H3>H3.mb
难易指数	★★☆☆☆
技术掌握	学习"抖动变形器"的使用方法

案例介绍

Maya的"抖动变形器"可以使模型上的点在移动、加速或减速时在模型表面产生抖动效果，常用于表现肥胖角色的腹部脂肪在运动中的颤动、卡通角色脸部的颤抖、昆虫的触须振动和头发在运动中的抖动等效果。本案例用"抖动变形器"制作腹部抖动动画效果，如图8-43所示。

图8-43

第1步：打开场景文件，然后使用"绘制选择工具"选择需要处理的点。

第2步：创建"抖动变形器"，然后设置其"属性编辑器"的参数。

第3步：设置简单的位置动画，然后播放动画。

（1）打开素材文件夹中的Scenes>CH08>H3>H3.mb文件，如图8-44所示。

图8-44

（2）选择"绘制选择工具"，然后选择如图8-45所示的点。

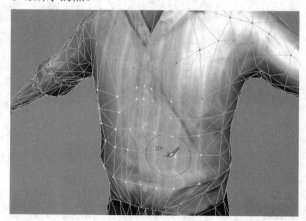

图8-45

（3）执行"创建变形器>抖动变形器"菜单命令，然后按快捷键Ctrl+A打开"属性编辑器"对话框，接着在"抖动属性"卷展栏下设置"阻尼"为0.931、"抖动权重"为1.988，如图8-46所示。

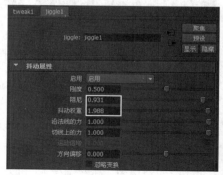

图8-46

（4）为人物模型设置一个简单的位移动画，然后播放动画，可以观察到腹部发生了抖动变形效果，如图8-47所示。

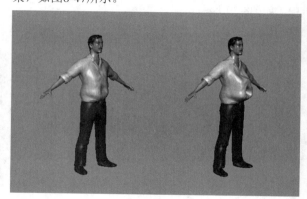

图8-47

8.4.2 混合变形

"混合变形"可以使用一个基础物体来与多个目标物体进行混合,能将一个物体的形状以平滑过渡的方式改变到另一个物体的形状,如图8-48所示。

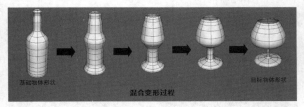

图8-48

提示 "混合变形"是一个很重要的变形工具,它经常被用于制作角色表情动画,如图8-49所示。

图8-49

不同于其他变形器,"混合变形"还提供了一个"混合变形"对话框(这是一个编辑器),如图8-50所示。利用这个编辑器可以控制场景中所有的混合变形,如调节各混合变形受目标物体的影响程度,添加或删除混合变形、设置关键帧等。

图8-50

当创建混合变形时,因为会用到多个物体,所以还要对物体的类型加以区分。如果在混合变形中,一个A物体的形状被变形到B物体的形状,通常就说B物体是目标物体,A物体是基础物体。在创建一个混合变形时可以同时存在多个目标物体,但基础物体只有一个。

打开"创建混合变形选项"对话框,如图8-51所示。该对话框分为"基本"和"高级"两个选项卡。

图8-51

1.基本

图8-52所示的是"创建混合变形选项"对话框中的"基本"选项卡下的参数含义。

图8-52

参数详解

混合形状节点:用于设置混合变形运算节点的具体名称。

封套:用于设置混合变形的比例系数,其取值范围为0~1。数值越大,混合变形的作用效果就越明显。

原点:指定混合变形是否与基础物体的位置、旋转和比例有关,包括以下两个选项。

局部:当选择该选项时,在基础物体形状与目标物体形状进行混合时,将忽略基础物体与目标物体之间在位置、旋转和比例上的不同。对于面部动画设置,应该选择该选项,因为在制作面部表情动画时通常要建立很多的目标物体形状。

世界:当选择该选项时,在基础物体形状与目标物体形状进行混合时,将考虑基础物体与目标物体之间在位置、旋转和比例上的任何差别。

目标形状选项:共有以下3个选项。

介于中间:指定是依次混合还是并行混合。如果启用该选项,混合将依次发生,形状过渡将按照选择目标形状的顺序;如果禁用该选项,混合将并行发生,各个目标对象形

状能够以并行方式同时影响混合，而不是逐个依次进行。

检查拓扑：该选项可以指定是否检查基础物体形状与目标物体形状之间存在相同的拓扑结构。

删除目标：该选项指定在创建混合变形后是否删除目标物体形状。

2.高级

单击"高级"选项卡，切换到"高级"参数设置面板，如图8-53所示。

图8-53

参数详解

变形顺序：指定变形器节点在可变形对象的历史中的位置。

排除：指定变形器集是否位于某个划分中，划分中的集可以没有重叠的成员。如果启用该选项，"要使用的划分"和"新划分名称"选项才可用。

要使用的划分：列出所有的现有划分。

新划分名称：指定将包括变形器集的新划分的名称。

技术专题19 删除混合变形的方法

删除混合变形的方法主要有以下两种。

第1种：首先选择基础物体模型，然后执行"编辑>按类型删除>历史"菜单命令，这样在删除模型构造历史的同时，也就删除了混合变形。需要注意的是，这种方法会将基础物体上存在的所有构造历史节点全部删除，而不仅仅删除混合变形节点。

第2种：执行"窗口>动画编辑器>混合变形"菜单命令，打开"混合变形"对话框，然后单击"删除"按钮，将相应的混合变形节点删除。

8.4.3 晶格

"晶格"变形器可以利用构成晶格物体的晶格点来自由改变可变形物体的形状，在物体上创造出变形效果。用户可以直接移动、旋转或缩放整个晶格物体来整体影响可变形物体，也可以调整每个晶格点，在可变形物体的局部创造变形效果。

"晶格"变形器经常用于变形结构复杂的物体，如图8-54所示。

原始模型　　　　　　添加晶格变形效果

图8-54

> **提示**　"晶格"变形器可以利用环绕在可变形物体周围的晶格物体，自由改变可变形物体的形状。

"晶格"变形器依靠晶格物体来影响可变形物体的形状。晶格物体是由晶格点构建的线框结构物体。可以采用直接移动、旋转、缩放晶格物体或调整晶格点位置的方法创建晶格变形效果。

一个完整的晶格物体由"基础晶格"和"影响晶格"两部分构成。在编辑晶格变形效果时，其实就是对影响晶格进行编辑操作，晶格变形效果是基于基础晶格的晶格点和影响晶格的晶格点之间存在的差别而创建的。在默认状态下，基础晶格被隐藏，这样可以方便对影响晶格进行编辑操作。但是变形效果始终取决于影响晶格和基础晶格之间的关系。

打开"晶格选项"对话框，如图8-55所示。

图8-55

参数详解

分段：在晶格的局部STU空间中指定晶格的结构（STU空间是为指定晶格结构提供的一个特定的坐标系统）。

局部模式：当选择"使用局部模式"选项时，可以通过设置"局部分段"数值来指定每个晶格点能影响靠近其自身的可变形物体上的点的范围；当关闭该选项时，每个晶格点将影响全部可变形物体上的点。

局部分段：只有在"局部模式"中选择了"使用局部模式"选项时，该选项才起作用。"局部分段"可以根据晶格的局部STU空间指定每个晶格点的局部影响力的范围大小。

位置：指定创建晶格物体将要放置的位置。

分组：指定是否将影响晶格和基础晶格放置到一个组中，编组后的两个晶格物体可以同时进行移动、旋转或缩放等变换操作。

建立父子关系：指定在创建晶格变形后是否将影响晶格和基础晶格作为选择可变形物体的子物体，从而在可变形物体和晶格物体之间建立父子连接关系。

冻结模式：指定是否冻结晶格变形映射。当选择该选项时，在影响晶格内的可变形物体组分元素将被冻结，即不能对其进行移动、旋转或缩放等变换操作，这时可变形物体只能被影响晶格变形。

外部晶格：指定晶格变形对可变形物体上点的影响范围，共有以下3个选项。

仅在晶格内部时变换：只有在基础晶格之内的可变形物体点才能被变形，这是默认选项。

变换所有点：所有目标可变形物体上（包括在晶格内部和外部）的点，都能被晶格物体变形。

在衰减范围内则变换：只有在基础晶格和指定衰减距离之内的可变形物体点，才能被晶格物体变形。

衰减距离：只有在"外部晶格"中选择了"在衰减范围内则变换"选项时，该选项才起作用。该选项用于指定从基础晶格到哪些点的距离能被晶格物体变形，衰减距离的单位是实际测量的晶格宽度。

8.4.4 包裹

"包裹"变形器可以使用NURBS曲线、NURBS曲面或多边形表面网格作为影响物体来改变可变形物体的形状。在制作动画时，经常会采用一个低精度模型通过"包裹"变形的方法来影响高精度模型的形状，这样可以使高精度模型的控制更加容易，如图8-56所示。

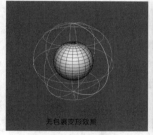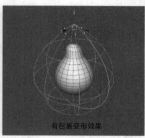

图8-56

打开"创建包裹选项"对话框，如图8-57所示。

图8-57

参数详解

独占式绑定：选择该选项后，"包裹"变形器目标曲面的行为将类似于刚性绑定蒙皮，同时"权重阈值"将被禁用。"包裹"变形器目标曲面上的每个曲面点只受单个包裹影响对象点的影响。

自动权重阈值：选择该选项后，"包裹"变形器将通过计算最小"最大距离"值，自动设定包裹影响对象形状的最佳权重，从而确保网格上的每个点受一个影响对象的影响。

权重阈值：设定包裹影响物体的权重。根据包裹影响物体的点密度（如cv点的数量），改变"权重阈值"可以调整整个变形物体的平滑效果。

使用最大距离：如果要设定"最大距离"值并限制影响区域，就需要启用"使用最大距离"选项。

最大距离：设定包裹影响物体上每个点所能影响的最大距离，在该距离范围以外的顶点或cv点将不受包裹变形效果的影响。一般情况下都将"最大距离"设置为很小的值（不为0），然后在"通道盒"中调整该参数，直到得到满意的效果。

渲染影响对象：设定是否渲染包裹影响对象。如果选择该选项，包裹影响对象将在渲染场景时可见；如果关闭

该选项，包裹影响对象将不可见。

衰减模式：包含以下两种模式。

体积：将"包裹"变形器设定为使用直接距离来计算包裹影响对象的权重。

表面：将"包裹"变形器设定为使用基于曲面的距离来计算权重。

> **提示** 在创建包裹影响物体时，需要注意以下4点。
>
> **第1点**：包裹影响物体的cv点或顶点的形状和分布将影响包裹变形效果，特别注意的是应该让影响物体的点少于要变形物体的点。
>
> **第2点**：通常要让影响物体包住要变形的物体。
>
> **第3点**：如果使用多个包裹影响物体，则在创建包裹变形之前必须将它们成组。当然，也可在创建包裹变形后添加包裹来影响物体。
>
> **第4点**：如果要渲染影响物体，要在"属性编辑器"对话框中的"渲染统计信息"中开启物体的"主可见性"属性。Maya在创建包裹变形时，默认情况下关闭了影响物体的"主可见性"属性，因为大多情况下都不需要渲染影响物体。

8.4.5 簇

使用"簇"变形器可以同时控制一组可变形物体上的点，这些点可以是NURBS曲线或曲面的控制点、多边形曲面的顶点、细分曲面的顶点和晶格物体的晶格点。用户可以根据需要为组中的每个点分配不同的变形权重，只要对"簇"变形器手柄进行变换（移动、旋转、缩放）操作，就可以使用不同的影响力变形"簇"有效作用区域内的可变形物体，如图8-58所示。

选择一组多边形顶点　　创建簇变形　　绘画顶点变形权重　　旋转簇变形手柄

图8-58

> **提示** "簇"变形器会创建一个变形点组，该组中包含可变形物体上选择的多个可变形物体点，可以为组中的每个点分配变形权重的百分比，这个权重百分比表示"簇"变形在每个点上变形影响力的大小。"簇"变形器还提供了一个操纵手柄，在视图中显示为C字母图标，当对"簇"变形器手柄进行变换（移动、旋转、缩放）操作时，组中的点将根据设置的不同权重百分比来产生不同程度的变换效果。

打开"簇选项"对话框，如图8-59所示。

图8-59

参数详解

模式：指定是否只有当"簇"变形器手柄自身进行变换（移动、旋转、缩放）操作时，"簇"变形器才能对可变形物体产生变形影响。

相对：如果选择该选项，只有当"簇"变形器手柄自身进行变换操作时，才能引起可变形物体产生变形效果；当关闭该选项时，如果对"簇"变形器手柄的父（上一层级）物体进行变换操作，也能引起可变形物体产生变形效果，如图8-60所示。

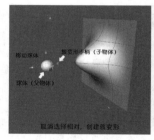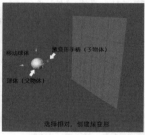

取消选择相对，创建簇变形　　　　　选择相对，创建簇变形

图8-60

封套：设置"簇"变形器的比例系数。如果设置为0，将不会产生变形效果；如果设置为0.5，将产生全部变形效果的一半；如果设置为1，会得到完全的变形效果。

> **提示** 注意，Maya中顶点和控制点是无法成为父子关系的，但可以为顶点或控制点创建簇，间接实现其父子关系。

8.4.6 非线性

"非线性"变形器菜单包含6个子命令，分别是"弯曲""扩张""正弦""挤压""扭曲"和"波浪"，如图8-61所示。

图8-61

参数详解

弯曲：使用"弯曲"变形器可以沿着圆弧变形操纵器弯曲可变形物体，如图8-62所示。

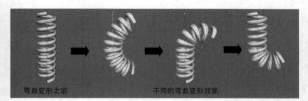

弯曲变形之前　　　　　　不同的弯曲变形效果

图8-62

扩张：使用"扩张"变形器可以沿着两个变形操纵平面来扩张或锥化可变形物体，如图8-63所示。

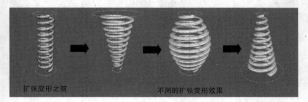

扩张变形之前　　　　　不同的扩张变形效果

图8-63

正弦：使用"正弦"变形器可以沿着一个正弦波形改变任何可变形物体的形状，如图8-64所示。

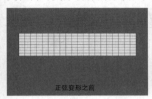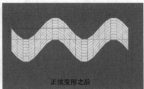

正弦变形之前　　　　　　正弦变形之后

图8-64

挤压：使用"挤压"变形器可以沿着一个轴向挤压或伸展任何可变形物体，如图8-65所示。

扩张变形之前　　　　　不同的扩张变形效果

图8-65

扭曲：使用"扭曲"变形器可以利用两个旋转平面围绕一个轴向扭曲可变形物体，如图8-66所示。

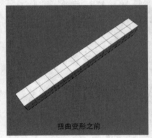

扭曲变形之前　　　　　　扭曲变形之后

图8-66

波浪：使用"波浪"变形器可以通过一个圆形波浪变形操纵器改变可变形物体的形状，如图8-67所示。

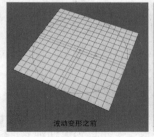

波动变形之前　　　　　　波动变形之后

图8-67

8.4.7 抖动变形器

在可变形物体上创建"抖动变形器"后，当物体移动、加速或减速时，会在可变形物体表面产生抖动效果。"抖动变形器"适合用于表现头发在运动中的抖动、相扑运动员腹部脂肪在运动中的颤动、昆虫触须的摆动等效果。

用户可以将"抖动变形器"应用到整个可变形物体上或者物体局部特定的一些点上，如图8-68所示。

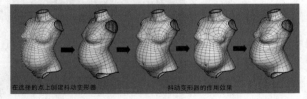

在选择的点上创建抖动变形器　　　抖动变形器的作用效果

图8-68

打开"创建抖动变形器选项"对话框，如图8-69所示。

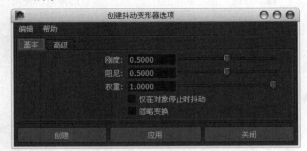

图8-69

参数详解

刚度：设定抖动变形的刚度。数值越大，抖动动作越僵硬。

阻尼：设定抖动变形的阻尼值，可以控制抖动变形的程度。数值越大，抖动程度越小。

权重：设定抖动变形的权重。数值越大，抖动程度越大。

仅在对象停止时抖动：只在物体停止运动时才开始抖动变形。

忽略变换：在抖动变形时，忽略物体的位置变换。

8.4.8 线工具

用"线工具"可以使用一条或多条NURBS曲线改变可变形物体的形状，"线工具"就好像是雕刻家手中的雕刻刀，它经常被用于角色模型面部表情的调节，如图8-70所示。

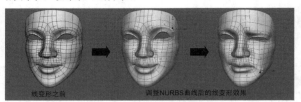

线变形之前　　　调整NURBS曲线后的线变形效果

图8-70

打开"线工具"的"工具设置"对话框，如图8-71所示。

图8-71

参数详解

限制曲线：设定创建的线变形是否带有固定器，使用固定器可限制曲线的变形范围。

封套：设定变形影响系数。该参数最大为1，最小为0。

交叉效果：控制两条影响线交叉处的变形效果。

> **提示** 注意，用于创建线变形的NURBS曲线称为"影响线"。在创建线变形后，还有一种曲线，是为每一条影响线所创建的，称为"基础线"。线变形效果取决于影响线和基础线之间的差别。

局部影响：设定两个或多个影响线变形作用的位置。

衰减距离：设定每条影响线影响的范围。

分组：选择"将线和基础线分组"选项后，可以群组影响线和基础线。否则，影响线和基础线将独立存在于场景中。

变形顺序：设定当前变形在物体的变形顺序中的位置。

8.4.9 褶皱工具

"褶皱工具"是"线工具"和"簇"变形器的结合。使用"褶皱工具"可以在物体表面添加褶皱细节效果，如图8-72所示。

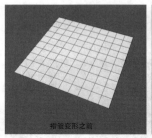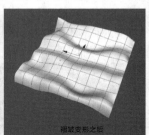

褶皱变形之前　　　　褶皱变形之后

图8-72

8.5 受驱动关键帧动画

"受驱动关键帧"是Maya中一种特殊的关键帧，利用受驱动关键帧功能，可以将一个物体的属性与另一个物体属性建立连接关系，通过改变一个物体的属性值来驱动另一个物体属性值发生相应的改变。其中，能主动驱使其他物体属性发生变化的物体称为驱动物体，而受其他物体属性影响的物体称为被驱动物体。

执行"动画>设置受驱动关键帧>设置"菜单命令，打开"设置受驱动关键帧"对话框，该对话框由菜单栏、驱动列表和功能按钮3部分组成，如图8-73所示。为物体属性设置驱受动关键帧的工作主要在"设置受驱动关键帧"对话框中完成。

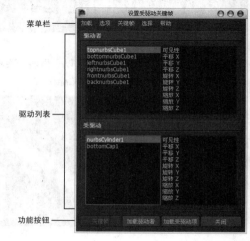

图8-73

技术专题20 受驱动关键帧与正常关键帧的区别

受驱动关键帧与正常关键帧的区别在于，正常关键帧是在不同时间值位置为物体的属性值设置关键帧，通过改变时间值使物体属性值发生变化。而受驱动关键帧是在驱动物体不同的属性值位置为被驱动物体的属性值设置关键帧，通过改变驱动物体属性值使被驱动物体属性值发生变化。

正常关键帧与时间相关，驱动关键帧与时间无关。当创建了受驱动关键帧之后，可以在"曲线图编辑器"对话框中查看和编辑受驱动关键帧的动画曲线，这条动画曲线描述了驱动与被驱动物体之间的属性连接关系。

对于正常关键帧，在曲线图表视图中的水平轴向表示时间值，垂直轴向表示物体属性值；但对于受驱动关键帧，在曲线图表视图中的水平轴向表示驱动物体的属性值，垂直轴向表示被驱动物体的属性值。

受驱动关键帧功能不只限于一对一的控制方式，可以使用多个驱动物体属性控制同一个被驱动物体属性，也可以使用一个驱动物体属性控制多个被驱动物体属性。

8.5.1 课堂案例：制作飞船降落动画

场景位置	Scenes>CH08>H4>H4.mb
实例位置	Examples>CH08>H4>H4.mb
难易指数	★★★☆☆
技术掌握	学习"驱动关键帧"的使用方法

案例介绍

"驱动关键帧"是Maya中一种特殊的关键帧，之前介绍的关键帧是在一个时间点上的属性数值随着时间而动画；而驱动关键帧是由一个属性（驱动属性）来影响另一个甚至几个属性（被驱动属性）的数值，然后根据多个属性之间的逻辑关系来自动生成动画效果，本案例将使用驱动关键帧制作一段导弹击倒靶子的动画，效果如图8-74所示。

图8-74

制作思路

第1步：打开场景文件，然后在"设置受驱动关键帧"对话框中，将飞船模型设置为驱动物体，将4个引擎和舱门模型设置为被驱动物体。

第2步：为整个飞船制作降落动画。

第3步：在"设置受驱动关键帧"对话框中，将飞船模型设置为驱动物体，将4个引擎和舱门模型设置为被驱动物体。

第4步：在"设置受驱动关键帧"对话框中设置动画的驱动关键帧。

第5步：播放动画，查看效果。

整理场景

（1）打开素材文件夹中的Scenes>CH08>H4>H4.mb文件，场景中的战机模型，如图8-75所示。

图8-75

（2）执行"动画>设置受驱动关键帧>设置"菜单命令，如图8-76所示；此时会打开"设置受驱动关键帧"对话框，如图8-77所示。

图8-76   图8-77

（3）在"大纲视图"对话框中选择plane_I:SciFi_DropShip节点，然后在"设置受驱动关键帧"对话框中单击"加载驱动者"按钮 加载驱动者，如图8-78所示。

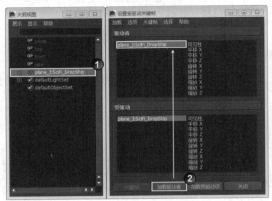

图8-78

（4）在"大纲视图"对话框中选择plane_I:DropShip_Door、plane_I:DropShip_Reactor_FL、plane_I:DropShip_Reactor_FR、plane_I:DropShip_Reactor_BL、plane_I:DropShip_Reactor_BR节点，然后在"设置受驱动关键帧"对话框中单击"加载受驱动项"按钮 加载受驱动项，如图8-79所示。

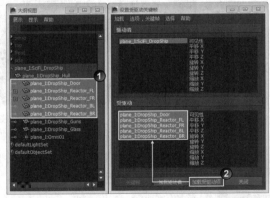

图8-79

（5）在"驱动者"列表中选择"平移 y"属性，然后在"受驱动"列表中选择"旋转 x"属性，如图8-80所示。

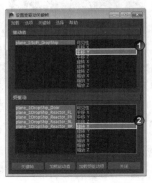

图8-80

（6）选择plane_I:SciFi_DropShip节点，然后在第1帧处，调整"平移 y"为36，为该属性设置关键帧；在第1帧处，调整"平移 y"为36，为该属性设置关键帧；在第100帧处，调整"平移 y"为5.3，为该属性设置关键帧，如图8-81所示。

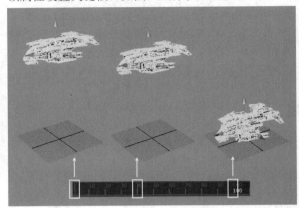

图8-81

（7）在"设置受驱动关键帧"对话框中，选择plane_I:DropShip_Reactor_FL、plane_I:DropShip_Reactor_FR、plane_I:DropShip_Reactor_BL、plane_I:DropShip_Reactor_BR节点，然后在第1帧处，调整"旋转 x"为0，接着单击"关键帧"按钮 关键帧，再在第40帧处，调整"旋转 x"为-90，最后单击"关键帧"按钮 关键帧，如图8-82所示。

图8-82

（8）选择plane_I:DropShip_Door节点，然后在第80帧处，调整"旋转 x"为0，在"设置受驱动关键帧"对话框中单击"关键帧"按钮 关键帧；然后在第100帧处，调整"旋转 x"为-50，在"设置受驱动关键帧"对话框中单击"关键帧"按钮 关键帧，

如图8-83所示。效果如图8-84所示。

图8-83

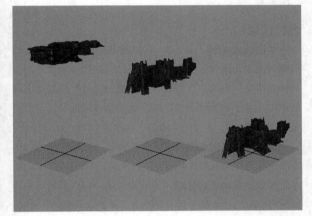

图8-84

8.5.2 驱动列表

驱动列表中包含"驱动者"和"受驱动",便于用户设置"驱动者"和"受驱动"之间的关联。

1.驱动者

"驱动者"列表由左、右两个列表框组成。左侧的列表框中将显示驱动物体的名称,右侧的列表框中将显示驱动物体的可设置关键帧属性。可以从右侧列表框中选择一个属性,该属性将作为设置受驱动关键帧时的驱动属性。

2.受驱动

"受驱动"列表由左、右两个列表框组成。左侧的列表框中将显示被驱动物体的名称,右侧的列表框中将显示被驱动物体的可设置关键帧属性。可以从右侧列表框中选择一个属性,该属性将作为设置受驱动关键帧时的被驱动属性。

8.5.3 菜单栏

"设置受驱动关键帧"对话框中的菜单栏中包括"加载""选项""关键帧""选择"和"帮助"5个菜单,如图8-85所示。下面简要介绍各菜单中命令的功能。

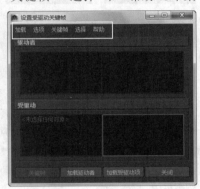

图8-85

1.加载

"加载"菜单包含3个命令,如图8-86所示。

图8-86

参数详解

作为驱动者选择: 设置当前选择的物体将作为驱动物体被载入到"驱动者"列表中。该命令与下面的"加载驱动者"按钮的功能相同。

作为受驱动项选择: 设置当前选择的物体将作为被驱动物体被载入到"受驱动"列表中。该命令与下面的"加载受驱动项"按钮的功能相同。

当前驱动者: 执行该命令,可以从"驱动者"列表中删除当前的驱动物体和属性。

2.选项

"选项"菜单包含5个命令,如图8-87所示。

图8-87

参数详解

通道名称: 设置右侧列表中属性的显示方式,共有"易读""长""短"3种方式。选择"易读"方式,属性将显示为中文,如图8-88所示;选择"长"方式,属性将

显示为最全的英文，如图8-89所示；选择"短"方式，属性将显示为缩写的英文，如图8-90所示。

图8-88 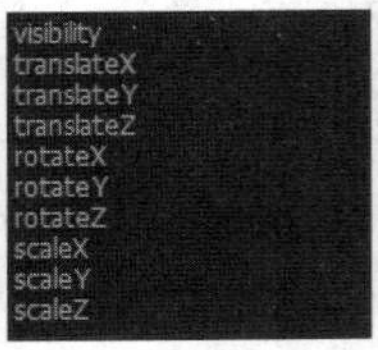　　　　　　图8-89　　　　　　图8-90

加载时清除：当选择该选项时，在加载驱动或被驱动物体时，将删除"驱动者"或"受驱动"列表中的当前内容；如果关闭该选项，在加载驱动或被驱动物体时，将添加当前物体到"驱动者"或"受驱动"列表中。

加载形状：当选择该选项时，只有被加载物体的形状节点属性会出现在"驱动者"或"受驱动"列表窗口右侧的列表框中；如果关闭该选项，只有被加载物体的变换节点属性会出现在"驱动者"或"受驱动"列表窗口右侧的列表框中。

自动选择：当选择该选项时，如果在"设置受驱动关键帧"对话框中选择一个驱动或被驱动物体名称，在场景视图中将自动选择该物体；如果关闭该选项，当在"设置受驱动关键帧"对话框中选择一个驱动或被驱动物体名称，在场景视图中将不会选择该物体。

列出可设置关键帧的受驱动属性：当选择该选项时，只有被载入物体的可设置关键帧属性会出现在"驱动者"列表窗口右侧的列表框中；如果关闭该选项，被载入物体的所有可设置关键帧属性和不可设置关键帧属性都会出现在"受驱动"列表窗口右侧的列表框中。

3.关键帧

"关键帧"菜单包含3个命令，如图8-91所示。

图8-91

参数详解

设置：执行该命令，可以使用当前数值连接选择的驱动与被驱动物体属性。该命令与下面的"关键帧"按钮的功能相同。

转到上/下一个：执行这两个命令，可以周期性循环显示当前选择物体的驱动或被驱动属性值。利用这个功能，可以查看物体在每一个驱动关键帧所处的状态。

4.选择

"选择"菜单只包含一个"受驱动项目"命令，如图8-92所示。在场景视图中选择被驱动物体，这个物体就是在"受驱动"窗口左侧列表框中选择的物体。例如，如果在"受驱动"窗口左侧列表框中选择名称为nurbsCylinder1的物体，执行"选择>受驱动项目"命令，可以在场景视图中选择这个名称为nurbsCylinder1的被驱动物体。

图8-92

8.5.4　功能按钮

"设置受驱动关键帧"对话框下面的几个功能按钮非常重要，设置受驱动关键帧动画基本都靠这几个按钮来完成，如图8-93所示。

图8-93

参数详解

关键帧 `关键帧` ：只有在"驱动者"和"受驱动"窗口右侧列表框中选择了要设置驱动关键帧的物体属性之后，该按钮才可用。单击该按钮，可以使用当前数值连接选择的驱动与被驱动物体属性，即为选择物体属性设置一个受驱动关键帧。

加载驱动者 `加载驱动者` ：单击该按钮，将当前选择的物体作为驱动物体加载到"驱动者"列表窗口中。

加载受驱动项 `加载受驱动项` ：单击该按钮，将当前选择的物体作为被驱动物体载入到"受驱动"列表窗口中。

关闭 `关闭` ：单击该按钮可以关闭"设置受驱动关键帧"对话框。

> **提示**　"受驱动关键帧动画"的内容非常重要，希望读者好好学习本章的知识，并反复练习案例。

8.6　运动路径动画

运动路径动画是Maya提供的另一种制作动画的技术手段，运动路径动画可以沿着指定形状的路径曲线平滑地让物体产生运动效果。运动路径动画适用于表现汽车在公路上行驶、飞机在天空中飞行及鱼在水中游动等动画效果。

运动路径动画可以利用一条NURBS曲线作为运动路径来控制物体的位置和旋转角度，能被制作成动画的物体类型不仅仅是几何体，也可以利用运动路径来控制摄影机、灯光、粒子发射器或其他辅助

物体沿指定的路径曲线运动。

"运动路径"菜单包含"设置运动路径关键帧""连接到运动路径"和"流动路径对象"3个子命令，如图8-94所示。

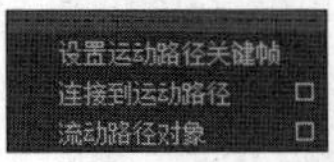

图8-94

8.6.1 课堂案例：制作运动路径关键帧动画

场景位置	Scenes>CH08>H5>H5.mb
实例位置	Examples>CH08>H5>H5.mb
难易指数	★★☆☆☆
技术掌握	学习"设置运动路径关键帧"命令的使用方法

案例介绍

在制作动画的时候，我们不是让对象在场景中乱动，而是按照特定的方式运动。本案例使用"设置运动路径关键帧"命令制作的运动路径关键帧动画效果如图8-95所示，小鱼在水中按照特定的路线游动。

图8-95

制作思路

第1步：打开场景文件。
第2步：选定时间帧，然后设置运动路径关键帧。
第3步：调节曲线形状，然后调整鱼头方向。
第4步：播放动画。

（1）打开素材文件夹中的Scenes>CH08>H5>H5.mb文件，如图8-96所示。

（2）选择鱼模型，然后执行"动画>运动路径>设置运动路径关键帧"菜单命令，在第1帧位置设置一个运动路径关键帧，如图8-97所示。

图8-96　　　　图8-97

（3）确定当期时间为48帧，然后将鱼拖曳到其他位置，接着执行"设置运动路径关键帧"命令，此时场景视图会自动创建一条运动路径曲线，如图8-98所示。

图8-98

（4）确定当期时间为60帧，然后将鱼模型拖曳到另一个位置，接着执行"设置运动路径关键帧"命令，效果如图8-99所示。

（5）选择曲线，进入控制顶点模式，然后调节曲线形状，以改变鱼的运动路径，如图8-100所示。

图8-99　　　　图8-100

（6）播放动画，可以观察到鱼沿着运动路径发生了运动效果，但是鱼头并没有沿着路径的方向运动，如图8-101所示。

（7）选择鱼模型，然后在"工具盒"中单击"显示操纵器工具"，显示出操纵器，如图8-102所示。

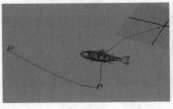

图8-101　　　　图8-102

（8）将鱼模型的方向旋转到与曲线方向一致，如图8-103所示；然后播放动画，可以观察到鱼头已经沿着曲线的方向运动了，如图8-104所示。

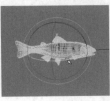

图8-103　　　　图8-104

8.6.2 设置运动路径关键帧

使用"设置运动路径关键帧"命令可以采用制作关键帧动画的工作流程创建一个运动路径动画。使用这种方法，在创建运动路径动画之前不需要创建作为运动路径的曲线，路径曲线会在设置运动路径关键帧的过程中自动被创建。

8.6.3 连接到运动路径

用"连接到运动路径"命令可以将选定对象放置和连接到当前曲线，当前曲线将成为运动路径。打开"连接到运动路径选项"对话框，如图8-105所示。

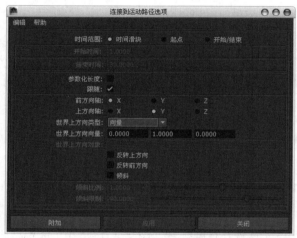

图8-105

参数详解

时间范围： 指定创建运动路径动画的时间范围，共有以下3种设置方式。

时间滑块： 当选择该选项时，将按照在"时间轴"上定义的播放开始和结束时间来指定一个运动路径动画的时间范围。

起点： 当选择该选项时，下面的"开始时间"选项才起作用，可以通过输入数值的方式来指定运动路径动画的开始时间。

开始/结束： 当选择该选项时，下面的"开始时间"和"结束时间"选项才起作用，可以通过输入数值的方式来指定一个运动路径动画的时间范围。

开始时间： 当选择"起点"或"开始/结束"选项时该选项

才可用，利用该选项可以指定运动路径动画的开始时间。

结束时间： 当选择"开始/结束"选项时该选项才可用，利用该选项可以指定运动路径动画的结束时间。

参数化长度： 指定 Maya 用于定位沿曲线移动的对象的方法。

跟随： 当选择该选项时，在物体沿路径曲线移动时，Maya不但会计算物体的位置，也将计算物体的运动方向。

前方向轴： 指定物体的哪个局部坐标轴与向前向量对齐，提供了x、y、z这3个选项。

x： 当选择该选项时，指定物体局部坐标轴的x轴向与向前向量对齐。

y： 当选择该选项时，指定物体局部坐标轴的y轴向与向前向量对齐。

z： 当选择该选项时，指定物体局部坐标轴的z轴向与向前向量对齐。

上方向轴： 指定物体的哪个局部坐标轴与向上向量对齐，提供了x、y、z这3个选项。

x： 当选择该选项时，指定物体局部坐标轴的x轴向与向上向量对齐。

y： 当选择该选项时，指定物体局部坐标轴的y轴向与向上向量对齐。

z： 当选择该选项时，指定物体局部坐标轴的z轴向与向上向量对齐。

世界上方向类型： 指定上方向向量对齐的世界上方向向量类型，共有以下5种类型。

场景上方向： 指定上方向向量尝试与场景的上方向轴，而不是与世界上方向向量对齐，世界上方向向量将被忽略。

对象上方向： 指定上方向向量尝试对准指定对象的原点，而不是与世界上方向向量对齐，世界上方向向量将被忽略。

对象旋转上方向： 指定相对于一些对象的局部空间，而不是场景的世界空间来定义世界上方向向量。

向量： 指定上方向向量尝试尽可能紧密地与世界上方向向量对齐。世界上方向向量是相对于场景世界空间来定义的，这是默认设置。

法线： 指定"上方向轴"指定的轴将尝试匹配路径曲线的法线。曲线法线的插值不同，这具体取决于路径曲线是否是世界空间中的曲线，或曲面曲线上的曲线。

提示 如果路径曲线是世界空间中的曲线，曲线上任何点的法线方向总是指向该点到曲线的曲率中心，如图8-106所示。

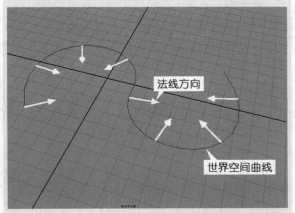

图8-106

当在运动路径动画中使用世界空间曲线时，如果曲线形状由凸变凹或由凹变凸，曲线的法线方向将翻转180°，若将"世界上方向类型"设置为"法线"类型，可能无法得到希望的动画结果。

如果路径曲线是依附于表面上的曲线，曲线上任何点的法线方向就是该点在表面上的法线方向，如图8-107所示。

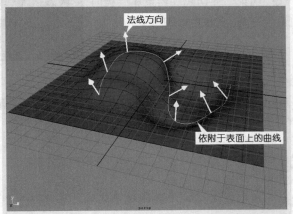

图8-107

当在运动路径动画中使用依附于表面上的曲线时，若将"世界上方向类型"设置为"法线"类型，可以得到最直观的动画结果。

世界上方向向量：指定"世界上方向向量"相对于场景的世界空间方向，因为Maya默认的世界空间是y轴向上，因此默认值为（0，1，0），即表示"世界上方向向量"将指向世界空间的y轴正方向。

世界向上对象：该选项只有设置"世界上方向类型"为"对象上方向"或"对象旋转上方向"选项时才起作用，可以通过输入物体名称来指定一个世界向上对象，使

向上向量总是尽可能尝试对齐该物体的原点，以防止物体沿路径曲线运动时发生意外的翻转。

反转上方向：当选择该选项时，"上方向轴"将尝试用向上向量的相反方向对齐它自身。

转向前方向：当选择该选项时，将反转物体沿路径曲线向前运动的方向。

倾斜：当选择该选项时，使物体沿路径曲线运动时，在曲线弯曲位置会朝向曲线曲率中心倾斜，就像摩托车在转弯时总是向内倾斜一样。只有当选择"跟随"选项时，"倾斜"选项才起作用。

倾斜比例：设置物体的倾斜程度，较大的数值会使物体倾斜效果更加明显。如果输入一个负值，物体将会向外侧倾斜。

倾斜限制：限制物体的倾斜角度。如果增大"倾斜比例"数值，物体可能在曲线上曲率大的地方产生过度的倾斜，利用该选项可以将倾斜效果限制在一个指定的范围之内。

技术专题21 运动路径标志

如金鱼在曲线上运动时，在曲线的两端会出现带有数字的两个运动路径标记，这些标记表示金鱼在开始和结束的运动时间，如图8-108所示。

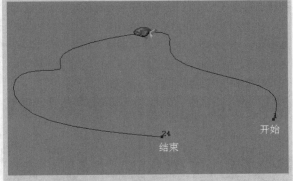

图8-108

若要改变金鱼在曲线上的运动速度或距离，可以通过在"曲线图编辑器"对话框中编辑动画曲线来完成。

8.6.4 流动路径对象

使用流动路径对象命令可以沿着当前运动路径或围绕当前物体周围创建晶格变形器，使物体沿路径曲线运动的同时也能跟随路径曲线曲率的变化改变自身形状，创建出一种流畅的运动路径动画效果。

打开"流动路径对象选项"对话框，如图8-109所示。

图8-109

参数详解

分段：代表将创建的晶格部分数。"前""上"和"侧"与创建路径动画时指定的轴相对应。

晶格围绕：指定创建晶格物体的位置，提供了以下两个选项。

对象：当选择该选项时，将围绕物体创建晶格，这是默认选项。

曲线：当选择该选项时，将围绕路径曲线创建晶格。

局部效果：当围绕路径曲线创建晶格时，该选项将非常有用。如果创建了一个很大的晶格，多数情况下，可能不希望在物体靠近晶格一端时仍然被另一端的晶格点影响。例如，如果设置"晶格围绕"为"曲线"，并将"分段:前"设置为35，这意味晶格物体将从路径曲线的起点到终点共有35个细分。当物体沿着路径曲线移动通过晶格时，它可能只被3~5个晶格分割围绕。如果"局部效果"选项处于关闭状态，这个晶格中的所有晶格点都将影响物体的变形，这可能会导致物体脱离晶格，因为距离物体位置较远的晶格点也会影响到它，如图8-110所示。

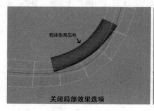
关闭局部效果选项

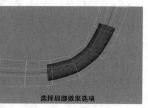
选择局部效果选项

图8-110

局部效果：利用"前""上"和"侧"3个属性数值输入框，可以设置晶格能够影响物体的有效范围。一般情况下，设置的数值应该使晶格点的影响范围能够覆盖整个被变形的物体。

8.7 约束

"约束"也是角色动画制作中经常使用到的功能，它在角色装配中起到非常重要的作用。使用约束能以一个物体的变换设置来驱动其他物体的位

置、方向和比例。根据使用约束类型的不同，得到的约束效果也各不相同。

处于约束关系下的物体，他们之间都是控制与被控制和驱动与被驱动的关系，通常把受其他物体控制或驱动的物体称为"被约束物体"，而用来控制或驱动被约束物体的物体称为"目标物体"。

> **提示** 创建约束的过程非常简单，先选择目标物体，再选择被约束物体，然后从"约束"菜单中选择想要执行的约束命令即可。

一些约束锁定了被约束物体的某些属性通道，如"目标"约束会锁定被约束物体的方向通道（旋转x/y/z），被约束锁定的属性通道数值输入框将在"通道盒"或"属性编辑器"对话框中显示为浅蓝色标记。

为了满足动画制作的需要，Maya提供了多种约束，常用的有"点"约束、"目标"约束、"方向"约束、"缩放"约束、"父对象"约束、"几何体"约束、"法线"约束、"切线"约束和"极向量"约束，如图8-111所示。

图8-111

8.7.1 课堂案例：制作头部旋转动画

场景位置	Scenes>CH08>H6>H6.mb
实例位置	Examples>CH08>H6>H6.mb
难易指数	★★☆☆☆
技术掌握	学习"方向"约束的使用方法

案例介绍

相信读者都对广播体操不陌生，作为一个集体，在做体操的时候，最终要的是步调统一。在制作这类集体动画的时候，我们不可能去调节每一个人的动画，最好的办法就是选择一个"参考"，然后使用"参考"去控制所有对象的动作。如图8-112所示，这是头部的运动效果。

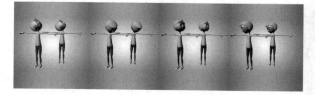

图8-112

制作思路

第1步：打开场景文件。

第2步：选择A头部，然后加选B头部，接着设置"方向约束选项"。

第3步：控制A头像，然后观察B头像的运动状态。

（1）打开素材文件夹中的Scenes>CH08>H6 >H6.mb文件，如图8-113所示。

影响，如图8-116所示。

图8-115　　　　　图8-116

（4）用"旋转工具" ▣旋转头部A，可以发现头部B也会跟着做相同的动作，但只限于旋转动作，如图8-117所示。

图8-113

| 提示 | 本案例要做的效果是让左边的头部A的旋转动作控制右边的头部B的旋转动作，如图8-114所示。 |

图8-114

（2）先选择头部A，然后按住Shift键加选头部B，接着打开"方向约束选项"对话框，选择"保持偏移"选项，如图8-115所示。

（3）选择头部B，在"通道盒"中可以观察到"旋转 x""旋转 y"和"旋转 z"属性被锁定了，这说明头部B的旋转属性已经被头部A的旋转属性所

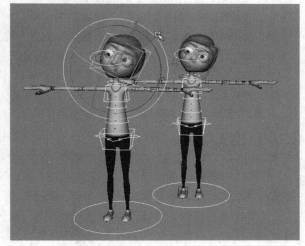

图8-117

8.7.2 点

使用"点"约束可以让一个物体跟随另一个物体的位置移动，或使一个物体跟随多个物体的平均位置移动。如果想让一个物体匹配其他物体的运动，使用"点"约束是最有效的方法。打开"点约束选项"对话框，如图8-118所示。

图8-118

参数详解

　　保持偏移：当选择该选项时，创建"点"约束后，目标物体和被约束物体的相对位移将保持在创建约束之前的状态，即可以保持约束物体之间的空间关系不变；如果关闭该选项，可以在下面的"偏移"数值框中输入数值来确定被约束物体与目标物体之间的偏移距离。

　　偏移：设置被约束物体相对于目标物体的位移坐标数值。

　　动画层：选择要向其中添加"点"约束的动画层。

　　将层设置为覆盖：选择该选项时，在"动画层"下拉列表中选择的层会在将约束添加到动画层时自动设定为覆盖模式。这是默认模式，也是建议使用的模式。关闭该选项时，在添加约束时层模式会设定为相加模式。

　　请参见手册的"动画"部分中的动画层模式。

　　约束轴：指定约束的具体轴向，既可以单独约束其中的任何轴向，又可以选择All（所有）选项来同时约束x、y、z3个轴向。

　　权重：指定被约束物体的位置能被目标物体影响的程度。

8.7.3　目标

　　使用"目标"约束可以约束一个物体的方向，使被约束物体始终瞄准目标物体。目标约束的典型用法是将灯光或摄影机瞄准约束到一个物体或一组物体上，使灯光或摄影机的旋转方向受物体的位移属性控制，实现跟踪照明或跟踪拍摄效果，如图8-119所示。在角色装配中，"目标"约束的一种典型用法是建立一个定位器来控制角色眼球的运动。

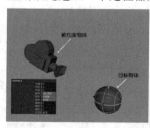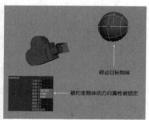

图8-119

　　打开"目标约束选项"对话框，如图8-120所示。

图8-120

参数详解

　　保持偏移：当选择该选项时，创建"目标"约束后，目标物体和被约束物体的相对位移和旋转将保持在创建约束之前的状态，即可以保持约束物体之间的空间关系和旋转角度不变；如果关闭该选项，可以在下面的"偏移"数值框中输入数值来确定被约束物体的偏移方向。

　　偏移：设置被约束物体偏移方向x、y、z坐标的弧度数值。通过输入需要的弧度数值，可以确定被约束物体的偏移方向。

　　目标向量：指定"目标向量"相对于被约束物体局部空间的方向，"目标向量"将指向目标点，从而迫使被约束物体确定自身的方向。

> **提示**　"目标向量"用来约束被约束物体的方向，以便它总是指向目标点。"目标向量"在被约束物体的枢轴点开始，总是指向目标点。但是"目标向量"不能完全约束物体，因为"目标向量"不控制物体怎样在"目标向量"周围旋转，物体围绕"目标向量"周围旋转是由"上方向向量"和"世界上方向向量"来控制的。

　　上方向向量：指定"上方向向量"相对于被约束物体局部空间的方向。

　　世界上方向类型：选择"世界上方向向量"的作用类型，共有以下5个选项。

　　场景上方向：指定"上方向向量"尽量与场景的向上轴对齐，以代替"世界上方向向量"，"世界上方向向量"将被忽略。

　　对象上方向：指定"上方向向量"尽量瞄准被指定物体的原点，而不再与"世界上方向向量"对齐，"世界上方向向量"将被忽略。

> **提示**　"上方向向量"尝试瞄准其原点的物体称为"世界上方向对象"。

　　对象旋转上方向：指定"世界上方向向量"相对于某些物体的局部空间被定义，代替这个场景的世界空间，"上方向向量"在相对于场景的世界空间变换之后将尝试与"世界上方向向量"对齐。

　　向量：指定"上方向向量"将尽可能尝试与"世界上方向向量"对齐，这个"世界上方向向量"相对于场景的世界空间被定义，这是默认选项。

　　无：指定不计算被约束物体围绕"目标向量"周围旋转的方向。当选择该选项时，Maya将继续使用在指定"无"选项之前的方向。

世界上方向向量：指定"世界上方向向量"相对于场景的世界空间方向。

世界上方向对象：输入对象名称来指定一个"世界上方向对象"。在创建"目标"约束时，使"上方向向量"来瞄准该物体的原点。

约束轴：指定约束的具体轴向，既可以单独约x、y、z轴其中的任何轴向，又可以选择"全部"选项来同时约束3个轴向。

权重：指定被约束物体的方向能被目标物体影响的程度。

8.7.4 方向

使用"方向"约束可以将一个物体的方向与另一个或更多其他物体的方向相匹配。该约束对于制作多个物体的同步变换方向非常有用，如图8-121所示。打开"方向约束选项"对话框，如图8-122所示。

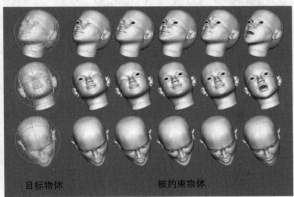

目标物体　　　　　　被约束物体

图8-121

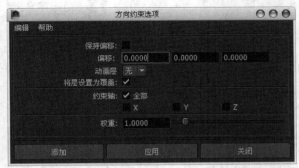

图8-122

参数详解

保持偏移：当选择该选项时，创建"方向"约束后，被约束物体的相对旋转将保持在创建约束之前的状态，即可以保持约束物体之间的空间关系和旋转角度不变；如果关闭该选项，可以在下面的"偏移"选项中输入数值来确定被约束物体的偏移方向。

偏移：设置被约束物体偏移方向x、y、z坐标的弧度数值。

约束轴：指定约束的具体轴向，既可以单独约束x、y、z其中的任何轴向，又可以选择"全部"选项来同时约束3个轴向。

权重：指定被约束物体的方向能被目标物体影响的程度。

8.7.5 缩放

使用"缩放"约束可以将一个物体的缩放效果与另一个或更多其他物体的缩放效果相匹配，该约束对于制作多个物体同步缩放比例非常有用。打开"缩放约束选项"对话框，如图8-123所示。

图8-123

> **提示** "缩放约束选项"对话框中的参数在前面的内容都讲解过，这里不再重复介绍。

8.7.6 父对象

使用"父对象"约束可以将一个物体的位移和旋转关联到其他物体上，一个被约束物体的运动也能被多个目标物体平均位置约束。当"父对象"约束被应用于一个物体的时候，被约束物体将仍然保持独立，它不会成为目标物体层级或组中的一部分，但是被约束物体的行为看上去好像是目标物体的子物体。打开"父约束选项"对话框，如图8-124所示。

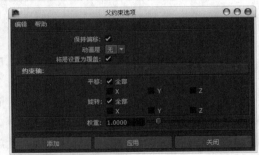

图8-124

参数详解

平移：设置将要约束位移属性的具体轴向，既可以单独约束x、y、z其中的任何轴向，又可以选择"全部"选项来同时约束这3个轴向。

旋转：设置将要约束旋转属性的具体轴向，既可以单独约束x、y、z其中的任何轴向，又可以选择"全部"选项来同时约束这3个轴向。

8.8 课堂练习：制作生日蜡烛

本练习综合了大量"变形器"工具的使用，是一个比较综合性的练习。

场景文件	无
实例文件	Examples>CH08>H7>H7.mb
难易指数	★★★☆☆
技术掌握	练习"扭曲""挤压""扩张"和"弯曲"变形器的使用方法

案例介绍

变形器在Maya的建模工作中经常被使用到，本案例将使用Maya变形器中的"非线性"变形器制作生日蜡烛模型。案例效果如图8-125所示。

图8-125

制作思路

第1步：在场景中创建一个立方体，然后在"通道盒"中增加高度和分段数。

第2步：选择立方体模型，然后创建一个"扭曲"变形器并调整其参数制作出蜡烛的模型。

第3步：在场景中创建一个球体模型，然后为其

创建一个"挤压"变形器、一个"扩张"变形器和一个"弯曲"变形器，并设置每个变形器的参数，制作出蜡烛火苗的模型。

第4步：删除模型的历史记录，然后调整模型的比例，最后创建一个圆柱体作为蜡烛的灯芯。

8.8.1 制作蜡烛模型

（1）执行"创建>多边形基本体>立方体"菜单命令，在场景中创建一个立方体，如图8-126所示。

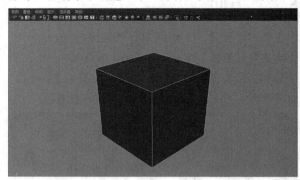

图8-126

（2）在"通道盒"中设置立方体的高度和分段数，如图8-127所示。

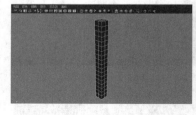

图8-127

（3）选择立方体，然后执行"创建变形器>非线性>扭曲"菜单命令，接着在"通道盒"中进行如图8-128所示的设置，效果如图8-129所示，这样蜡烛的模型就制作完成了。

图8-128　　　　　　　　图8-129

 提示　　"扭曲"变形器可以围绕轴扭曲任何可变形对象。

8.8.2 制作火苗模型

（1）执行"创建>多边形基本体>球体"菜单命令，在场景中创建一个球体模型，如图8-130所示。具体参数设置如图8-131所示。

图8-130　　　图8-131

（2）选择球体模型，然后执行"创建变形器>非线性>挤压"菜单命令，接着在"通道盒"中进行如图8-132所示的设置。效果如图8-133所示。

图8-132

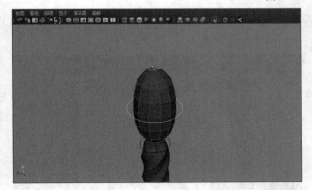

图8-133

（3）选择球体模型，然后执行"创建变形器>非线性>扩张"菜单命令，接着在"通道盒"中进行如图8-134所示的设置。效果如图8-135所示。

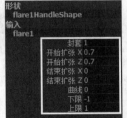

图8-134

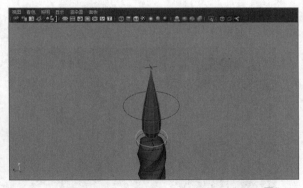

图8-135

（4）选择火苗模型，然后执行"创建变形器>非线性>弯曲"菜单命令，接着在"通道盒"中进行如图8-136所示的设置，这样火苗的模型就制作完成了。效果如图8-137所示。

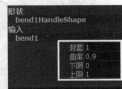

图8-136

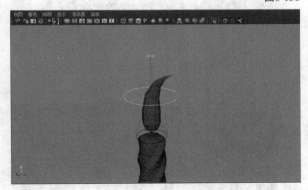

图8-137

提示　"挤压"变形器可以沿轴挤压和拉伸任何可变形对象。

"扩张"变形器可用于沿着两个轴扩张或锥化任何可变形对象。

"弯曲"变形器可以沿圆弧弯曲任何可变形对象。

另外，如果需要修改模型的形态或者大小，模型会在变形器的作用下产生意外的错误。

8.8.3 优化场景

（1）在"大纲视图"窗口中，可以看到场景中有4个变形器的手柄，如图8-138所示。选择蜡烛和火苗模型，然后执行"编辑>按类型删除>历史"菜单命令，删除模型的历史记录，如图8-139所示。

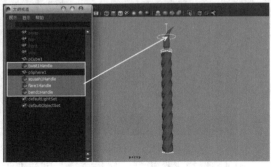

图8-138

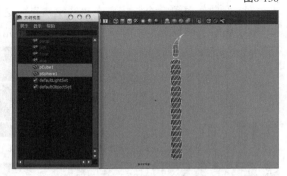

图8-139

（2）执行"创建>多边形基本体>圆柱体"菜单命令，在场景中创建一个圆柱体，制作出蜡烛的灯芯模型，具体参数设置和效果如图8-140所示。

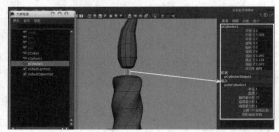

图8-140

（3）最后复制几个蜡烛的模型，最终效果如图8-141所示。

图8-141

8.9 本章小结

本章主要为大家讲解了如何制作简单的动画，介绍了很多的知识点，通过案例的形式详细地讲解了重要动画命令的使用方法。本章的内容比较零散，但是希望大家明白"不积小流，无以成江海"的道理，认真练习每一个案例和课后的习题。

8.10 课后习题：制作路径动画

本章提供了一个关于路径动画的习题。在Maya中有多种方法可以实现路径动画，大家需要结合场景的特点，使用合适的方法来操作该习题。

场景位置	Scenes>CH08>H8>H8.mb
实例位置	Examples>CH08>H8>H8.mb
难易指数	★★☆☆☆
技术掌握	巩固"连接到运动路径"命令的使用方法

操作指南

打开场景文件，然后使用"EP曲线工具"命令在场景中绘制一条卡通小车运动路径的曲线，接着使用"连接到运动路径"命令将场景中的卡通小车连接到运动路径的曲线上，最后播放动画，效果如图8-142所示。

图8-142

第9章

高级动画

在前一章，我们学习了制作动画的部分命令，通过这些命令我们可以制作简单的动画。在本章，我们将继续学习制作高级动画的知识，通过学习"骨架系统"和"角色蒙皮"，我们可以制作人物关节活动、人物肌肉动画以及人物行走动画等。

学习目标

- 了解人体骨架的构成
- 掌握创建骨架的方法
- 掌握编辑骨架的方法
- 掌握IK控制柄
- 掌握角色蒙皮的方法

9.1 骨架系统

Maya提供了一套非常优秀的动画控制系统——骨架。动物的外部形体是由骨架、肌肉和皮肤组成的，从功能上来说，骨架主要起着支撑动物躯体的作用，它本身不能产生运动。动物的运动实际上都是由肌肉来控制的，在肌肉的带动下，筋腱拉动骨架沿着各个关节产生转动或在某些局部发生移动，从而表现出整个形体的运动状态。但在数字空间中，骨架、肌肉和皮肤的功能与现实中是不同的。数字角色的形态只由一个因素来决定，就是角色的三维模型，也就是数字空间中的皮肤。一般情况下，数字角色是没有肌肉的，控制数字角色运动的就是三维软件里提供的骨架系统。所以，通常所说的角色动画，就是制作数字角色骨架的动画，骨架控制着皮肤，或是由骨架控制着肌肉，再由肌肉控制皮肤来实现角色动画。总体来说，在数字空间中只有两个因素最重要，一是模型，它控制着角色的形体；另外一个是骨架，它控制角色的运动。肌肉系统在角色动画中只是为了让角色在运动时，让形体的变形更加符合解剖学原理，也就是使角色动画更加生动。

9.1.1 课堂案例：创建人体骨架

场景位置	无
实例位置	Examples>CH09>I1>I1.mb
难易指数	★☆☆☆☆
技术掌握	学习关节工具的用法及人体骨架的创建方法

案例介绍

提到骨架，尤其是人体骨架，相信大家并不陌生。骨架是我们身体运动的核心部分，肢体运动其实就是骨架运动的产物，如图9-1所示，这是本案例所创建的简易人体骨架。

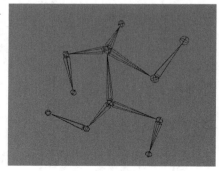

图9-1

制作思路

第1步：执行"骨架>关节工具"菜单命令，在场景中创建第1个关节。

第2步：根据人体骨架的构造，依次创建出其他关节。

第3步：创建好所有关节部分后，按Enter键结束创建。

（1）执行"骨架>关节工具"菜单命令，当光标变成十字形时，在视图中单击左键，创建出第1个关节，然后在该关节的上方单击一次左键，创建出第2个关节，这时在两个关节之间会出现一根骨，接着在当前关节的上方单击一次左键，创建出第3个关节，如图9-2所示。

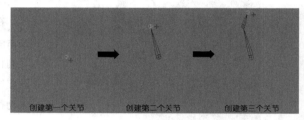

创建第一个关节　　创建第二个关节　　创建第三个关节

图9-2

> **提示** 当创建一个关节后，如果对关节的放置位置不满意，可以使用鼠标中键单击并拖曳当前处于选择状态的关节，然后将其移动到需要的位置即可；如果已经创建了多个关节，想要修改之前创建关节的位置时，可以使用方向键↑和↓来切换选择不同层级的关节。当选择了需要调整位置的关节后，再使用鼠标中键单击并拖曳当前处于选择状态的关节，将其移动到需要的位置即可。
>
> 注意，以上操作必须在没用结束"关节工具"操作的情况下才有效。

（2）继续创建其他的肢体链分支。按一次↑方向键，选择位于当前选择关节上一个层级的关节，然后在其右侧位置依次单击两次左键，创建出第4和第5个关节，如图9-3所示。

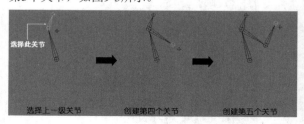

选择此关节

选择上一级关节　　创建第四个关节　　创建第五个关节

图9-3

（3）继续在左侧创建肢体链分支。连续按两次

↑方向键，选择位于当前选择关节上两个层级处的关节，然后在其左侧位置依次单击两次左键，创建出第6和第7个关节，如图9-4所示。

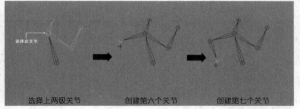

图9-4

（4）继续在下方创建肢体链分支。连续按3次↑方向键，选择位于当前选择关节上3个层级处的关节，然后在其右侧位置依次单击两次左键，创建出第8和第9个关节，如图9-5所示。

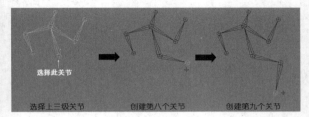

图9-5

提示 可以使用相同的方法继续创建出其他位置的肢体链分支，不过这里要尝试采用另外一种方法，所以可以先按Enter键结束肢体链的创建。下面将采用添加关节的方法在现有肢体链中创建关节链分支。

（5）重新选择"关节工具"，然后在想要添加关节链的现有关节上单击一次左键（选中该关节，以确定新关节链将要连接的位置），继续依次单击两次左键，创建出第10和第11个关节，接着按Enter键结束肢体链的创建，如图9-6所示。

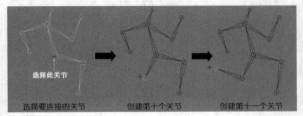

图9-6

提示 使用这种方法可以在已经创建完成的关节链上随意添加新的分支，并且能在指定的关节位置处对新旧关节链进行自动连接。

9.1.2 课堂案例：插入关节

场景位置	Scenes>CH09>I2>I2.mb
实例位置	Examples>CH09>I2>I2.mb
难易指数	★☆☆☆☆
技术掌握	学习关节的插入方法

案例介绍

在前一个案例中我们学习了如何创建人体骨架，如果创建完成后，发现少创建了一个关节，这时候应该怎么办呢？如图9-7所示，左边的骨架少一个关节，我们可以通过"插入关节"为其添加骨架，如图右边的骨架。

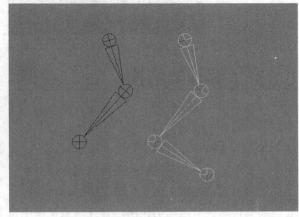

图9-7

制作思路

打开骨架文件，在需要添加关节的地方插入关节即可。

（1）打开素材文件夹中的Scenes>CH09>I2>I2.mb文件，如图9-8所示。

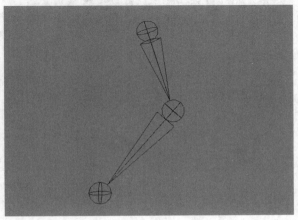

图9-8

（2）选择"插入关节工具"，然后按住鼠标左键在要插入关节的地方拖曳光标，这样就可以在相应的位置插入关节，如图9-9所示。

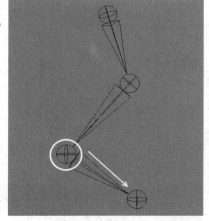

图9-9

9.1.3 了解骨架结构

骨架是由"关节"和"骨"两部分构成的。关节位于骨与骨之间的连接位置，由关节的移动或旋转来带动与其相关的骨的运动。每个关节可以连接一个或多个骨，关节在场景视图中显示为球形线框结构物体；骨是连接在两个关节之间的物体结构，它能起到传递关节运动的作用，骨在场景视图中显示为棱锥状线框结构物体。另外骨也可以指示出关节之间的父子层级关系，位于棱锥方形一端的关节为父级，位于棱锥尖端位置处的关节为子级，如图9-10所示。

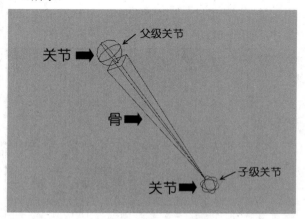

图9-10

1.关节链

"关节链"又称为"骨架链"，它是一系列关节和与之相连接的骨的组合。在一条关节链中，所

有的关节和骨之间都是呈线性连接的，也就是说，如果从关节链中的第1个关节开始绘制一条路径曲线到最后一个关节结束，可以使该关节链中的每个关节都经过这条曲线，如图9-11所示。

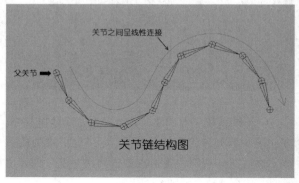

图9-11

提示 在创建关节链时，首先创建的关节将成为该关节链中层级最高的关节，称为"父关节"，只要对这个父关节进行移动或旋转操作，就会使整体关节链发生位置或方向上的变化。

2.肢体链

"肢体链"是多条关节链连接在一起的组合。与关节链不同，肢体链是一种"树状"结构，其中所有的关节和骨之间并不是呈线性方式连接的。也就是说，无法绘制出一条经过肢体链中所有关节的路径曲线，如图9-12所示。

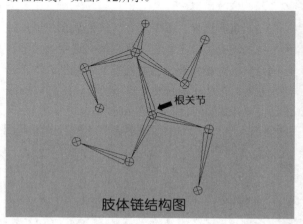

图9-12

提示 在肢体链中，层级最高的关节称为"根关节"，每个肢体链中只能存在一个根关节，但是可以存在多个父关节。其实，父关节和子关节是相对而言的，在关节链中任意的关节都可以成为父关节或子关节，只要在一个关节的层级

之下有其他的关节存在，这个位于上一级的关节就是其层级之下关节的父关节，而这个位于层级之下的关节就是其层级之上关节的子关节。

9.1.4 父子关系

在Maya中，可以把父子关系理解成一种控制与被控制的关系。也就是说，把存在控制关系的物体中处于控制地位的物体称为父物体，把被控制的物体称为子物体。父物体和子物体之间的控制关系是单向的，前者可以控制后者，但后者不能控制前者。同时还要注意，一个父物体可以同时控制若干个子物体，但一个子物体不能同时被两个或两个以上的父物体控制。

对于骨架，不能仅仅局限于它的外观上的状态和结构。在本质上，骨架上的关节其实是在定义一个"空间位置"，而骨架就是这一系列空间位置以层级的方式所形成的一种特殊关系，连接关节的骨架只是这种关系的外在表现。

9.1.5 创建骨架

在角色动画制作中，创建骨架通常就是创建肢体链的过程。创建骨架都使用"关节工具"来完成，如图9-13所示。

图9-13

打开"关节工具"的"工具设置"对话框，如图9-14所示。

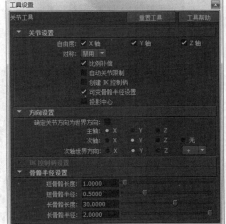

图9-14

参数详解

自由度：指定被创建关节的哪些局部旋转轴向能被自由旋转，有"x轴""y轴""z轴"3个选项。

确定关节方向为世界方向：选择该选项后，被创建的所有关节局部旋转轴向将与世界坐标轴向保持一致。

主轴：设置被创建关节的局部旋转主轴方向。

次轴：设置被创建关节的局部旋转次轴方向。

次轴世界方向：为使用"关节工具"创建的所有关节的第2个旋转轴设定世界轴（正或负）方向。

比例补偿：选择该选项时，在创建关节后，当对位于层级上方的关节进行比例缩放操作时，位于其下方的关节和骨架不会自动按比例缩放；如果关闭该选项，当对位于层级上方的关节进行缩放操作时，位于其下方的关节和骨架也会自动按比例缩放。

自动关节限制：当选择该选项时，被创建关节的一个局部旋转轴向将被限制，使其只能在180°范围之内旋转。被限制的轴向就是与创建关节时被激活视图栅格平面垂直的关节局部旋转轴向，被限制的旋转方向在关节链小于180°夹角的一侧。

> **提示** "自动关节限制"选项适用于类似有膝关节旋转特征的关节链的创建。该选项的设置不会限制关节链的开始关节和末端关节。

可变骨骼半径设置：选择该选项后，可以在"骨骼半径设置"卷展栏下设置短/长骨骼的长度和半径。

创建IK控制柄：当选择该选项时，"IK控制柄设置"卷展栏下的相关选项才起作用。这时，使用"关节工具"创建关节链的同时会自动创建一个IK控制柄。创建的IK控制柄将从关节链的第1个关节开始，到末端关节结束。

> **提示** 关于IK控制柄的设置方法将在后面的内容中详细介绍。

短骨骼长度：设置一个长度数值来确定哪些骨为短骨骼。

短骨骼半径：设置一个数值作为短骨的半径尺寸，它是骨半径的最小值。

长骨骼长度：设置一个长度数值来确定哪些骨为长骨。

长骨骼半径：设置一个数值作为长骨的半径尺寸，它是骨半径的最大值。

9.1.6 编辑骨架

创建骨架之后，可以采用多种方法来编辑骨

架，使骨架能更好地满足动画制作的需要。Maya提供了一些方便的骨架编辑工具，如图9-15所示。

图9-15

参数详解

插入关节工具：如果要增加骨架中的关节数，可以使用"插入关节工具"在任何层级的关节下插入任意数目的关节。

重设骨架根：使用"重设骨架根"命令可以改变关节链或肢体链的骨架层级，以重新设定根关节在骨架链中的位置。如果选择的是位于整个骨架链中层级最下方的一个子关节，重新设定根关节后骨架的层级将会颠倒；如果选择的是位于骨架链中间层级的一个关节，重新设定根关节后，在根关节的下方将有两个分离的骨架层级被创建。

移除关节：使用"移除关节"命令可以从关节链中删除当前选择的一个关节，并且可以将剩余的关节和骨结合为一个单独的关节链。也就是说，虽然删除了关节链中的关节，但仍然会保持该关节链的连接状态。

断开关节：使用"断开关节"命令可以将骨架在当前选择的关节位置处打断，将原本单独的一条关节链分离为两条关节链。

连接关节：使用"连接关节"命令能采用两种不同方式（连接或父子关系）将断开的关节连接起来，形成一个完整的骨架链。打开"连接关节选项"对话框，如图9-16所示。

图9-16

连接关节：这种方式是使用一条关节链中的根关节去连接另一条关节链中除根关节之外的任何关节，使其中一条关节链的根关节直接移动位置，对齐到另一条关节链中选择的关节上。结果两条关节链连接形成一个完整的骨架链。

将关节设为父子关系：这种方式是使用一根骨，将一条关节链中的根关节作为子物体与另一条关节链中除根关节之外的任何关节连接起来，形成一个完整的骨架链。这种方法连接关节时不会改变关节链的位置。

镜像关节：使用"镜像关节"命令可以镜像复制出一

个关节链的副本，镜像关节的操作结果将取决于事先设置的镜像交叉平面的放置方向。如果选择关节链中的关节进行部分镜像操作，这个镜像交叉平面的原点在原始关节链的父关节位置；如果选择关节链的根关节进行整体镜像操作，这个镜像交叉平面的原点在世界坐标原点位置。当镜像关节时，关节的属性、IK控制柄连同关节和骨一起被镜像复制。但其他一些骨架数据（如约束、连接和表达式）不能包含在被镜像复制出的关节链副本中。打开"镜像关节选项"对话框，如图9-17所示。

图9-17

镜像平面：指定一个镜像关节时使用的平面。镜像交叉平面就像是一面镜子，它决定了产生的镜像关节链副本的方向，提供了以下3个选项。

①xy：当选择该选项，镜像平面是由世界空间坐标xy轴向构成的平面，将当前选择的关节链沿该平面镜像复制到另一侧。

②yz：当选择该选项，镜像平面是由世界空间坐标yz轴向构成的平面，将当前选择的关节链沿该平面镜像复制到另一侧。

③xz：当选择该选项，镜像平面是由世界空间坐标xz轴向构成的平面，将当前选择的关节链沿该平面镜像复制到另一侧。

镜像功能：指定被镜像复制的关节与原始关节的方向关系，提供了以下两个选项。

①行为：当选择该选项时，被镜像的关节将与原始关节具有相对的方向，并且各关节局部旋转轴指向与它们对应副本的相反方向，如图9-18所示。

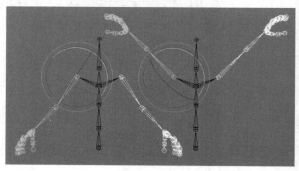

图9-18

②方向：当选择该选项时，被镜像的关节将与原始关节具有相同的方向，如图9-19所示。

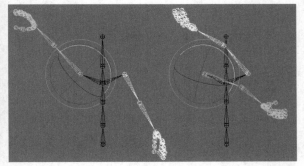

图9-19

搜索：可以在文本输入框中指定一个关节命名标识符，以确定在镜像关节链中要查找的目标。

替换为：可以在文本输入框中指定一个关节命名标识符，将使用这个命名标识符来替换被镜像关节链中查找到的所有在"搜索"文本框中指定的命名标识符。

提示 当为结构对称的角色创建骨架时，"镜像关节"命令将非常有用。如当制作一个人物角色骨架时，用户只需要制作出一侧的手臂、手、腿和脚部骨架，然后执行"镜像关节"命令就可以得到另一侧的骨架，这样就能减少重复性的工作，提高工作效率。

特别注意，不能使用"编辑>特殊复制"菜单命令对关节链进行镜像复制操作。

确定关节方向： 在创建骨架链之后，为了让某些关节与模型能更准确地对位，经常需要调整一些关节的位置。因为每个关节的局部旋转轴向并不能跟随关节位置改变来自动调整方向。如果使用"关节工具"的默认参数创建一条关节链，在关节链中关节局部旋转轴的x轴将指向骨的内部；如果使用"移动工具"对关节链中的一些关节进行移动，这时关节局部旋转轴的x轴将不再指向骨的内部。所以在通常情况下，调整关节位置之后，需要重新定向关节的局部旋转轴向，使关节局部旋转轴的x轴重新指向骨的内部。这样可以确保在为关节链添加IK控制柄时，获得最理想的控制效果。

9.1.7 IK控制柄

"IK控制柄"是制作骨架动画的重要工具，本节主要针对Maya中提供的"IK控制柄工具"来讲解IK控制柄的功能、使用方法和参数设置。

角色动画的骨架运动遵循运动学原理，定位和

动画骨架包括两种类型的运动学，分别是"正向运动学"和"反向运动学"。

1.正向运动学

"正向运动学"简称FK，它是一种通过层级控制物体运动的方式，这种方式是由处于层级上方的父级物体运动，经过层层传递来带动其下方子级物体的运动。

如果采用正向运动学方式制作角色抬腿的动作，需要逐个旋转角色腿部的每个关节，如首先旋转大腿根部的髋关节，接着旋转膝关节，然后是踝关节，依次向下直到脚尖关节位置处结束，如图9-20所示。

正向运动学

图9-20

提示 由于正向运动学的直观性，所以它很适合创建一些简单的圆弧状运动，但是在使用正向运动学时，也会遇到一些问题。如使用正向运动学调整角色的腿部骨架到一个姿势后，如果腿部其他关节位置都很正确，只是对大腿根部的髋关节位置不满意，这时当对髋关节位置进行调整后，发现其他位于层级下方的腿部关节位置也会发生改变，还需要逐个调整这些关节才能达到想要的结果。如果这是一个复杂的关节链，那么要重新调整的关节将会很多，工作量也非常大。

那么，是否有一种可以使工作更加简化的方法呢？答案是肯定的，随着技术的发展，用反向运动学控制物体运动的方式产生了，它可以使制作复杂物体的运动变得更加方便和快捷。

2.反向运动学

"反向运动学"简称IK，从控制物体运动的方式来看，它与正向运动学刚好相反，这种方式是由处于层级下方的子级物体运动来带动其层级上方父级物体的运动。与正向运动学不同，反向运动学不是依靠逐个旋转层级中的每个关节来达到控制物体运动的目的，而是创建一个额外的控制结构，此控制结构称为IK控制柄。用户只需要移动这个IK控制柄，就能自动旋转关节链中的所有关节。例如，如果为角色的腿部骨架链创建了IK控制柄，制作角色抬腿动作时只需要向上移动IK控制柄使脚离开地

面，这时腿部骨架链中的其他关节就会自动旋转相应角度来适应脚部关节位置的变化，如图9-21所示。

反向运动学

图9-21

提示 有了反向运动学，就可以使动画师将更多精力集中在制作动画效果上，而不必像正向运动学那样始终要考虑如何旋转关节链中的每个关节来达到想要的摆放姿势。使用反向运动学，可以大大减少调节角色动作的工作量，能解决一些正向运动学难以解决的问题。

要使用反向运动学方式控制骨架运动，就必须利用专门的反向运动学工具为骨架创建IK控制柄。Maya提供了两种类型的反向运动学工具，分别是"IK控制柄工具"和"IK样条线控制柄工具"，下面将分别介绍这两种反向运动学工具的功能、使用方法和参数设置。

3.IK控制柄工具

"IK控制柄工具"提供了一种使用反向运动学定位关节链的方法，它能控制关节链中每个关节的旋转和关节链的整体方向。"IK控制柄工具"是解决常规反向运动学控制问题的专用工具，使用系统默认参数创建的IK控制柄结构如图9-22所示。

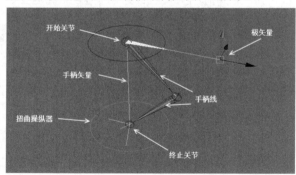

图9-22

功能介绍

开始关节： 开始关节是受IK控制柄控制的第1个关节，是IK控制柄开始的地方。开始关节可以是关节链中除末端关节之外的任何关节。

终止关节： 终止关节是受IK控制柄控制的最后一个关节，是IK控制柄终止的地方。终止关节可以是关节链中除根关节之外的任何关节。

手柄线： 手柄线是贯穿被IK控制柄控制关节链的所有关节和骨的一条线。手柄线从开始关节的局部旋转轴开始，到终止关节的局部旋转轴位置结束。

手柄矢量： 手柄矢量是从IK控制柄的开始关节引出，到IK控制柄的终止关节（末端效应器）位置结束的一条直线。

提示 末端效应器是创建IK控制柄时自动增加的一个节点，IK控制柄被连接到末端效应器。当调节IK控制柄时，由末端效应器驱动关节链与IK控制柄的运动相匹配。在系统默认设置下，末端效应器被定位在受IK控制柄控制的终止关节位置处并处于隐藏状态，末端效应器与终止关节处于同一个骨架层级中。可以通过"大纲视图"对话框或"Hypergraph：层次"对话框来观察和选择末端效应器节点。

极矢量： 极矢量是可以改变IK链方向的操纵器，同时也可以防止IK链发生意外翻转。

提示 IK链是被IK控制柄控制和影响的关节链。

扭曲操纵器： 扭曲操纵器是一种可以扭曲或旋转关节链的操纵器，它位于IK链的终止关节位置。

打开"IK控制柄工具"的"工具设置"对话框，如图9-23所示。

图9-23

参数详解

当前解算器： 指定被创建的IK控制柄将要使用的解算器类型，共有ikRPsolver（IK旋转平面解算器）和ikSCsolver（IK单链解算器）两种类型。

ikRPsolver（IK旋转平面解算器）： 使用该解算器创建的IK控制柄，将利用旋转平面解算器来计算IK链中所有关节的旋转，但是它并不计算关节链的整体方向。可以使用极矢量和扭曲操纵器来控制关节链的整体方向，如图9-24所示。

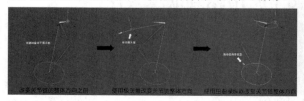

图9-24

提示 ikRPsolver解算器非常适合控制角色手臂或腿部关节链的运动。如可以在保持腿部髋关节、膝关节和踝关节在同一个平面的前提下，沿手柄矢量为轴自由旋转整个腿部关节链。

ikSCsolver（IK单链解算器）：使用该解算器创建的IK控制柄，不但可以利用单链解算器来计算IK链中所有关节的旋转，而且也可以利用单链解算器计算关节链的整体方向。也就是说，可以直接使用"旋转工具"对选择的IK单链手柄进行旋转操作来达到改变关节链整体方向的目的，如图9-25所示。

图9-25

提示 IK单链手柄与IK旋转平面手柄之间的区别：IK单链手柄的末端效应器总是尝试尽量达到IK控制柄的位置和方向，而IK旋转平面手柄的末端效应器只尝试尽量达到IK控制柄的位置，正因为如此，使用IK旋转平面手柄对关节旋转的影响结果是更加可预测的，对于IK旋转平面手柄可以使用极矢量和扭曲操纵器来控制关节链的整体方向。

自动优先级：当选择该选项时，在创建IK控制柄时Maya将自动设置IK控制柄的优先权。Maya是根据IK控制柄的开始关节在骨架层级中的位置来分配IK控制柄优先权的。例如，如果IK控制柄的开始关节是根关节，则优先权被设置为1；如果IK控制柄刚好开始在根关节之下，优先权将被设置为2，以此类推。

提示 只有当一条关节链中有多个（超过一个）IK控制柄的时候，IK控制柄的优先权才是有效的。为IK控制柄分配优先权的目的是确保一个关节链中的多个IK控制柄能按照正确的顺序被解算，以便能得到所希望的动画结果。

解算器启用：当选择该选项时，在创建的IK控制柄上IK解算器将处于激活状态。该选项默认设置为选择状态，以便在创建IK控制柄之后就可以立刻使用IK控制柄摆放关节链到需要的位置。

捕捉启用：当选择该选项时，创建的IK控制柄将始终捕捉到IK链的终止关节位置，该选项默认设置为选择状态。

粘滞：当选择该选项后，如果使用其他IK控制柄摆放骨架姿势或直接移动、旋转和缩放某个关节时，这个IK控制柄将黏附在当前位置和方向上，如图9-26所示。

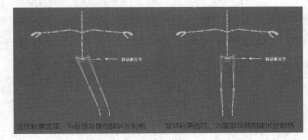

图9-26

优先级：该选项可以为关节链中的IK控制柄设置优先权，Maya基于每个IK控制柄在骨架层级中的位置来计算IK控制柄的优先权。优先权为1的IK控制柄将在解算时首先旋转关节；优先权为2的IK控制柄将在优先权为1的IK控制柄之后再旋转关节，以此类推。

权重：为当前IK控制柄设置权重值。该选项对于ikRPsolver（IK旋转平面解算器）和ikSCsolver（IK单链解算器）是无效的。

位置方向权重：指定当前IK控制柄的末端效应器将匹配到目标的位置或方向。当该数值设置为1时，末端效应器将尝试到达IK控制柄的位置；当该数值设置为0时，末端效应器将只尝试到达IK控制柄的方向；当该数值设置为0.5时，末端效应器将尝试达到与IK控制柄位置和方向的平衡。另外该选项对于ikRPsolver（IK旋转平面解算器）是无效的。

技术专题22 "IK控制柄工具"的使用方法

使用"IK控制柄工具"的操作步骤如下。

第1步：打开"IK控制柄工具"的"工具设置"对话框，根据实际需要进行相应参数设置后关闭对话框，这时光标将变成十字形。

第2步：用鼠标左键在关节链上单击选择一个关节，此关节将作为创建IK控制柄的开始关节。

第3步：继续用左键在关节链上单击选择一个关节，此关节将作为创建IK控制柄的终止关节，这时一个IK控制柄将在选择的关节之间被创建，如图9-27所示。

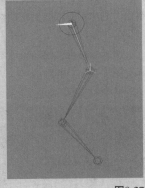

图9-27

4.IK样条线控制柄工具

"IK样条线控制柄工具"可以使用一条NURBS曲线来定位关节链中的所有关节，当操纵曲线时，IK控制柄的IK样条解算器会旋转关节链中的每个关节，所有关节被IK样条控制柄驱动以保持与曲线的跟随。与"IK控制柄工具"不同，IK样条线控制柄不是依靠移动或旋转IK控制柄自身来定位关节链中的每个关节，当为一条关节链创建了IK样条线控制柄之后，可以采用编辑NURBS曲线形状、调节相应操纵器等方法来控制关节链中各个关节的位置和方向，图9-28所示为IK样条线控制柄的结构。

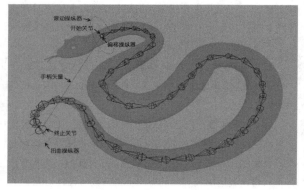

图9-28

功能介绍

开始关节：开始关节是受IK样条线控制柄控制的第1个关节，是IK样条线控制柄开始的地方。开始关节可以是关节链中除末端关节之外的任何关节。

终止关节：终止关节是受IK样条线控制柄控制的最后一个关节，是IK样条线控制柄终止的地方。终止关节可以是关节链中除根关节之外的任何关节。

手柄矢量：手柄矢量是从IK样条线控制柄的开始关节引出，到IK样条线控制柄的终止关节（末端效应器）位置结束的一条直线。

滚动操纵器：滚动操纵器位于开始关节位置，用左键拖曳滚动操纵器的圆盘可以从IK样条线控制柄的开始关节滚动整个关节链，如图9-29所示。

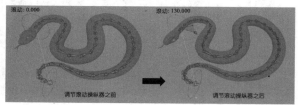

图9-29

偏移操纵器：偏移操纵器位于开始关节位置，利用偏移操纵器可以沿曲线作为路径滑动开始关节到曲线的不同位置。偏移操纵器只能在曲线两个端点之间的范围内滑动，在滑动过程中，超出曲线终点的关节将以直线形状排列，如图9-30所示。

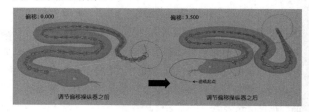

图9-30

扭曲操纵器：扭曲操纵器位于终止关节位置，用左键拖曳扭曲操纵器的圆盘可以从IK样条线控制柄的终止关节扭曲关节链。

提示 上述IK样条线控制柄的操纵器默认并不显示在场景视图中，如果要调整这些操纵器，可以首先选择IK样条线控制柄，然后在Maya用户界面左侧的"工具盒"中单击"显示操纵器工具" ，这样就会在场景视图中显示出IK样条线控制柄的操纵器，用鼠标左键单击并拖曳相应操纵器控制柄，可以调整关节链以得到想要的效果。

打开"IK样条线控制柄工具"的"工具设置"对话框，如图9-31所示。

图9-31

参数详解

根在曲线上：当选择该选项时，IK样条线控制柄的开始关节会被约束到NURBS曲线上，这时可以拖曳偏移操纵器沿曲线滑动开始关节（和它的子关节）到曲线的不同位置。

提示 当根在曲线上选项为关闭状态时，用户可以移动开始关节离开曲线，开始关节不再被约束到曲线上。Maya将忽略"偏移"属性，并且开始关节位置处也不会存在偏移操纵器。

自动创建根轴：该选项只有在"根在曲线上"选项处于关闭状态时才变为有效。当选择该选项时，在创建IK样条线控制柄的同时也会为开始关节创建一个父变换节点，此父变换节点位于场景层级的上方。

自动将曲线结成父子关系：如果IK样条线控制柄的开始关节有父物体，选择该选项会使IK样条曲线成为开始关节父物体的子物体，也就是说IK样条曲线与开始关节将处于骨架的同一个层级上。因此IK样条曲线与开始关节（和它的子关节）将跟随其层级上方父物体的变换而做出相应的改变。

> **提示** 通常在为角色的脊椎或尾部添加IK样条线控制柄时需要选择这个选项，这样可以确保在移动角色根关节时，IK样条曲线也会跟随根关节做出同步改变。

将曲线捕捉到根：该选项只有在"自动创建根轴"选项处于关闭状态时才有效。当选择该选项时，IK样条曲线的起点将捕捉到开始关节位置，关节链中的各个关节将自动旋转以适应曲线的形状。

> **提示** 如果想让事先创建的NURBS曲线作为固定的路径，使关节链移动并匹配到曲线上，可以关闭该选项。

自动创建曲线：当选择该选项时，在创建IK样条线控制柄的同时也会自动创建一条NURBS曲线，该曲线的形状将与关节链的摆放路径相匹配。

> **提示** 如果选择"自动创建曲线"选项的同时关闭"自动简化曲线"选项，在创建IK样条线控制柄的同时会自动创建一条通过此IK链中所有关节的NURBS曲线，该曲线在每个关节位置处都会放置一个编辑点。如果IK链中存在有许多关节，那么创建的曲线会非常复杂，这将不利于对曲线的操纵。
>
> 如果"自动创建曲线"和"自动简化曲线"选项都处于选择状态，在创建IK样条线控制柄的同时会自动创建一条形状与IK链相似的简化曲线。
>
> 当"自动创建曲线"选项为非选择状态时，用户必须事先绘制一条NURBS曲线以满足创建IK样条线控制柄的需要。

自动简化曲线：该选项只有在"自动创建曲线"选项处于选择状态时才变为有效。当选择该选项时，在创建IK样条线控制柄的同时会自动创建一条经过简化的NURBS曲线，曲线的简化程度由"跨度数"数值来决定。"跨度数"与曲线上的cv控制点数量相对应，该曲线是具有3次方精度的曲线。

跨度数：在创建IK样条线控制柄时，该选项用来指定与IK样条线控制柄同时创建的NURBS曲线上cv控制点的数量。

根扭曲模式：当选择该选项时，可以调节扭曲操纵器在终止关节位置处对开始关节和其他关节进行轻微地扭曲操作；当关闭该选项时，调节扭曲操纵器将不会影响开始关节的扭曲，这时如果想要旋转开始关节，必须使用位于开始关节位置处的滚动操纵器。

扭曲类型：指定在关节链中扭曲将如何发生，共有以下4个选项。

线性：均匀扭曲IK链中的所有部分，这是默认选项。

缓入：在IK链中的扭曲作用效果由终止关节向开始关节逐渐减弱。

缓出：在IK链中的扭曲作用效果由开始关节向终止关节逐渐减弱。

缓入缓出：在IK链中的扭曲作用效果由中间关节向两端逐渐减弱。

9.2 角色蒙皮

所谓"蒙皮"就是"绑定皮肤"，当完成了角色建模、骨架创建和角色装配工作之后，就可以着手对角色模型进行蒙皮操作了。蒙皮就是将角色模型与骨架建立绑定连接关系，使角色模型能够跟随骨架运动产生类似皮肤的变形效果。

蒙皮后的角色模型表面被称为"皮肤"，它可以是NURBS曲面、多边形表面或细分表面。蒙皮后角色模型表面上的点被称为"蒙皮物体点"，它可以是NURBS曲面的cv控制点、多边形表面顶点、细分表面顶点或晶格点。

经过角色蒙皮操作后，就可以为高精度的模型制作动画了。Maya提供了3种类型的蒙皮方式，"平滑绑定""交互式蒙皮绑定"和"刚性绑定"，它们各自具有不同的特性，分别适合应用在不同的场合。

9.2.1 课堂案例：鲨鱼的刚性绑定与编辑

场景位置	Scenes>CH09>I3>I3.mb
实例位置	Examples>CH09>I3>I3.mb
难易指数	★★★★☆
技术掌握	学习刚性绑定NURBS多面片角色模型、编辑角色模型刚性蒙皮变形效果

案例介绍

本案例使用刚性绑定的方法对一个NURBS多面片角色模型进行蒙皮操作，如图9-32所示。通过这个案例练习，可以让用户了解刚性蒙皮角色的工作流程和编辑方法，也为用户提供了一种解决NURBS多面片角色模型绑定问题的思路。

图9-32

制作思路

第1步：打开场景文件，为NURBS多面片角色模型创建"晶格"变形器。

第2步：将晶格物体作为可变形物体刚性绑定到角色骨架上。

第3步：编辑刚性蒙皮物体点组成员。

第4步：编辑刚性蒙皮权重。

1.为鲨鱼身体模型创建晶格变形器

（1）打开素材文件夹中的Scenes>CH09>I3>I3.mb文件，如图9-33所示。

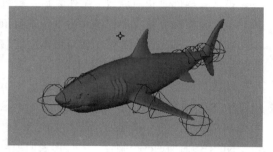

图9-33

（2）打开在状态栏中激活"按组件类型选择"按钮 和"选择点组件"按钮 ，如图9-34所示。

图9-34

（3）在前视图中框选除左右两侧鱼鳍表面之外的全部cv控制点，如图9-35所示。

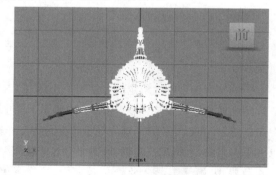

图9-35

提示 注意，本场景锁定了鲨鱼模型，需要在"层编辑器"中将鲨鱼的层解锁后才可编辑。

（4）单击"创建变形器>晶格"菜单命令后面的 按钮，打开"晶格选项"对话框，然后设置"分段"为（5，5，25），如图9-36所示；接着单击

"创建"按钮 ，完成晶格物体的创建，效果如图9-37所示。

图9-36

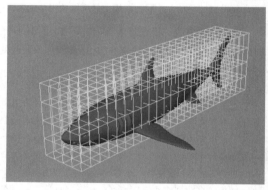

图9-37

2.将晶格物体与角色骨架建立刚性绑定关系

（1）首先选择鲨鱼骨架链的根关节shark_root，然后按住Shift键加选要绑定的影响晶格物体的ffd1Lattice，如图9-38所示。

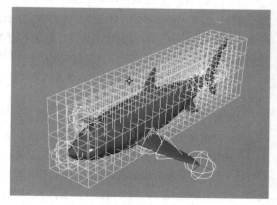

图9-38

（2）单击"蒙皮>绑定蒙皮>刚性绑定"菜单命令后面的 按钮，打开"刚性绑定蒙皮选项"对话框，然后设置"绑定到"为"完整骨架"；接

着选择"为关节上色"选项，再设置"绑定方法"为"最近点"，如图9-39所示；最后单击"绑定蒙皮"按钮 绑定蒙皮 ，完成刚性蒙皮绑定操作，效果如图9-40所示。

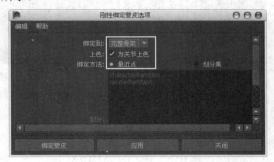

图9-39

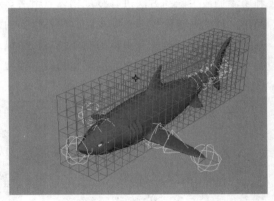

图9-40

> **提示** 这时如果用"移动工具" 选择并移动鲨鱼骨架链的根关节shark_root，可以发现鲨鱼的身体模型已经可以跟随骨架链同步移动，但是左右两侧鱼鳍表面仍然保持在原来的位置，如图9-41所示。这样还需要进行第2次刚性绑定操作，将左右两侧鱼鳍表面上的cv控制点（未受到晶格影响的cv控制点）绑定到与其最靠近的鱼鳍关节上。

图9-41

（3）首先选择鲨鱼骨架链中位于左右两侧的鱼鳍关节shark_leftAla和shark_rightAla，然后按住Shift

键加选左右两侧鱼鳍表面上未受到晶格影响的cv控制点，如图9-42所示。

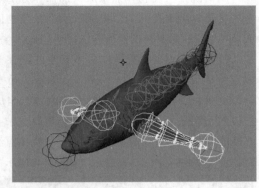

图9-42

（4）单击"蒙皮>绑定蒙皮>刚性绑定"菜单命令后面的 按钮，打开"刚性绑定蒙皮选项"对话框，然后设置"绑定到"为"选定关节"；接着关闭"为关节上色"选项，再设置"绑定方法"为"最近点"，如图9-43所示；最后单击"绑定蒙皮"按钮 绑定蒙皮 ，完成第2次刚性蒙皮绑定操作，效果如图9-44所示。

图9-43

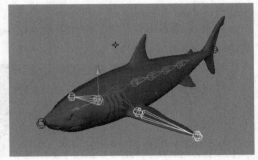

图9-44

> **提示** 在完成刚性绑定模型之后，接下来的工作就是编辑角色模型刚性蒙皮变形效果，使模型表面变形效果能达到制作动画的要求。

3.编辑刚性蒙皮物体点组成员

编辑刚性蒙皮物体点组成员的操作方法非常简单，这里以编辑鱼鳍关节影响的刚性蒙皮物体点组成员为例，讲解具体的操作方法。

（1）查看当前选择鱼鳍关节影响的刚性蒙皮物体点组成员。执行"编辑变形器>编辑成员身份工具"菜单命令，进入编辑刚性蒙皮物体点组成员操作模式。用鼠标左键单击选择左侧鱼鳍关节shark_leftAla，这时被该关节影响的刚性蒙皮物体点组中所有蒙皮点都将以黄色高亮显示，如图9-45所示。

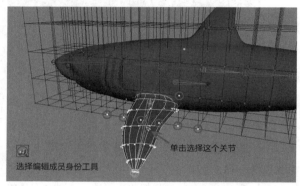

图9-45

提示 从图9-45所示中可以看出，左侧鱼鳍关节不但影响鱼鳍表面上的cv控制点，而且也影响7个晶格点，这7个晶格点在图中用红色圆圈标记出来了。

（2）从当前刚性蒙皮点组中去除不需要的晶格点。按住键盘Ctrl键用鼠标左键单击选择最下方6个高亮显示晶格点外侧的两个（在图中用绿色圆圈标记出来了），使它们变为非高亮显示状态，将这两个晶格点从当前关节影响的刚性蒙皮点组中去除，如图9-46所示。

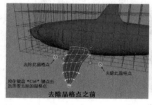

图9-46

（3）向当前刚性蒙皮点组中添加需要的晶格点。按住键盘Shift键单击鼠标左键选择位于鱼鳍表面上方3个非高亮显示的晶格点，使它们变为高亮显示，将这3个晶格点（在图中用绿色圆圈标记出来

了）添加到当前关节影响的刚性蒙皮点组中，如图9-47所示。

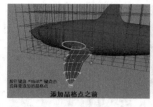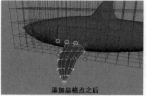

图9-47

（4）用相同的方法完成右侧鱼鳍关节影响的刚性蒙皮物体点组成员编辑操作。对于鲨鱼身体的其他关节，都可以先采用"编辑成员身份工具"查看是否存在分配不恰当的蒙皮点组成员，如果存在，利用添加或去除的方法进行蒙皮物体点组成员编辑操作，目的是消除关节在蒙皮物体上不恰当的影响范围。因为这部分没有更多的操作技巧，所以这里就不再重复讲解了，最终完成调整的鲨鱼骨架与晶格点的对应影响关系如图9-48所示。

图9-48

4.编辑刚性蒙皮晶格点权重

在完成调整关节影响蒙皮点的作用范围之后，接下来还需要对关节影响蒙皮点的作用力大小（蒙皮权重）进行调整。对于这个案例，编辑刚性蒙皮权重实际就是调整关节对晶格点的影响力。工作思路与编辑平滑蒙皮权重类似，首先旋转关节，查找出蒙皮物体表面变形不正确的区域，然后合理运用相应的编辑蒙皮权重工具，纠正不正确的权重分布区域，最终调整出正确的皮肤变形效果。

（1）旋转鱼鳍关节，观察当前蒙皮权重分配对鲨鱼模型的变形影响。同时选择左右两侧的鱼鳍关节shark_leftAla和shark_rightAla，使用"旋转工具" 沿z轴分别旋转+35°和-35°（也可以直接在"通道盒"中设置"旋转z"为±35），做出鱼鳍上下摆动的姿势，这时观察鲨鱼模型的变形效果如图9-49所示。

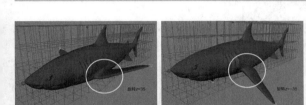

图9-49

提示 从图9-49中可以看出，由于鱼鳍关节对晶格点的影响力（蒙皮权重）过大，造成在鱼鳍与鲨鱼身体接合位置处模型体积的缺失，下面就来解决这个问题。

（2）在晶格物体上单击鼠标右键，从弹出的菜单中选择"晶格点"命令，然后选择受鱼鳍关节影响的8个晶格点，执行"窗口>常规编辑器>组件编辑器"菜单命令，打开"组件编辑器"对话框，接着单击"刚性蒙皮"选项卡（在面板中会显示出当前选择8个晶格点的刚性蒙皮权重数值，默认值为1），最后将位于晶格下方中间位置处的两个晶格点的权重数值设置为0.2，其余6个晶格点的权重数值设置为0.1，设置完成后按Enter键确认修改操作，如图9-50所示。

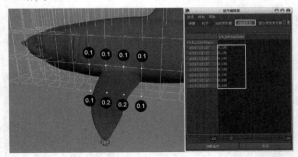

图9-50

提示 调整完成后，再次旋转鱼鳍关节，观察鲨鱼模型的变形效果已经恢复正常了，如图9-51所示。

图9-51

（3）旋转脊椎和尾部关节，观察当前蒙皮权重分配对鲨鱼身体模型的变形影响。同时选择5个脊椎关节，从shark_spine至shark_spine4和一个尾部关

shark_tail，使用"旋转工具" ■ 沿y轴旋转-30°（也可以直接在"通道盒"中设置"旋转 y"为-30），做出身体蜷曲的姿势，这时观察鲨鱼身体模型的变形效果，如图9-52所示。

图9-52

提示 从图9-52所示中可以看出，在鲨鱼身体位置出现一些生硬的横向褶皱，这是不希望看到的结果。下面仍然使用"组件编辑器"，通过直接输入权重数值的方式来修改关节对晶格点的影响力。

（4）修改关节对晶格点的影响力。最大化显示顶视图，进入晶格点编辑级别，然后按住Shift键用鼠标左键框取选择如图9-53所示的4列共20个晶格点，接着在"组件编辑器"对话框中将这些晶格点的权重数值全部修改为0.611。

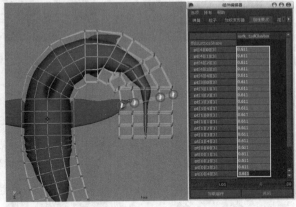

图9-53

提示 在调整多个权重时，如果这些权重的数值相等，可以用鼠标左键拖选这些权重，然后在最后一个数值输入框输入权重值即可。

（5）继续用鼠标左键框取选择中间的一列共5个晶格点，然后在"组件编辑器"对话框中将这些晶格点的权重值全部修改为0.916，如图9-54所示。

（6）按顺序继续调整上面一行晶格点的权重值。按住Shift键用鼠标左键框取选择如图9-55所示的

4列共20个晶格点，然后在"组件编辑器"对话框中将这些晶格点的权重值全部修改为0.222。

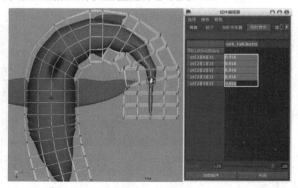

图9-54

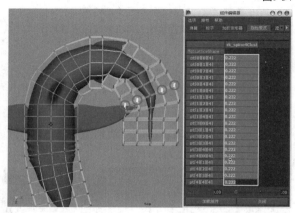

图9-55

（7）继续用鼠标左键框取选择中间的一列共5个晶格点，然后在"组件编辑器"对话框中将这些晶格点的权重值全部修改为0.111，如图9-56所示。

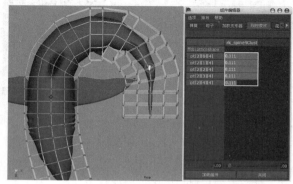

图9-56

（8）对于其他位置不理想的晶格点，都可以采用这种方法进行校正，具体操作过程这里就不再详细介绍了。操作时要注意，应尽量使晶格点之间的连接线沿鲨鱼身体的弯曲走向接近圆弧形，这样才能使鲨鱼身体平

滑变形。最终完成刚性蒙皮权重调整的晶格点影响鲨鱼身体模型的变形效果，如图9-57所示。

旋转脊椎和尾部的关节，影响鲨鱼身体模型的变形效果

图9-57

9.2.2 蒙皮前的准备工作

在蒙皮之前，需要充分检查模型和骨架的状态，以保证模型和骨架能最正确地绑在一起，这样在以后的动画制作中才不至于出现异常情况。在检查模型时需要从以下3方面入手。

第1点：首先要测试的就是角色模型是否适合制作动画，或者说检查角色模型在绑定之后是否能完成预定的动作。模型是否适合制作动画，主要从模型的布线方面进行分析。在动画制作中，凡是角色模型需要弯曲或褶皱的地方都必须要有足够多的线来划分，以供变形处理。在关节位置至少需要3条线的划分，这样才能实现基本的弯曲效果，而在关节处划分的线成扇形分布是最合理的，如图9-58所示。

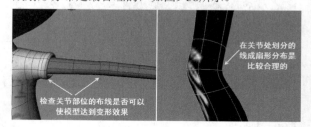

检查关节部位的布线是否可以使模型达到变形效果

在关节处划分的线成扇形分布是比较合理的

图9-58

第2点：分析完模型的布线情况后要检查模型是否"干净整洁"。所谓"干净"是指模型上除了必要的历史信息外不含无用的历史信息；所谓"整洁"就是要对模型的各个部位进行准确清晰的命名。

> **提示** 正是由于变形效果是基于历史信息的，所以在绑定或者用变形器变形前都要清除模型上的无用历史信息，以此来保证变形效果的正常解算。如果需要清除模型的历史信息，可以选择模型后执行"编辑>按类型删除>历史"菜单命令。

要做到模型干净整洁，还需要将模型的变换参数都调整到0，选择模型后执行"修改>冻结变换"菜单命令即可。

第3点：检查骨架系统的设置是否存在问题。各部分骨架是否已经全部正确清晰地进行了命名，这对后面的蒙皮和动画制作有很大的影响，一个不太复杂的人物角色，用于控制其运动的骨架节点也有数十个之多，如果骨架没有清晰的命名而是采用默认的joint1、joint2和joint3方式，那么在编辑蒙皮时，想要找到对应位置的骨架节点就非常困难。所以在蒙皮前，必须对角色的每个骨架节点进行命名。骨架节点的名称没有统一的标准，但要求看到名称时就能准确找到骨架节点的位置。

9.2.3 平滑绑定

"平滑绑定"方式能使骨架链中的多个关节共同影响被蒙皮模型表面（皮肤）上同一个蒙皮物体点，提供一种平滑的关节连接变形效果。从理论上讲，一个被平滑绑定后的模型表面会受到骨架链中所有关节的共同影响，但在对模型进行蒙皮操作之前，可以利用选项参数设置来决定只有最靠近相应模型表面的几个关节才能对蒙皮物体点产生变形影响。

采用平滑绑定方式绑定的模型表面上的每个蒙皮物体点可以由多个关节共同影响，而且每个关节对该蒙皮物体点影响力的大小是不同的，这个影响力大小用蒙皮权重来表示，它是在进行绑定皮肤计算时由系统自动分配的。如果一个蒙皮物体点完全受一个关节的影响，那么这个关节对于此蒙皮物体点的影响力最大，此时蒙皮权重数值为1；如果一个蒙皮物体点完全不受一个关节的影响，那么这个关节相对于此蒙皮物体点的影响力最小，此时蒙皮权重数值为0。

提示 在默认状态下，平滑绑定权重的分配是按照标准化原则进行的，所谓权重标准化原则就是无论一个蒙皮物体点受几个关节的共同影响，这些关节对该蒙皮物体点影响力（蒙皮权重）的总和始终等于1。如一个蒙皮物体点同时受两个关节的共同影响，其中一个关节的影响力（蒙皮权重）是0.5，则另一个关节的影响力（蒙皮权重）也是0.5，它们的总和为1；如果将其中一个关节的蒙皮权重修改为0.8，则另一个关节的蒙皮权重会自动调整为0.2，它们的蒙皮权重总和将始终保持为1。

单击"蒙皮>绑定蒙皮>平滑绑定"菜单命令后

面的□按钮，打开"平滑绑定选项"对话框，如图9-59所示。

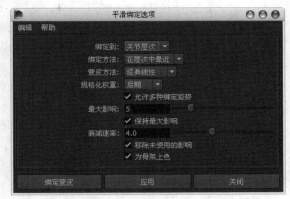

图9-59

参数详解

绑定到：指定平滑蒙皮操作将绑定整个骨架还是只绑定选择的关节，共有以下3个选项。

关节层次：当选择该选项时，选择的模型表面（可变形物体）将被绑定到骨架链中的全部关节上，即使选择了根关节之外的一些关节。该选项是角色蒙皮操作中常用的绑定方式，也是系统默认的选项。

选定关节：当选择该选项时，选择的模型表面（可变形物体）将被绑定到骨架链中选择的关节上，而不是绑定到整个骨架链。

对象层次：当选择该选项时，这个选择的模型表面（可变形物体）将被绑定到选择的关节或非关节变换节点（如组节点和定位器）的整个层级。只有选择这个选项，才能利用非蒙皮物体（如组节点和定位器）与模型表面（可变形物体）建立绑定关系，使非蒙皮物体能像关节一样影响模型表面，产生类似皮肤的变形效果。

绑定方法：指定关节影响被绑定物体表面上的蒙皮物体点是基于骨架层次还是基于关节与蒙皮物体点的接近程度，共有以下两个选项。

在层次中最近：当选择该选项时，关节的影响基于骨架层次，在角色设置中，通常需要使用这种绑定方法，因为它能防止产生不适当的关节影响。如在绑定手指模型和骨架时，使用这个选项可以防止一个手指关节影响与其相邻近的另一个手指上的蒙皮物体点。

最近距离：当选择该选项时，关节的影响基于它与蒙皮物体点的接近程度，当绑定皮肤时，Maya将忽略骨架的层次。因为它能引起不适当的关节影响，所以在角色设置中，通常需要避免使用这种绑定方法。如在绑定手指模型和骨架时，使用这个选项可能导致一个手指关节影响与其相邻近的另一个手指上的蒙皮物体点。

蒙皮方法： 指定希望为选定可变形对象使用哪种蒙皮方法。

经典线性： 如果希望得到基本平滑蒙皮变形效果，可以使用该方法。这个方法允许出现一些体积收缩和收拢变形效果。

双四元数： 如果希望在扭曲关节周围变形时保持网格中的体积，可以使用该方法。

权重已混合： 这种方法基于绘制的顶点权重贴图，是"经典线性"和"双四元数"蒙皮的混合。

规格化权重： 设定如何规格化平滑蒙皮权重。

无： 禁用平滑蒙皮权重规格化。

交互式： 如果希望精确使用输入的权重值，可以选择该模式。当使用该模式时，Maya会从其他影响添加或移除权重，以便所有影响的合计权重为1。

后期： 选择该模式时，Maya会延缓规格化计算，直至变形网格。

允许多种绑定姿势： 设定是否允许让每个骨架用多个绑定姿势。如果正绑定几何体的多个片到同一骨架，该选项非常有用。

最大影响： 指定可能影响每个蒙皮物体点的最大关节数量。该选项默认设置为5，对于四足动物角色这个数值比较合适，如果角色结构比较简单，可以适当减小这个数值，以优化平滑绑定计算的数据量，提高工作效率。

保持最大影响： 选择该选项后，平滑蒙皮几何体在任何时间都不能具有比"最大影响"指定数量更大的影响数量。

衰减速率： 指定每个关节对蒙皮物体点的影响随着点到关节距离的增加而逐渐减小的速度。该选项数值越大，影响减小的速度越慢，关节对蒙皮物体点的影响范围也越大；该选项数值越小，影响减小的速度越快，关节对蒙皮物体点的影响范围也越小，如图9-60所示。

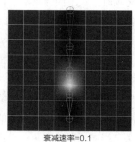
衰减速率=0.1

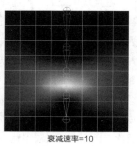
衰减速率=10

图9-60

移除未使用的影响： 当选择该选项时，平滑绑定皮肤后可以断开所有蒙皮权重值为0的关节和蒙皮物体点之间的关联，避免Maya对这些无关数据进行检测计算。当想要减少场景数据的计算量、提高场景播放速度时，选择该选项将非常有用。

为骨架上色： 当选择该选项时，被绑定的骨架和蒙皮物体点将变成彩色，使蒙皮物体点显示出与影响它们的关节和骨头相同的颜色。这样可以很直观地区分不同关节和骨头在被绑定可变形物体表面上的影响范围，如图9-61所示。

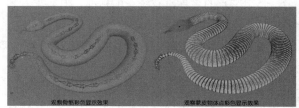
观察骨骼彩色显示效果　　　　　　观察蒙皮物体点彩色显示效果

图9-61

9.2.4 交互式蒙皮绑定

"交互式蒙皮绑定"可以通过一个包裹物体来实时改变绑定的权重分配，这样可以大大减少权重分配的工作量。打开"交互式蒙皮绑定选项"对话框，如图9-62所示。

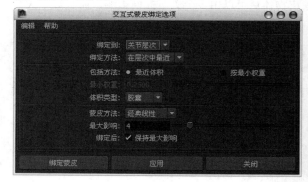

图9-62

提示 "交互式蒙皮绑定选项"对话框中的参数与"平滑绑定选项"对话框中的参数一致，这里不再重复介绍。

9.2.5 刚性绑定

"刚性绑定"是通过骨架链中的关节影响被蒙皮模型表面（皮肤）上的蒙皮物体点，提供一种关节连接变形效果。与平滑绑定方式不同，在刚性绑定中每个蒙皮物体点只能受到一个关节的影响，而在平滑绑定中每个蒙皮物体点能受到多个关节的共同影响。正是因为如此，刚性绑定在关节位置处产生的变形效果相对比较僵硬，但是刚性绑定比平滑绑定具有更少的数据处理量和更容易的编辑修改方式。另外可以借助变形器（如晶格变形、簇变形和屈肌等）对刚性绑定进行辅助控制，使刚性绑定物体表面也能获得平滑的变形效果。

在刚性绑定过程中，对于被绑定表面上的每个蒙皮物体点，Maya会自动分配一个刚性绑定点的权重，用来控制关节对蒙皮物体点的影响力大小。在系统默认设置下，每个关节都能够均衡地影响与它最靠近的蒙皮物体点，用户也可以自由编辑每个关节所影响蒙皮物体点的数量。

打开"刚性绑定蒙皮选项"对话框，如图9-63所示。

图9-63

参数详解

绑定到：指定刚性蒙皮操作将绑定整个骨架还是只绑定选择的关节，共有以下3个选项。

完整骨架：当选择该选项时，被选择的模型表面（可变形物体）将被绑定到骨架链中的全部关节上，即使选择了根关节之外的一些关节。该选项是角色蒙皮操作中常用的绑定方式，也是系统默认的选项。

选定关节：当选择该选项时，被选择的模型表面（可变形物体）将被绑定到骨架链中选择的关节上，而不是绑定到整个骨架链。

强制全部：当选择该选项时，被选择的模型表面（可变形物体）将被绑定到骨架链中的全部关节上，其中也包括那些没有影响力的关节。

为关节上色：当选择该选项时，被绑定的关节上会自动分配与蒙皮物体点组相同的颜色。当编辑蒙皮物体点组成员（关节对蒙皮物体的影响范围）时，选择这个选项将有助于以不同的颜色区分各个关节所影响蒙皮物体点的范围。

绑定方法：可以选择一种刚性绑定方法，共有以下两个选项。

最近点：当选择该选项时，Maya将基于每个蒙皮物体点与关节的接近程度，自动将可变形物体点放置到不同的蒙皮物体点组中。对于每个与骨连接的关节，都会创建一个蒙皮物体点组，组中包括与该关节最靠近的可变形物体点。Maya将不同的蒙皮物体点组放置到一个分区中，这样可以保证每个可变形物体点只能在一个唯一的组中，最后每个蒙皮物体点组被绑定到与其最靠近的关节上。

划分集：当选择该选项时，Maya将绑定在指定分区中已经被编入蒙皮物体点组内的可变形物体点。应该有和关节一样多的蒙皮物体点组，每个蒙皮物体点组被绑定到与其最靠近的关节上。

划分：当设置"绑定方法"为"划分集"时，该选项才起作用，可以在列表框中选择想要刚性绑定的蒙皮物体点组所在的划分集名称。

9.2.6 绘制蒙皮权重工具

"绘制蒙皮权重工具"提供了一种直观的编辑平滑蒙皮权重的方法，让用户可以采用涂抹绘画的方式直接在被绑定物体表面修改蒙皮权重值，并能实时观察到修改结果。这是一种十分有效的工具，也是在编辑平滑蒙皮权重工作中主要使用的工具。它虽然没有"组件编辑器"输入的权重数值精确，但是可以在蒙皮物体表面快速高效地调整出合理的权重分布数值，以获得理想的平滑蒙皮变形效果，如图9-64所示。

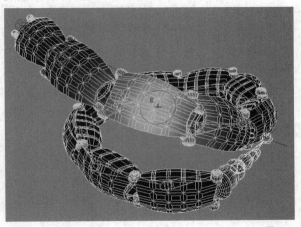

图9-64

单击"蒙皮>编辑平滑蒙皮>绘制蒙皮权重工具"菜单命令后面的回按钮，打开该工具的"工具设置"对话框，如图9-65所示。该对话框分为"工具设置""影响""渐变""笔画""光笔压力"和"显示"6个卷展栏。

图9-65

1.工具设置

展开"绘制蒙皮权重工具"的"工具设置"卷展栏，如图9-66所示。

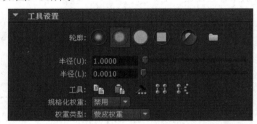

图9-66

参数详解

轮廓：选择笔刷的轮廓样式，有"高斯笔刷"■、"软笔刷"■、"硬笔刷"■和"方形笔刷"■4种样式。

> **提示** 如果预设的笔刷不能满足当前工作需要，还可以单击右侧的"文件浏览器"按钮■，在Maya安装目录drive:\Program Files\Autodesk\Maya2014\brushShapes的文件夹中提供了40个预设的笔刷轮廓，可以直接加载使用。当然用户也可以根据需要自定义笔刷轮廓，只要是Maya支持的图像文件格式，图像大小在256像素×256像素之内即可。

半径（u）：如果用户正在使用一支压感笔，该选项可以为笔刷设定最大的半径值；如果用户只是使用鼠标，该选项可以设置笔刷的半径范围值。当调节滑块时该值最高可设置为50，但是按住B键拖曳光标可以得到更高的笔刷半径值。

> **提示** 在绘制权重的过程中，经常采用按住B键拖曳光标的方法来改变笔刷半径，在不打开"绘制蒙皮权重工具"的"工具设置"对话框的情况下，根据绘制模型表面的不同部位直接对笔刷半径进行快速调整可以大大提高工作效率。

半径（1）：如果用户正在使用一支压感笔，该选项可以为笔刷设定最小的半径值；如果没有使用压感笔，这个属性将不能使用。

工具：对权重进行复制、粘贴等操作。

复制选定顶点的权重■：选择顶点后，单击该按钮可以复制选定顶点的权重值。

将复制的权重粘贴到选定顶点上■：复制选定顶点的权重以后，单击该按钮可以将复制的顶点权重值粘贴到其他选定顶点上。

权重锤■：单击该按钮可以修复其权重导致网格上出现不希望的变形的选定顶点。Maya为选定顶点指定与其相邻顶点相同的权重值，从而可以形成更平滑的变形。

将权重移到选定影响■：单击该按钮可以将选定顶点的权重值从其当前影响移动到选定影响。

显示对选定顶点的影响■：单击该按钮可以选择影响到选定顶点的所有影响。这样可以帮助用户解决网格区域中出现异常变形的疑难问题。

规格化权重：设定如何规格化平滑蒙皮权重。

禁用：禁用平滑蒙皮权重规格化。

交互式：如果希望精确使用输入的权重值，可以选择该模式。当使用该模式时，Maya会从其他影响添加或移除权重，以便所有影响的合计权重为1。

后期：选择该模式时，Maya会延缓规格化计算，直至变形网格。

权重类型：选择以下两种类型中的一种权重进行绘制。

蒙皮权重：为选定影响绘制基本的蒙皮权重，这是默认设置。

DQ混合权重：选择这个类型来绘制权重值，可以逐顶点控制"经典线性"和"双四元数"蒙皮的混合。

2.影响

展开"影响"卷展栏，如图9-67所示。

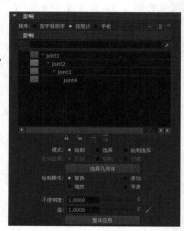

图9-67

参数详解

　　排序：在影响列表中设定关节的显示方式，有以下3种方式。

　　按字母排序：按字母顺序对关节名称排序。

　　按层次：按层次（父子层次）对关节名称排序。

　　平板：按层次对关节名称排序，但是将其显示在平坦列表中。

　　重置为默认值■：将"影响"列表重置为默认大小。

　　展开影响列表：展开"影响"列表，并显示更多行。

　　收拢影响列表：收缩"影响"列表，并显示更少行。

　　影响：这个列表显示绑定到选定网格的所有影响的列表。例如，影响选定角色网格蒙皮权重的所有关节。

　　过滤器▭▭▭▭：输入文本以过滤在列表中显示的影响。这样可以更轻松地查找和选择要处理的影响，尤其是在处理具有复杂的装配时很实用。例如，输入r_*，可以只列出前缀为r_的那些影响。

　　固定✎：固定影响列表，可以仅显示选定的影响。

　　保持影响权重■：单击该按钮可以保持选定影响的权重。保持影响时，影响列表中影响名称旁边将显示一个锁定图标，绘制其他影响的权重时对该影响无影响。

　　不保持影响权重■：单击该按钮可以不保持选定影响的权重。

　　显示选定项■：单击该按钮可以自动浏览影响列表，以显示选定影响。在处理具有多个影响的复杂角色时，该按钮非常有用。

　　反选■：单击按钮可快速反选要在列表中选定的影响。

　　模式：在绘制模式之间进行切换。

　　绘制：选择该选项时，可以通过在顶点绘制值来设定权重。

　　选择：选择该选项时，可以从绘制蒙皮权重切换到选择蒙皮点和影响。对于多个蒙皮权重任务，如修复平滑权重和将权重移动到其他影响，该模式非常重要。

　　绘制选择：选择该选项时，可以绘制选择顶点。

　　绘制选择：通过后面的3个附加选项可以设定绘制时是否向选择中添加或从选择中移除顶点。

　　添加：选择该选项时，绘制将向选择添加顶点。

　　移除：选择该选项时，绘制将向选择移除顶点。

　　切换：选择该选项时，绘制将切换顶点的选择。绘制时，从选择中移除选定顶点并添加取消选择的顶点。

　　选择几何体▭▭▭：单击该按钮可以快速选择整个网格。

　　绘制操作：设置影响的绘制方式。

　　替换：笔刷笔画将使用为笔刷设定的权重替换蒙皮权重。

　　添加：笔刷笔画将增大附近关节的影响。

　　缩放：笔刷笔画将减小远处关节的影响。

　　平滑：笔刷笔画将平滑关节的影响。

　　不透明度：通过设置该选项可以使用同一种笔刷轮廓来产生更多的渐变效果，使笔刷的作用效果更加精细微妙。如果设置该选项数值为0，笔刷将没有任何作用。

　　值：设定笔刷笔画应用的权重值。

　　整体应用 ▭整体应用▭：将笔刷设置应用到选定"抖动"变形器的所有权重，结果取决于执行整体应用时定义的笔刷设置。

3.渐变

　　展开"渐变"卷展栏，如图9-68所示。

图9-68

参数详解

　　使用颜色渐变：选择该选项时，权重值表示为网格的颜色。这样在绘制时可以更容易看到较小的值，并确定在不应对顶点有影响的地方关节是否正在影响顶点。

　　权重颜色：当选择"使用颜色渐变"选项时，该选项可以用于编辑颜色渐变。

　　选定颜色：为权重颜色的渐变色标设置颜色。

　　颜色预设：从预定义的3个颜色渐变选项中选择颜色。

4.笔画

　　展开"笔画"卷展栏，如图9-69所示。

图9-69

参数详解

　　屏幕投影：当关闭该选项时（默认设置），笔刷会沿着绘画的表面确定方向；当选择该选项时，笔刷标记将以视图平面作为方向影射到选择的绘画表面。

> **提示** 当使用"绘制蒙皮权重工具"涂抹绘画表面权重时，通常需要关闭"屏幕投影"选项。如果被绘制的表面非常复杂，可能需要选择该选项，因为使用该选项会降低系统的执行性能。

镜像：该选项对于"绘制蒙皮权重工具"是无效的，可以使用"蒙皮>编辑平滑蒙皮>镜像蒙皮权重"菜单命令来镜像平滑的蒙皮权重。

图章间距：在被绘制的表面上单击并拖曳光标绘制出一个笔画，用笔刷绘制出的笔画是由许多相互交叠的图章组成的。利用这个属性，用户可以设置笔画中的印记将如何重叠。如果设置"图章间距"数值为1，创建笔画中每个图章的边缘刚好彼此接触；如果设置"图章间距"数值大于1，那么在每个相邻的图章之间会留有空隙；如果设置"图章间距"数值小于1，图章之间将会重叠，如图9-70所示。

图9-70

图章深度：该选项决定了图章能被投影多远。如当使用"绘制蒙皮权重工具"在一个有褶皱的表面上绘画时，减小"图章深度"数值会导致笔刷无法绘制到一些折痕区域的内部。

5.光笔压力

展开"光笔压力"卷展栏，如图9-71所示。

图9-71

参数详解

光笔压力：当选择该选项时，可以激活压感笔的压力效果。

压力映射：可以在下拉列表中选择一个选项，来确定压感笔的笔尖压力将会影响的笔刷属性。

6.显示

展开"显示"卷展栏，如图9-72所示。

图9-72

参数详解

绘制笔刷：利用这个选项，可以切换"绘制蒙皮权重工具"笔刷在场景视图中的显示和隐藏状态。

绘制时绘制笔刷：当选择该选项时，在绘制的过程中

会显示出笔刷轮廓；如果关闭该选项，在绘制的过程中将只显示出笔刷指针而不显示笔刷轮廓。

绘制笔刷切线轮廓：当选择该选项时，在选择的蒙皮表面上移动光标时会显示出笔刷的轮廓，如图9-73所示；如果关闭该选项，将只显示出笔刷指针而不显示笔刷轮廓，如图9-74所示。

 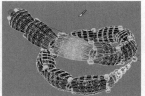

图9-73　　　　　　　　　图9-74

绘制笔刷反馈：当选择该选项时，会显示笔刷的附加信息，以指示出当前笔刷所执行的绘制操作。当用户在"影响"卷展栏下为"绘制操作"选择了不同方式时，显示出的笔刷附加信息也有所不同，如图9-75所示。

图9-75

显示线框：当选择该选项时，在选择的蒙皮表面上会显示出线框结构，这样可以观察绘画权重的结果，如图9-76所示；关闭该选项时，将不会显示出线框结构，如图9-77所示。

图9-76　　　　　　　　　图9-77

颜色反馈：当选择该选项时，在选择的蒙皮表面上将显示出灰度颜色反馈信息，采用这种渐变灰度值来表示蒙皮权重数值的大小，如图9-78所示；当关闭该选项时，将不会显示出灰度颜色反馈信息，如图9-79所示。

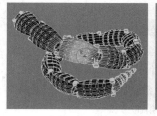 

图9-78　　　　　　　　　图9-79

当减小蒙皮权重数值时，反馈颜色会变暗；当增大蒙皮权重数值时，反馈颜色会变亮；当蒙皮权重数值为0时，反馈颜色为黑色；当蒙皮权重数值为1时，反馈颜色为白色。

利用"颜色反馈"功能，可以帮助用户查看选择表面上蒙皮权重的分布情况，并能指导用户采用正确的数值绘制蒙皮权重。要在蒙皮表面上显示出颜色反馈信息，必须使模型在场景视图中以平滑实体的方式显示才行。

多色反馈：当选择该选项时，能以多重颜色的方式观察被绑定蒙皮物体表面上绘制蒙皮权重的分配，如图9-80所示。

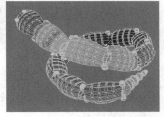

图9-80

x射线显示关节：在绘制时，以X射线显示关节。

最小颜色：该选项可以设置最小的颜色显示数值。如果蒙皮物体上的权重数值彼此非常接近，使颜色反馈显示太微妙以至于不易察觉，这时使用该选项将很有用。可以尝试设置不同数值使颜色反馈显示出更大的对比度，为用户进行观察和操作提供方便。

最大颜色：该选项可以设置最大的颜色显示数值，如果蒙皮物体上的权重数值彼此非常接近，使颜色反馈显示太微妙以至于不易察觉，这时可以尝试设置不同数值使颜色反馈显示出更大的对比度，为用户进行观察和操作提供方便。

9.3 课堂练习：腿部绑定

场景位置	Scenes>CH09>I4>I4.mb
实例位置	Examples>CH09>I4>I4.mb
难易指数	★★★☆☆
技术掌握	练习腿部骨架绑定的方法

人物骨架的创建、绑定与蒙皮在实际工作中（主要用在动画设定中）经常遇到，如果要制作人物动画，这些工作是必不可少的。本案例就将针对人物腿部骨架的创建方法、骨架与模型的蒙皮方法进行练习，图9-81所示是本案例各种动作的渲染效果。

图9-81

9.3.1 创建骨架

（1）打开素材文件夹中的Scenes>CH09>I4>I4.mb文件，如图9-82所示。

图9-82

（2）在绑定之前一定要确保模型"干净"，即没有任何历史记录和所有属性归零，因此执行"编辑>按类型删除全部>历史"菜单命令，如图9-83所示；然后选择模型，执行"修改>冻结变换"菜单命令，如图9-84所示。

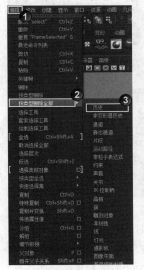

图9-83

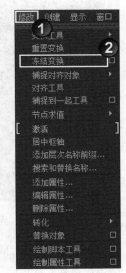

图9-84

（3）切换到侧视图，然后执行"骨架>关节工具"菜单命令，接着根据腿部活动特征绘制如图9-85所示的骨架。

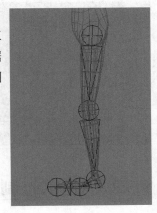

图9-85

（4）由于骨架太大，因此先设置关节的显示比例。执行"显示>动画>关节大小"菜单命令，如图9-86所示；然后在打开的"关节显示比例"对话框中，设置关节显示比例为0.35，如图9-87所示。

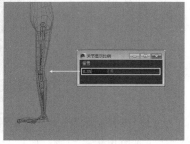

图9-86　　　　　　　图9-87

（5）切换到前视图，然后调整好骨架的位置，让腿部模型完全包裹住骨架，如图9-88所示。

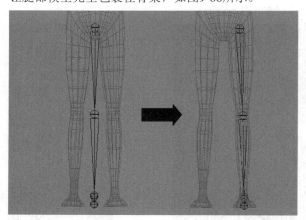

图9-88

（6）隐藏模型，然后打开"大纲视图"对话框，接着将创建好的骨架按部位重命名，以便后面的操作容易区分骨架，如图9-89所示和图9-90所示。

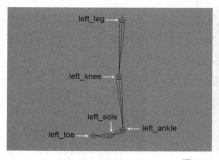

图9-89　　　　　　　图9-90

9.3.2 创建IK控制柄

（1）隐藏模型对象，然后执行"骨架> IK控制柄工具"菜单命令，接着单击根部的骨架，最后单击脚踝处的骨架，生成IK控制柄，如图9-91所示。

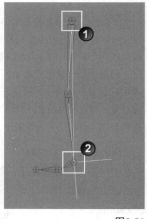

图9-91

（2）使用相同的方法创建其他部位的IK控制柄，如图9-92所示；接着将IK控制重命名，如图9-93所示和图9-94所示。

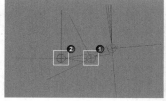

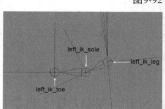

图9-93　　　　　　　图9-94

（3）执行"显示>动画>IK控制柄大小"菜单命令，然后在打开的"IK控制柄显示比例"对话框中，设置关节显示比例为0.4，如图9-95所示。

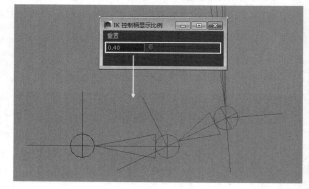

图9-95

（4）在"大纲视图"对话框中，选择left_ik_toe和left_ik_sole节点，然后按快捷键Ctrl+G进行分组，如图9-96所示；接着按住D键和V键，将枢轴捕捉到脚掌处，如图9-97所示。

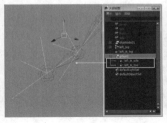

图9-96　　　　　　　　图9-97

（5）在"大纲视图"对话框中，选择left_ik_leg和group1节点，然后按快捷键Ctrl+G进行分组，如图9-98所示；接着按住D键和V键，将枢轴捕捉到脚尖处，如图9-99所示。

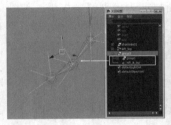

图9-98　　　　　　　　图9-99

（6）在"大纲视图"对话框中选择left_leg节点，然后单击"骨架>镜像关节"菜单命令后面的□按钮，接着在打开的"镜像关节选项"对话框中，设置"镜像平面"为yz，最后单击"镜像"按钮，如图9-100所示。效果如图9-101所示。

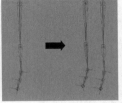

图9-100　　　　　　　　图9-101

（7）将镜像出来的骨骼和IK控制柄重新命名，如图9-102所示。然后使用步骤4、5的方法分组IK控制柄，接着将group1和group3分别命名为left_IK和right_IK，如图9-103所示。

图9-102　　　　　　　　图9-103

9.3.3 制作蒙皮

（1）选择left_leg和right_leg（骨架）节点，然后加选模型，接着执行"蒙皮>绑定蒙皮>平滑蒙皮"命令，效果如图9-104所示。

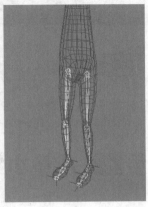

图9-104

（2）选择left_IK和right_IK节点，然后将其上下移动，观察移动后的效果，如图9-105所示。

图9-105

（3）选择left_leg和right_leg（骨架）节点，然后将其上下移动，观察移动后的效果，如图9-106所示。

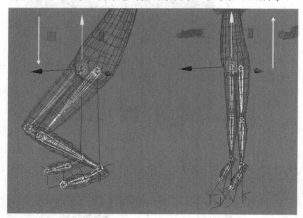

图9-106

提示 由于只为人物的腿部制作了骨架和蒙皮，因此在对骨架和IK控制柄进行操作时，人物的其他部分会有错误的变形。如果对整个人物制作了骨架和蒙皮，或者蒙皮的对象只有单个的腿部模型，就不会存在这样的问题。

9.4 本章小结

本章介绍"骨架"与"蒙皮"的使用方法，通过简单的案例介绍了其部分功能，本章的内容比较难，是制作高级动画重要知识，为了便于读者更好的学习，笔者在后面准备了课堂练习和习题供读者学习，希望读者能够反复练习。

9.5 课后习题：绑定异形生物

本章主要是介绍关于异形生物的骨架和蒙皮的创建方法，请读者根据前面所学习的知识完成习题中的骨骼创建。

场景位置	Scene>CH09>15>15.mb
案例位置	Example>CH09>15>15.mb
难易指数	★★★☆☆
技术掌握	练习异形生物的骨架和蒙皮的创建方法

操作指南

首先打开场景文件，然后为角色模型创建骨架，接着为模型蒙皮，蒙皮完成后，由于骨架对模型的影响不太合适，所以要为模型绘制权重，使骨架能够正确地影响模型，练习效果如图9-107所示。

图9-107

第10章

动力学与特效

本章将主要介绍动力学与流体的内容。动力学都是物理学的分支，动态动画使用物理学规则以模拟自然力，它可以创建逼真的运动动画和特效，而使用传统的关键帧动画是难以实现的；而流体是一种真实地模拟和渲染流体运动的技术，使用流体可以创建各种2D和3D大气、爆破等效果。

学习目标

- 掌握粒子系统的使用方法
- 掌握动力场的使用方法
- 掌握柔体的使用方法
- 掌握刚体的使用方法
- 掌握主要流体的使用方法
- 掌握制作特效的方法

10.1 制作粒子特效动画

粒子特效动画是一种比较常见的特效，在制作3D作品的时候，我们会在场景动画中加入一些粒子特效动画来烘托出场景的氛围。如图10-1所示，这是一个"天秤座"标志图像，在背景中加入闪烁的繁星，无疑更加体现了星座的神秘感。

图10-1

10.1.1 课堂案例：制作雪景特效

场景位置	无
实例位置	Examples>CH10>J1>J1.mb
难易指数	★★★☆☆
技术掌握	学习"粒子系统""动力场"的使用方法

案例介绍

在Maya中，粒子是指显示为圆点、条纹、球体、滴状曲面或其他项目的点，是Maya的一种物理模拟，其运用非常广泛。同时，Maya的粒子系统相当强大，一方面它允许使用相对较少的输入命令来控制粒子的运动，另外还可以与各种动画工具混合使用，如与场、关键帧和Expressions（表达式）等结合起来使用，同时Maya的粒子系统即使在控制大量粒子时也能进行交互式作业；另一方面粒子具有速度、颜色和寿命等属性，可以通过对这些属性的控制来达到理想的粒子效果，本案例将使用Maya的"动力学"模块中的粒子系统来模拟出真实的雪景效果。案例效果如图10-2所示。

图10-2

制作思路

第1步：在场景中创建一个NURBS平面和一个粒子发射器。

第2步：在场景中为粒子创建一个重力场。

第3步：使用"使碰撞"工具■为场景中的粒子和NURBS平面创建碰撞关系。

第4步：修改默认粒子材质的参数设置，将其调整为雪花材质。

第5步：最后添加背景以丰富场景，然后渲染输出。

1.创建基本场景

（1）执行"创建>NURBS基本体>平面"菜单命令，在场景中创建一个NURBS平面，如图10-3所示。

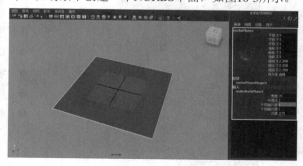

图10-3

提示 这里创建NURBS平面作为地面，是因为只有NURBS物体和曲面物体才会和Maya的粒子系统较好地产生交互作用。

（2）在"粒子>创建发射器"菜单命令后面单击 ■按钮，打开"发射器选项（创建）"对话框，然后将"发射器类型"更改为"体积"类型；接着单击"创建"按钮 ，在视图中创建出粒子发射器，并使用"缩放工具" ■将粒子发射器的形状做一下调整，如图10-4和图10-5所示。

图10-4

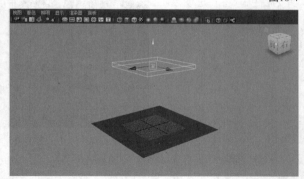

图10-5

（3）执行"窗口>大纲视图"菜单命令，打开"大纲视图"窗口，然后选择particle1（粒子1），并执行"场>重力"菜单命令，为particle1（粒子1）创建一个重力场，如图10-6所示。

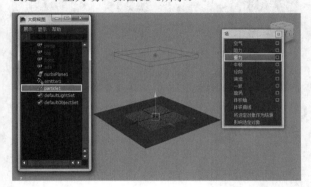

图10-6

（4）单击"向前播放"按钮 ▶，播放一下动画，可以发现从粒子发射器中向下发射出粒子来，和NURBS平面产生穿插的效果，如图10-7所示。

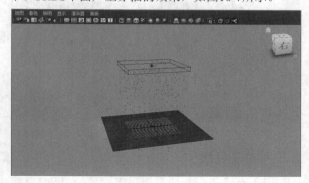

图10-7

提示　如果发现粒子下落距离很短，可以增加动画播放时长，就能看到如图10-7所示的效果。

2.建立动力学属性

（1）在"大纲视图"窗口中选择particle1（粒子1），然后选择murbsPlane1（NURBS平面1），接着在工具架的"动力学"选项卡下单击"使碰撞"按钮 ■，创建粒子与地面的碰撞关系属性，最后播放动画，可以看到当粒子与地面接触后，粒子被弹起了，如图10-8所示。

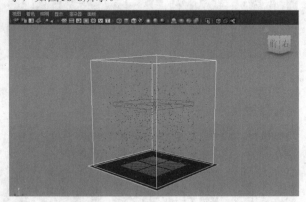

图10-8

（2）在视图中选择NURBS平面，然后在"通道盒"的"输出"选项组中设置"弹性"为0、"摩擦力"为1，如图10-9所示。再次播放动画，粒子下落到与NURBS平面碰撞的时候就不再会出现被反弹的效果了，如图10-10所示。

图10-9

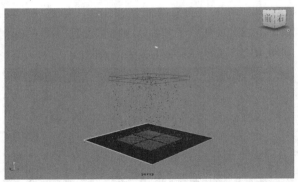

图10-10

3.设置粒子材质

（1）在"大纲视图"窗口中选择particle1（粒子1），然后按快捷键Ctrl+A打开"属性编辑器"面板，接着在partclesShape1（粒子形状）选项卡中展开"渲染属性"卷展栏，再设置"粒子渲染类型"为"云（S/W）"，并单击"添加属性"后面的"当前渲染类型"按钮 当前渲染类型 ，最后将"半径"改为0.3，如图10-11和图10-12所示。

图10-11　　　　　　　　图10-12

（2）此时渲染一下场景，发现雪是蓝色的，这是Maya默认的粒子材质，如图10-13所示。

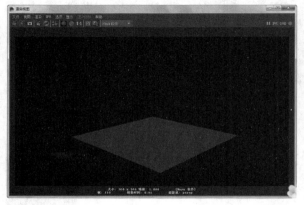

图10-13

（3）执行"窗口>渲染编辑器>Hypershade"菜单命令，打开Hypershade窗口，在该窗口中可以发现有一个名为PartcleCloud1的材质球，如图10-14所示。

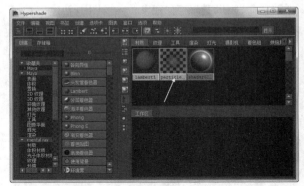

图10-14

（4）在Hypershade窗口的Work Area（工作区）内双击partcleCloud1节点，打开其"属性编辑器"面板，然后将"颜色"设置为白色，将"透明度"设置为灰色，如图10-15所示。

图10-15

（5）渲染一下场景，效果如图10-16所示。

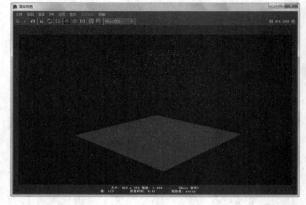

图10-16

4.丰富场景

（1）执行"创建>多边形基本体>平面"菜单命令，在场景中创建一个面片，如图10-17所示。

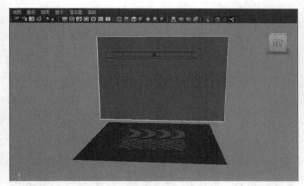

图10-17

（2）执行"窗口>渲染编辑器>Hypershade"菜单命令，打开Hypershade窗口，然后创建一个Lambert材质和一个"文件"节点，如图10-18所示。

图10-18

（3）在"文件"节点的"属性编辑器"面板中单击"图像名称"参数后面的 按钮，并导入素材文件夹中的Examples>CH10>J1>BG.jpg文件，如图10-19所示。

图10-19

（4）将"文件"节点连接到Lambert材质的"颜色"属性上，如图10-20所示。

图10-20

（5）在Hypershade窗口中将Lambert材质赋予场景中的面片模型，如图10-21所示。

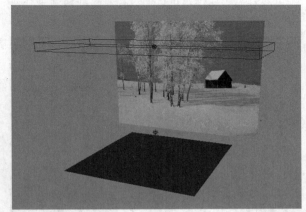

图10-21

（6）将场景调整至一个合适的角度，如图10-22所示；然后渲染场景，最终效果如图10-23所示。

图10-22

图10-23

10.1.2 粒子系统

Maya作为最优秀的动画制作软件之一，其中一个重要原因就是其令人称道的粒子系统。Maya的粒子系统相当强大，一方面它允许使用相对较少的输入命令来控制粒子的运动，另外还可以与各种动画工具混合使用，如与场、关键帧和表达式等结合起来使用，同时Maya的粒子系统即使在控制大量粒子时也能进行交互式作业；另一方面粒子具有速度、颜色和寿命等属性，可以通过控制这些属性来获得理想的粒子效果，如图10-24所示。

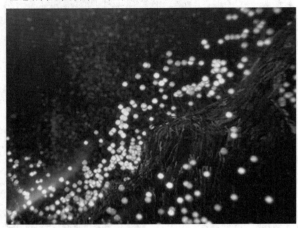

图10-24

提示 粒子是Maya的一种物理模拟，其运用非常广泛，如火山喷发，夜空中绽放的礼花，秋天漫天飞舞的枫叶等，都可以通过粒子系统来实现。

切换到"动力学"模块，如图10-25所示，此时Maya会自动切换到动力学菜单。创建与编辑粒子主要用"粒子"菜单来完成，如图10-26所示。

图10-25　　　　图10-26

提示 以下讲解的命令都在"粒子"菜单下，笔者只针对常用的命令进行讲解。

1.粒子工具

顾名思义，"粒子工具"就是用来创建粒子的。打开"粒子工具"的"工具设置"对话框，如图10-27所示。

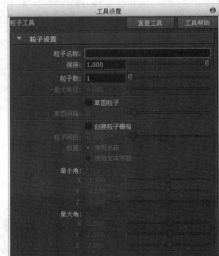

图10-27

参数详解

粒子名称： 为即将创建的粒子命名。命名粒子有助于在"大纲视图"对话框识别粒子。

保持： 该选项会影响粒子的速度和加速度属性，一般情况下都采用默认值1。

粒子数： 设置要创建的粒子的数量，默认值为1。

最大半径： 如果设置的"粒子数"大于 1，则可以将粒子随机分布在单击的球形区域中。若要选择球形区域，可以将"最大半径"设定为大于 0 的值。

草图粒子： 选择该选项后，拖曳鼠标可以绘制连续的粒子流的草图。

草图间隔： 用于设定粒子之间的像素间距。值为0时将提供接近实线的像素；值越大，像素之间的间距也越大。

创建粒子栅格： 创建一系列格子阵列式的粒子。

粒子间隔： 当启用"创建粒子栅格"选项时才可用，可以在栅格中设定粒子之间的间距（按单位）。

使用光标： 使用光标方式创建阵列。

使用文本字段： 使用文本方式创建粒子阵列。

最小角： 设置3D粒子栅格中左下角的x、y、z坐标。

最大角： 设置3D粒子栅格中右上角的x、y、z坐标。

2.创建发射器

用"创建发射器"命令可以创建出粒子发射器，同时可以选择发射器的类型。打开"发射器选项（创建）"对话框，如图10-28所示。

图10-28

参数详解

发射器名称：用于设置所创建发射器的名称。命名发射器有助于在"大纲视图"对话框识别发射器。

<1>基本发射器属性

展开"基本发射器属性"卷展栏，如图10-29所示。

图10-29

参数详解

发射器类型： 指定发射器的类型，包含"泛向""方向"和"体积"3种类型。

泛向： 该发射器可以在所有方向发射粒子，如图10-30所示。

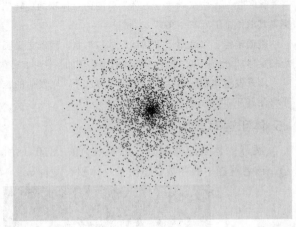

图10-30

方向： 该发射器可以让粒子沿通过"方向 *x*""方向 *y*"和"方向 *z*"属性指定的方向发射，如图10-31所示。

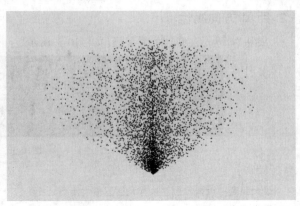

图10-31

体积： 该发射器可以从闭合的体积发射粒子，如图10-32所示。

图10-32

速率（粒子数/秒）： 设置每秒发射粒子的数量。

对象大小决定的缩放率： 当设置"发射器类型"为"体积"时才可用。如果启用该选项，则发射粒子的对象的大小会影响每帧的粒子发射速率。对象越大，发射速率越高。

需要父对象UV（NURBS）： 该选项仅适用于NURBS曲面发射器。如果启用该选项，则可以使用父对象UV驱动一些其他参数（如颜色或不透明度）的值。

循环发射： 通过该选项可以重新启动发射的随机编号序列。

无（禁用timeRandom）： 随机编号生成器不会重新启动。

帧（启用timeRandom）： 序列会以在下面的"循环间隔"选项中指定的帧数重新启动。

循环间隔： 定义当使用"循环发射"时重新启动随机编号序列的间隔（帧数）。

<2>距离/方向属性

展开"距离/方向属性"卷展栏，如图10-33所示。

图10-33

参数详解

最大距离：设置发射器执行发射的最大距离。

最小距离：设置发射器执行发射的最小距离。

> **提示** 发射器发射出来的粒子将随机分布在"最大距离"和"最小距离"之间。

方向$x/y/z$：设置相对于发射器的位置和方向的发射方向。这3个选项仅适用于"方向"发射器和"体积"发射器。

扩散：设置发射扩散角度，仅适用于"方向"发射器。该角度定义粒子随机发射的圆锥形区域，可以输入0~1之间的任意值。值为0.5表示90°；值为1表示180°。

<3>基础发射速率属性

展开"基础发射速率属性"卷展栏，如图10-34所示。

图10-34

参数详解

速率：为已发射粒子的初始发射速度设置速度倍增。值为1时速度不变；值为0.5时速度减半；值为2时速度加倍。

速率随机：通过"速率随机"属性可以为发射速度添加随机性，而无需使用表达式。

切线速率：为曲面和曲线发射设置发射速度的切线分量的大小，如图10-35所示。

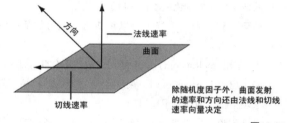

除随机度因子外，曲面发射的速率和方向还由法线和切线速率向量决定

图10-35

法线速率：为曲面和曲线发射设置发射速度的法线分量的大小，如图10--36所示。

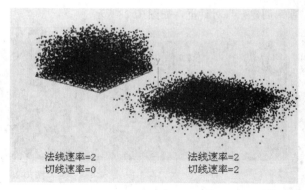

法线速率=2
切线速率=0

法线速率=2
切线速率=2

图10-36

<4>体积发射器属性

展开"体积发射器属性"卷展栏，如图10-37所示。该卷展栏下的参数仅适用于"体积"发射器。

图10-37

参数详解

体积形状：指定要将粒子发射到的体积的形状，共有"立方体""球体""圆柱体""圆锥体"和"圆环"5种。

体积偏移$x/y/z$：设置将发射体积从发射器的位置偏移。如果旋转发射器，会同时旋转偏移方向，因为它是在局部空间内操作。

体积扫描：定义除"立方体"外的所有体积的旋转范围，其取值范围为0°~360°之间。

截面半径：仅适用于"圆环"体积形状，用于定义圆环的实体部分的厚度（相对于圆环的中心环的半径）。

离开发射体积时消亡：如果启用该选项，则发射的粒子将在离开体积时消亡。

<5>体积速率属性

展开"体积速率属性"卷展栏，如图10-38所示。该卷展栏下的参数仅适用于"体积"发射器。

图10-38

参数详解

　　远离中心：指定粒子离开"立方体"或"球体"体积中心点的速度。

　　远离轴：指定粒子离开"圆柱体""圆锥体"或"圆环"体积的中心轴的速度。

　　沿轴：指定粒子沿所有体积的中心轴移动的速度。中心轴定义为"立方体"和"球体"体积的y正轴。

　　绕轴：指定粒子绕所有体积的中心轴移动的速度。

　　随机方向：为粒子的"体积速率属性"的方向和初始速度添加不规则性，有点像"扩散"对其他发射器类型的作用。

　　方向速率：在由所有体积发射器的"方向 x""方向 y"和"方向 z"属性指定的方向上增加速度。

　　大小决定的缩放速率：如果启用该选项，则当增加体积的大小时，粒子的速度也会相应加快。

3.从对象发射

　　"从对象发射"命令可以指定一个物体作为发射器来发射粒子，这个物体既可以是几何物体，也可以是物体上的点。打开"发射器选项（从对象发射）"对话框，如图10-39所示。从"发射器类型"下拉列表中可以观察到，"从对象发射"的发射器共有4种，分别是"泛向""方向""表面"和"曲线"。

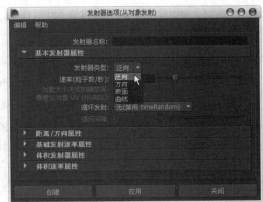

图10-39

提示　　"发射器选项（从对象发射）"对话框中的参数与"创建发射器（选项）"对话框中的参数相同，这里不再重复介绍。

4.逐点发射速率

　　用"逐点发射速率"命令可以为每个粒子、cv点、顶点、编辑点或"泛向""方向"粒子发射器

的晶格点使用不同的发射速率。例如，可以从圆形的编辑点发射粒子，并改变每个点的发射速率，如图10-40所示。

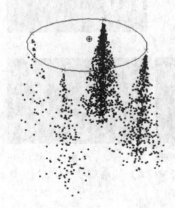

NURBS 圆形从其编辑点发射速率为 50、150、1000 和 500 的粒子

图10-40

提示　　请特别注意，"逐点发射速率"命令只能在点上发射粒子，不能在曲面或曲线上发射粒子。

5.使碰撞

　　粒子的碰撞可以模拟出很多物理现象。由于碰撞，粒子可能会再分裂，产生出新的粒子或者导致粒子死亡，这些效果都可以通过粒子系统来完成。碰撞不仅可以在粒子和粒子之间发生，也可以在粒子和物体之间发生。打开"使碰撞"命令的"碰撞选项"对话框，如图10-41所示。

图10-41

参数详解

　　弹性：设定弹回程度。值为0时，粒子碰撞将不会反弹；值为1时，粒子将完全弹回；值为-1~0之间时，粒子将通过折射出背面来通过曲面；值大于1或小于-1时，会添加粒子的速度。

　　摩擦力：设定碰撞粒子在从碰撞曲面弹出后在平行于曲面方向上的速度的减小或增大程度。值为0意味着粒子不受摩擦力影响，如图10-42所示；值为1时，粒子将立即沿曲面的法线反射，如图10-43所示；如果"弹性"为0，而"摩擦力"为1，则粒子不会反弹，如图10-44所示。只有

0~1之间的值才符合自然摩擦力，超出这个范围的值会扩大响应。

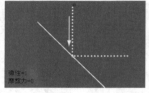

图10-42

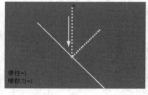

图10-43

图10-44

偏移： 调整物体的碰撞位置，该选项可以对穿透物体表面的粒子的错误进行修正。

6.粒子碰撞事件编辑器

用"粒子碰撞事件编辑器"可以设置粒子与物体碰撞之后发生的事件，如粒子消亡之后改变的形态颜色等。打开"粒子碰撞事件编辑器"对话框，如图10-45所示。

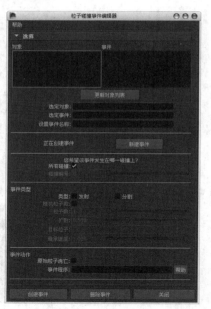

图10-45

参数详解

对象/事件： 单击"对象"列表中的粒子可以选择粒子对象，所有属于选定对象的事件都会显示在"事件"列表中。

更新对象列表 更新对象列表 ：在添加或删除粒子对象和事件时，单击该按钮可以更新对象列表。

选定对象： 显示选择的粒子对象。

选定事件： 显示选择的粒子事件。

设置事件名称： 创建或修改事件的名称。

新建事件 新建事件 ：单击该按钮可以为选定的粒子增加新的碰撞事件。

所有碰撞： 选择该选项后，Maya将在每次粒子碰撞时都执行事件。

碰撞编号： 如果关闭"所有碰撞"选项，则事件会按照所设置的"碰撞编号"进行碰撞。如1表示第1次碰撞，2表示第2次碰撞。

类型： 设置事件的类型。"发射"表示当粒子与物体发生碰撞时，粒子保持原有的运动状态，并且在碰撞之后能够发射新的粒子；"分割"表示当粒子与物体发生碰撞时，粒子在碰撞的瞬间会分裂成新的粒子。

随机粒子数： 当关闭该选项时，分裂或发射产生的粒子数目由该选项决定；当选择该选项时，分裂或发射产生的粒子数目为1与该选项数值之间的随机数值。

粒子数： 设置在事件之后所产生的粒子数量。

扩散： 设置在事件之后粒子的扩散角度。0表示不扩散，0.5表示扩散90°，1表示扩散180°。

目标粒子： 可以用于为事件指定目标粒子对象。输入要用作目标粒子的名称（可以使用粒子对象的形状节点的名称或其变换节点名称）。

继承速度： 设置事件后产生的新粒子继承碰撞粒子速度的百分比。

原始粒子消亡： 选择该选项后，当粒子与物体发生碰撞时会消亡。

事件程序： 可以用于输入当指定的粒子（拥有事件的粒子）与对象碰撞时将被调用的MEL脚本事件程序。

7.连接到时间

用"连接到时间"命令可以将时间与粒子连接起来，使粒子受到时间的影响。当粒子的"当前时间"与Maya时间脱离时，粒子本身不受Maya力场和时间的影响，只有将粒子的时间与Maya连接起来后，粒子才可以受到力场的影响并产生粒子动画。

10.1.3 动力场

使用动力场可以模拟出各种物体因受到外力作用而产生的不同特性。在Maya中，动力场并非可见物体，就像物理学中的力一样，看不见，也摸不着，但是可以影响场景中能够看到的物体。在动力学的模拟过程中，并不能通过人为设置关键帧来对物体制作动画，这时力场就可以成为制作动力学对象的动画工具。不同的力场可以创建出不同形式的运动，如使用"重力"场或"一致"场可以在一个方向上影响动力学对象，也可以创建出旋涡场和径向场等，就好比对物体施加了各种不同种类的力一样，所以可以把场作为外力来使用，图10-46所示是使用动力场制作的特效。

图10-46

在Maya中，可以将动力场分为以下3大类。

第1类：独立力场。这类力场通常可以影响场景中的所有范围。它不属于任何几何物体（力场本身也没有任何形状），如果打开"大纲视图"对话框，会发现该类型的力场只有一个节点，不受任何其他节点的控制。

第2类：物体力场。这类力场通常属于一个有形状的几何物体，它相当于寄生在物体表面来发挥力场的作用。在工作视图中，物体力场会表现为在物体附近的一个小图标，打开"大纲视图"对话框，物体力场会表现为归属在物体节点下方的一个场节点。一个物体可以包含多个物体力场，可以对多种物体使用物体力场，而不仅仅是NURBS面片或Polygon（多边形）物体。如可以对曲线、粒子物体、晶格体和面片的顶点使用物体力场，甚至可以使用力场影响cv点、控制点或晶格变形点。

第3类：体积力场。体积力场是一种定义了作用区域形状的力场，这类力场对物体的影响受限于作用区域的形状，在工作视图中，体积力场会表现为一个几何物体中心作为力场的标志。用户可以自己定义体积力场的形状，供选择的有球体、立方体、圆柱体、圆锥体和圆环5种。

在Maya 2014中，力场共有10种，分别是"空气""阻力""重力""牛顿""径向""湍流""一致""漩涡""体积轴"和"体积曲线"，如图10-47所示。

图10-47

1.空气

"空气"场是由点向外某一方向产生的推动力，可以把受到影响的物体沿着这个方向向外推出，如同被风吹走一样。Maya提供了3种类型的"空气"场，分别是"风""尾迹"和"扇"。打开"空气选项"对话框，如图10-48所示。

图10-48

参数详解

空气场名称：设置空气场的名称。

风 风：产生接近自然风的效果。

尾迹 尾迹：产生阵风效果。

扇 扇：产生风扇吹出的风一样的效果。

幅值：设置空气场的强度。所有10个动力场都用该参数来控制力场对受影响物体作用的强弱。该值越大，力的作用越强。

"幅值"可取负值,负值代表相反的方向。对于"牛顿"场,正值代表引力场,负值代表斥力场;对于"径向"场,正值代表斥力场,负值代表引力场;对于"阻力"场,正值代表阻碍当前运动,负值代表加速当前运动。

衰减: 在一般情况下,力的作用会随距离的加大而减弱。

方向x/y/z: 调节x/y/z轴方向上作用力的影响。

速率: 设置空气场中的粒子或物体的运动速度。

继承速率: 控制空气场作为子物体时,力场本身的运动速率给空气带来的影响。

继承旋转: 控制空气场作为子物体时,空气场本身的旋转给空气带来的影响。

仅组件: 选择该选项时,空气场仅对气流方向上的物体起作用;如果关闭该选项,空气场对所有物体的影响力都是相同的。

启用扩散: 指定是否使用"扩散"角度。如果选择"启用扩散"选项,空气场将只影响"扩散"设置指定的区域内的连接对象,运动以类似圆锥的形状呈放射状向外扩散;如果关闭"启用扩散"选项,空气场将影响"最大距离"设置内的所有连接对象的运动方向是一致的。

使用最大距离: 选择该选项后,可以激活下面的"最大距离"选项。

最大距离: 设置力场的最大作用范围。

体积形状: 决定场影响粒子/刚体的区域。

体积排除: 选择该选项后,体积定义空间中场对粒子或刚体没有任何影响的区域。

体积偏移x/y/z: 从场的位置偏移体积。如果旋转场,也会旋转偏移方向,因为它在局部空间内操作。

注意,偏移体积仅更改体积的位置(因此,也会更改场影响的粒子),不会更改用于计算场力、衰减等实际场位置。

体积扫描: 定义除"立方体"外的所有体积的旋转范围,其取值范围为0°~360°。

截面半径: 定义"圆环体"的实体部分的厚度(相对于圆环体的中心环的半径),中心环的半径由场的比例确定。如果缩放场,则"截面半径"将保持其相对于中心环的比例。

2.阻力

物体在穿越不同密度的介质时,由于阻力的改变,物体的运动速率也会发生变化。"阻力"场可以用来给运动中的动力学对象添加一个阻力,从而改变物体的运动速度。打开"阻力选项"对话框,如图10-49所示。

图10-49

参数详解

阻力场名字: 设置阻力场名字。

幅值: 设置阻力场的强度。

衰减: 当阻力场远离物体时,阻力场的强度就越小。

使用方向: 设置阻力场的方向。

x/y/z方向: 沿x、y和z轴设定阻力的影响方向。必须启用"使用方向"选项后,这3个选项才可用。

"阻力选项"对话框中的其他参数在前面的"空气选项"对话框中已经介绍过,这里不再重复讲解。

3.重力

"重力"场主要用来模拟物体受到万有引力作用而向某一方向进行加速运动的状态。使用默认参数值,可以模拟物体受地心引力的作用而产生自由落体的运动效果。打开"重力选项"对话框,如图10-50所示。

图10-50

"重力选项"对话框中的参数在前面的内容中已经介绍过,因此这里不再重复讲解。"重力"场在很多案例中都用到过,因此这里不再安排案例进行讲解。

4.牛顿

"牛顿"场可以用来模拟物体在相互作用的引力和斥力下的作用，相互接近的物体间会产生引力和斥力，其值的大小取决于物体的质量。打开"牛顿选项"对话框，如图10-51所示。

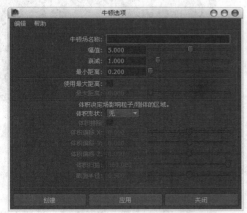

图10-51

5.径向

"径向"场可以将周围各个方向的物体向外推出。"径向"场可以用于控制爆炸等由中心向外辐射散发的各种现象，同样将"幅值"值设置为负值时，也可以用来模拟把四周散开的物体聚集起来的效果。打开"径向选项"对话框，如图10-52所示。

图10-52

6.影响选定对象

"影响选定对象"命令的作用是连接所选物体与所选力场，使物体受到力场的影响。

提示 执行"窗口>关系编辑器>动力学关系"菜单命令，打开"动力学关系编辑器"对话框，在该对话框中也可以连接所选物体与力场，如图10-53所示。

图10-53

10.2 制作碰撞动画

关于碰撞，相信大家都并不陌生，在我们的生活中，每时每刻都发生着碰撞。在本节中，笔者将介绍碰撞动画的制作方法。

10.2.1 课堂案例：台球动画

场景位置	Scenes>CH10>J2>J2.mb
实例位置	Examples>CH10>J2>J2.mb
难易指数	★★★☆☆
技术掌握	学习"刚体"的使用方法

案例介绍

相信大家都玩过台球，通过白球碰撞彩球，从而让彩球能进入台桌四周的球袋中。本案例将学习使用Maya"动力学"模块中的刚体系统来模拟台球的动画。案例效果如图10-54所示。

图10-54

制作思路

第1步：打开场景文件，然后选择所有模型物体冻结变换，并删除历史记录。

第2步：将桌球模型创建为主动刚体并创建重力，然后将球桌模型创建为被动刚体。

第3步：调整球杆模型的位置，然后按S键设置球杆的动画。

第4步：将球杆模型创建为被动刚体并同母球模型制作碰撞效果。

第5步：播放动画，观看效果。

1.前期整理

（1）打开素材文件夹中的Scenes>CH10>J2>J2.mb文件，场景中是一套桌球的模型，如图10-55所示。

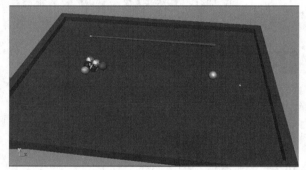

图10-55

（2）选择场景中的所有模型，然后执行"修改>冻结变换"菜单命令，接着执行"编辑>按类型删除>历史"菜单命令，清除模型的历史记录，如图10-56和图10-57所示。

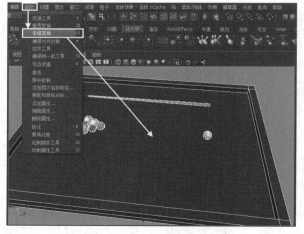

图10-56

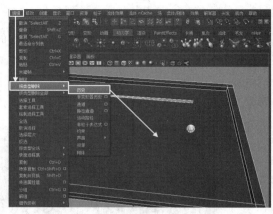

图10-57

2.创建动力学刚体

（1）执行"窗口>大纲视图"菜单命令，打开"大纲视图"窗口，然后选择所有的桌球模型，执行"柔体/刚体>创建主动刚体"菜单命令，如图10-58所示。

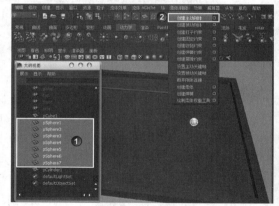

图10-58

（2）保持对所有桌球模型的选择，然后执行"场>重力"菜单命令，为桌球模型创建重力，如图10-59所示。

图10-59

（3）选择球桌模型，然后执行"柔体/刚体>创建被动刚体"菜单命令，如图10-60所示。

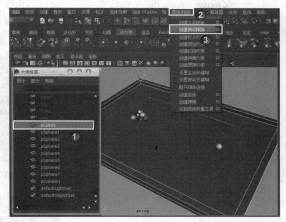

图10-60

> **提示** 此时播放动画，可以观察到没有动画效果，这是因为没有给桌球的母球一个向前的推动力。

3.制作球杆动画

（1）使用"移动工具" 将球杆模型移动至如图10-61所示的位置。

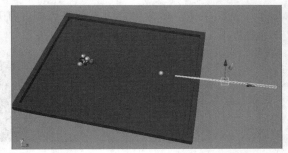

图10-61

（2）在右视图中使用"旋转工具" 将球杆模型沿x轴旋转-5，如图10-62所示。

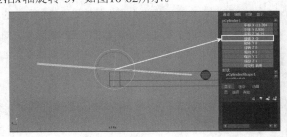

图10-62

> **提示** 将球杆旋转是为了避免球杆与球桌之间产生穿插，并使球杆能够撞击到母球的中间位置。

（3）将时间滑块移动到第1帧的位置上，然后按S键设置球杆模型的关键帧，如图10-63所示。

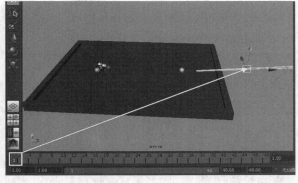

图10-63

（4）将时间滑块移动到第8帧，然后使用"移动工具" 将球杆模型向母球方向移动，接着按S键设置关键帧，如图10-64所示。

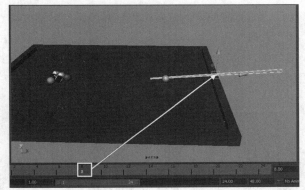

图10-64

> **提示** 此时播放动画，依然没有预期的动画效果，这是因为球杆与母球之间没有动力学关系。

（5）选择球杆模型，然后执行"柔体/刚体>创建被动刚体"菜单命令，如图10-65所示。

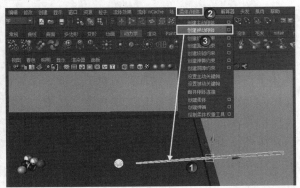

图10-65

4.设置动力学关系

（1）选择母球模型并加选球杆模型，然后执行"粒子>使碰撞"菜单命令，如图10-66所示。

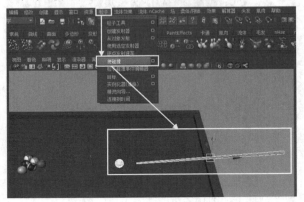

图10-66

（2）将时间尺的范围调整至48帧，然后播放动画，此时可以观察到球杆与母球之间已经产生了碰撞效果，而其他的桌球也受到了母球的碰撞，如图10-67示。图10-68～图10-70所示分别是第9、第16和第24帧的画面。

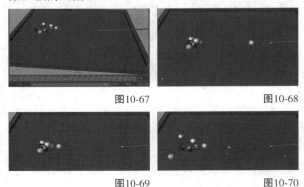

图10-67　　　　　　图10-68

图10-69　　　　　　图10-70

10.2.2 柔体

柔体是将几何物体表面的cv点或顶点转换成柔体粒子，然后通过对不同部位的粒子给予不同权重值的方法来模拟自然界中的柔软物体，这是一种动力学解算方法。标准粒子和柔体粒子有些不同，一方面柔体粒子互相连接时有一定的几何形状；另一方面，他们又以固定形状而不是以单独的点的方式

集合体现在屏幕上及最终渲染中。柔体可以用来模拟有一定几何外形但又不是很稳定且容易变形的物体，如旗帜和波纹等，如图10-71所示。

图10-71

在Maya中，若要创建柔体，需要切换到"动力学"模块，在"柔体/刚体"菜单中就可以创建柔体，如图10-72所示。

图10-72

1.创建柔体

"创建柔体"命令主要用来创建柔体，打开"软性选项"对话框，如图10-73所示。

图10-73

参数详解

创建选项：选择柔体的创建方式，包含以下3种。

生成柔体：将对象转化为柔体。如果未设置对象的动画，并将使用动力学设置其动画，可以选择该选项。如果已在对象上使用非动力学动画，并且希望在创建柔体之后保留该动画，也可以使用该选项。

提示 非动力学动画包括关键帧动画、运动路径动画、非粒子表达式动画和变形器动画。

复制，将副本生成柔体：将对象的副本生成柔体，而不改变原始对象。如果使用该选项，则可以启用"将非柔体作为目标"选项，以使原始对象成为柔体的一个目标对象。柔体跟在已设置动画的目标对象后面，可以编辑柔体粒子的目标权重以创建有弹性的或抖动的运动效果。

复制，将原始生成柔体：该选项的使用方法与"复制，将副本生成柔体"类似，可以使原始对象成为柔体，同时复制出一个原始对象。

复制输入图表：使用任一复制选项创建柔体时，复制上游节点。如果原始对象具有希望能够在副本中使用和编辑的依存关系图输入，可以启用该选项。

隐藏非柔体对象：如果在创建柔体时复制对象，那么其中一个对象会变为柔体。如果启用该选项，则会隐藏不是柔体的对象。

> **提示** 注意，如果以后需要显示隐藏的非柔体对象，可以在"大纲视图"对话框中选择该对象，然后执行"显示>显示>显示当前选择"菜单命令。

将非柔体作为目标：选择该选项后，可以使柔体跟踪或移向从原始几何体或重复几何体生成的目标对象。使用"绘制柔体权重工具"可以通过在柔体表面上绘制，逐粒子在柔体上设定目标权重。

> **提示** 注意，如果在关闭"将非柔体作为目标"选项的情况下创建柔体，仍可以为粒子创建目标。选择柔体粒子，按住Shift键选择要成为目标的对象，然后执行"粒子>目标"菜单命令，可以创建出目标对象。

权重：设定柔体在从原始几何体或重复几何体生成的目标对象后面有多近。值为0可以使柔体自由弯曲和变形；值为1可以使柔体变得僵硬；0~1之间的值具有中间的刚度。

> **提示** 如果不启用"隐藏非柔体对象"选项，则可以在"大纲视图"对话框中选择柔体，而不选择非柔体。如果无意中将场应用于非柔体，它会变成默认情况下受该场影响的刚体。

2.创建弹簧

因为柔体内部是由粒子构成，所以只用权重来控制是不够的，会使柔体显得过于松散。使用"创建弹簧"命令就可以解决这个问题，为一个柔体添加弹簧，可以建造柔体内在的结构，以改善柔体的形体效果。打开"弹簧选项"对话框，如图10-74所示。

图10-74

参数详解

弹簧名称：设置要创建的弹簧的名称。

添加到现有弹簧：将弹簧添加到某个现有弹簧对象，而不是添加到新弹簧对象。

不复制弹簧：如果在两个点之间已经存在弹簧，则可避免在这两个点之间再创建弹簧。当启用"添加到现有弹簧"选项时，该选项才起作用。

设置排除：选择多个对象时，会基于点之间的平均长度，使用弹簧将来自选定对象的点链接到每隔一个对象中的点。

创建方式：设置弹簧的创建方式，共有以下3种。

最小值/最大值：仅创建处于"最小距离"和"最大距离"选项范围内的弹簧。

全部：在所有选定的对点之间创建弹簧。

线框：在柔体外部边上的所有粒子之间创建弹簧。对于从曲线生成的柔体（如绳索），该选项很有用。

最小/最大距离：当设置"创建方式"为"最小值/最大值"方式时，这两个选项用来表示弹簧的范围。

线移动长度：该选项可以与"线框"选项一起使用，用来设定在边粒子之间创建多少个弹簧。

使用逐弹簧刚度/阻尼/静止长度：可用于设定各个弹簧的刚度、阻尼和静止长度。创建弹簧后，如果启用这3个选项，Maya将使用应用于弹簧对象中所有弹簧的"刚度""阻尼"和"静止长度"属性值。

刚度：设置弹簧的坚硬程度。如果弹簧的坚硬度增加过快，那么弹簧的伸展或者缩短也会非常快。

阻尼：设置弹簧的阻尼力。如果该值较高，弹簧的长度变化就会变慢；若该值较低，弹簧的长度变化就会加快。

静止长度：设置播放动画时弹簧尝试达到的长度。如果关闭"使用逐弹簧静止长度"选项，"静止长度"将设置为与约束相同的长度。

末端1权重：设置应用到弹簧起始点上的弹力的大小。值为0时，表明起始点不受弹力的影响；值为1时，表明受到弹力的影响。

末端2权重：设置应用到弹簧结束点上的弹力的大小。值为0时，表明结束点不受弹力的影响；值为1时，表明受到弹力的影响。

3.绘制柔体权重工具

"绘制柔体权重工具"主要用于修改柔体的权重，与骨架、蒙皮中的权重工具相似。打开"绘制柔体权重工具"的"工具设置"对话框，如图10-75所示。

图10-75

> **提示** 创建柔体时，只有当设置"创建选项"为"复制，将副本生成柔体"或"复制，将原始生成柔体"方式时，并开启"将非柔体作为目标"选项时，才能使用"绘制柔体权重工具"修改柔体的权重。

10.2.3 刚体

刚体是把几何物体转换为坚硬的多边形物体表面来进行动力学解算的一种方法，它可以用来模拟物理学中的动量碰撞等效果，如图10-76所示。

图10-76

在Maya中，若要创建与编辑刚体，需要切换到"动力学"模块，在"柔体/刚体"菜单中就可以完成创建与编辑操作，如图10-77所示。

图10-77

技术专题24 刚体的分类及使用

刚体可以分为主动刚体和被动刚体两大类。主动刚体拥有一定的质量，可以受动力场、碰撞和非关键帧化的弹簧影响，从而改变运动状态；被动刚体相当于无限大质量的刚体，它能影响主动刚体的运动。但是被动刚体可以用来设置关键帧，一般被动刚体在动力学动画中用来制作地面、墙壁、岩石和障碍物等比较固定的物体，如图10-78所示。

图10-78

在使用刚体时需要注意到以下5点。

第1点：只能使用物体的形状节点或组节点来创建刚体。

第2点：曲线和细分曲面几何体不能用来创建刚体。

第3点：刚体碰撞时根据法线方向来计算。制作内部碰撞时，需要反转外部物体的法线方向。

第4点：为被动刚体设置关键帧时，在"时间轴"和"通道盒"中均不会显示关键帧标记，需要打开"曲线图编辑器"对话框才能看到关键帧的信息。

第5点：因为NURBS刚体解算的速度比较慢，所以要尽量使用多边形刚体。

1.创建主动刚体

主动刚体拥有一定的质量，可以受动力场、碰撞和非关键帧化的弹簧影响，从而改变运动状态。打开"创建主动刚体"命令的"刚体选项"对话框，其参数分为3大部分，分别是"刚体属性""初始设置"和"性能属性"，如图10-79所示。

图10-79

参数详解

刚体名称：设置要创建的主动刚体的名称。

<1>刚体属性

展开"刚体属性"卷展栏，如图10-80所示。

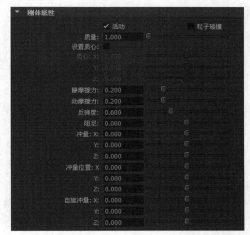

图10-80

参数详解

活动：使刚体成为主动刚体。如果关闭该选项，则刚体为被动刚体。

粒子碰撞：如果已使粒子与曲面发生碰撞，且曲面为主动刚体，则可以启用或禁用"粒子碰撞"选项以设定刚体是否对碰撞力做出反应。

质量：设定主动刚体的质量。质量越大，对碰撞对象的影响也就越大。Maya将忽略被动刚体的质量属性。

设置质心：该选项仅适用于主动刚体。

质心x/y/z：指定主动刚体的质心在局部空间坐标中的位置。

静摩擦力：设定刚体阻止从另一刚体的静止接触中移动的阻力大小。值为0时，则刚体可自由移动；值为1时，则移动将减小。

动摩擦力：设定移动刚体阻止从另一刚体曲面中移动的阻力大小。值为0时，则刚体可自由移动；值为1时，则移动将减小。

提示　当两个刚体接触时，则每个刚体的"静摩擦力"和"动摩擦力"均有助于其运动。若要调整刚体在接触中的滑动和翻滚，可以尝试使用不同的"静摩擦力"和"动摩擦力"值。

反弹簧：设定刚体的弹性。

阻尼：设定与刚体移动方向相反的力。该属性类似于阻力，它会在与其他对象接触之前、接触之中以及接触之后影响对象的移动。正值会减弱移动；负值会加强移动。

冲量x/y/z：使用幅值和方向，在"冲量位置x/y/z"中指定的局部空间位置的刚体上创建瞬时力。数值越大，力的幅值就越大。

冲量位置x/y/z：在冲量冲击的刚体局部空间中指定位置。如果冲量冲击质心以外的点，则刚体除了随其速度更改而移动以外，还会围绕质心旋转。

自旋冲量x/y/z：朝x、y、z值指定的方向，将瞬时旋转力（扭矩）应用于刚体的质心，这些值将设定幅值和方向。值越大，旋转力的幅值就越大。

<2>初始设置

展开"初始设置"卷展栏，如图10-81所示。

图10-81

参数详解

初始自旋x/y/z：设定刚体的初始角速度，这将自旋该刚体。

设置初始位置：选择该选项后，可以激活下面的"初始位置x""初始位置y"和"初始位置z"选项。

初始位置x/y/z：设定刚体在世界空间中的初始位置。

设置初始方向：选择该选项后，可以激活下面的"初始方向x""初始方向y"和"初始方向z"选项。

初始方向x/y/z：设定刚体的初始局部空间方向。

初始速度x/y/z：设定刚体的初始速度和方向。

<3>性能属性

展开"性能属性"卷展栏，如图10-82所示。

图10-82

参数详解

替代对象：允许选择简单的内部"立方体"或"球体"作为刚体计算的替代对象，原始对象仍在场景中可见。如果使用替代对象"球体"或"立方体"，则播放速度会提高，但碰撞反应将与实际对象不同。

细分因子：Maya 会在设置刚体动态动画之前在内部将NURBS对象转化为多边形。"细分因子"将设定转化过程中创建的多边形的近似数量。数量越小，创建的几何体越粗糙，且会降低动画精确度，但却可以提高播放速度。

碰撞层：可以用碰撞层来创建相互碰撞的对象专用组。只有碰撞层编号相同的刚体才会相互碰撞。

缓存数据：选择该选项时，刚体在模拟动画时的每一帧位置和方向数据都将被存储起来。

2.创建被动刚体

被动刚体相当于无限大质量的刚体，它能影响主动刚体的运动。打开"创建被动刚体"命令的"刚体选项"对话框，其参数与主动刚体的参数完全相同，如图10-83所示。

图10-83

> **提示** 选择"活动"选项可以使刚体成为主动刚体；关闭"活动"选项，则刚体为被动刚体。

3.创建钉子约束

用"创建钉子约束"命令可以将主动刚体固定到世界空间的一点，相当于将一根绳子的一端系在刚体上，而另一端固定在空间的一个点上。打开"创建钉子约束"命令的"约束选项"对话框，如图10-84所示。

图10-84

参数详解

约束名称：设置要创建的钉子约束的名称。

约束类型：选择约束的类型，包含"钉子""固定""铰链""弹簧"和"屏障"5种。

穿透：当刚体之间产生碰撞时，选择该选项可以使刚体之间相互穿透。

设置初始位置：选择该选项后，可以激活下面的"初始位置"属性。

初始位置：设置约束在场景中的位置。

初始方向：仅适用于"铰链"和"屏障"约束，可以通过输入x、y、z轴的值来设置约束的初始方向。

刚度：设置"弹簧"约束的弹力。在具有相同距离的情况下，该数值越大，弹簧的弹力越大。

阻尼：设置"弹簧"约束的阻尼力。阻尼力的强度与刚体的速度成正比；阻尼力的方向与刚体速度的方向成反比。

设置弹簧静止长度：当设置"约束类型"为"弹簧"时，选择该选项可以激活下面的"静止长度"选项。

静止长度：设置在播放场景时弹簧尝试达到的长度。

4.创建固定约束

用"创建固定约束"命令可以将两个主动刚体或将一个主动刚体与一个被动刚体链接在一起，其作用就如同金属钉通过两个对象末端的球关节将其连接，如图10-85所示。"固定"约束经常用来创建类似链或机器臂中的链接效果。打开"创建固定约束"命令的"约束选项"对话框，如图10-86所示。

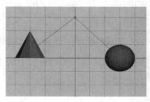

图10-85

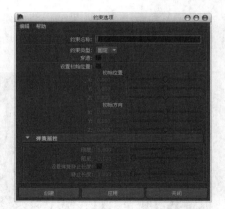

图10-86

> **提示**　"创建固定约束"命令的参数与"创建钉子约束"命令的参数完全相同，只不过"约束类型"默认为"固定"类型。

5.创建铰链约束

　　"创建铰链约束"命令是通过一个铰链沿指定的轴约束刚体。可以使用"铰链"约束创建诸如铰链门、连接列车车厢的链或时钟的钟摆之类的效果。可以在一个主动或被动刚体以及工作区中的一个位置创建"铰链"约束，也可以在两个主动刚体、一个主动刚体和一个被动刚体之间创建"铰链"约束。打开"创建铰链约束"命令的"约束选项"对话框，如图10-87所示。

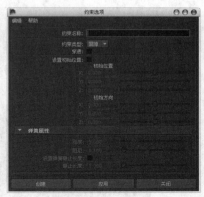

图10-87

> **提示**　"创建铰链约束"命令的参数与"创建钉子约束"命令的参数完全相同，只不过"约束类型"默认。

6.创建屏障约束

　　用"创建屏障约束"命令可以创建无限屏障平面，超出后刚体重心将不会移动。可以使用"屏障"约束来创建阻塞其他对象的对象，如墙或地

板。可以使用"屏障"约束替代碰撞效果来节省处理时间，但是对象将偏转但不会弹开平面。注意，"屏障"约束仅适用于单个活动刚体；它不会约束被动刚体。打开"创建屏障约束"命令的"约束选项"对话框，如图10-88所示。

图10-88

> **提示**　"创建屏障约束"命令的参数与"创建钉子约束"命令的参数完全相同，只不过"约束类型"默认为"屏障"类型。

7.断开刚体连接

　　如果使用了"设置主动关键帧"和"设置被动关键帧"命令来切换动力学动画与关键帧动画，执行"断开刚体连接"命令可以打断刚体与关键帧之间的连接，从而使"设置主动关键帧"和"设置被动关键帧"控制的关键帧动画失效，而只有刚体动画对物体起作用。

10.3　制作流体特效

　　关于特效，相信读者并不陌生，尤其是在电影中，特效是随处可见的，如火焰、飓风等。特效的引入，使得场景更加震撼眼球，视觉冲击力更强。如图10-89所示，火焰特性使奔跑中的骏马更加狂野、奔放。

图10-89

10.3.1 课堂案例：制作海洋特效

场景位置	Scenes>CH10>J3>J3.mb
实例位置	Examples>CH10>J3>J3.mb
难易指数	★★★☆☆
技术掌握	学习"海洋"的使用方法

案例介绍

在Maya中使用"创建海洋"命令可以模拟出很逼真的海洋效果，本案例主要学习海洋特效的制作方法。案例效果如图10-90所示。

图10-90

制作思路

第1步：打开场景文件，然后使用"创建海洋"命令创建海洋，并调整预览平面的参数。

第2步：选择船体模型，然后使用"漂浮选定对象"命令使船成为海洋的漂浮物。

第3步：为海洋创建尾迹效果，并为船体创建一段动画使尾迹效果跟随船体运动，同时调整尾迹的效果。

第4步：在"属性编辑器"面板中调整海洋的参数和曲线。

第5步：最终的渲染输出。

1.创建海洋特效

（1）启动Maya 2014，然后打开素材文件夹中的Scenes>CH10>J3>J3.mb文件，场景中有一艘船的模型，如图10-91所示。

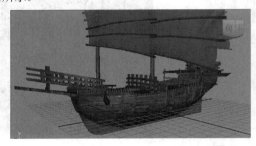

图10-91

（2）执行"流体效果>海洋>创建海洋"菜单命令，在场景中创建海洋，可以看到场景中有一个预览平面，如图10-92所示。

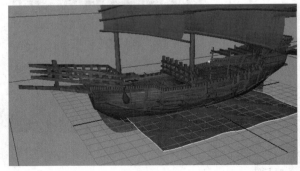

图10-92

提示 预览平面并非真正的模型，不能对其进行编辑，只能用来预览海洋的动画效果。可以缩放和平移该平面以预览海洋的不同部分，无法进行渲染。

（3）选择场景中的预览平面，然后使用"缩放工具"将其调整得大一些，接着在"属性编辑器"中将"分辨率"参数调整为200，如图10-93所示。

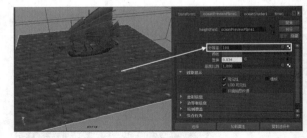

图10-93

（4）对场景进行渲染，可以看到Maya的海洋效果非常逼真，效果如图10-94所示。

图10-94

2.漂浮选定对象

（1）选择船体模型，然后执行"流体效果>海洋>漂浮选定对象"菜单命令，如图10-95所示。

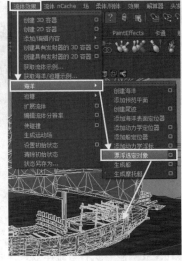

图10-95

> **提示** 当船体成为海洋的漂浮物以后，可以看到在"大纲视图"窗口中生成了一个locator1物体，并且船体的模型成为了locator1的子物体。

（2）播放动画，可以看到船体随着海浪上下浮动，效果如图10-96所示。

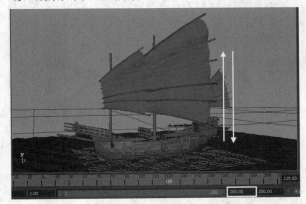

图10-96

3.创建船体尾迹

（1）在"大纲视图"窗口中选择locator1，然后在"流体效果>海洋>创建尾迹"菜单命令后面单击 按钮；接着在弹出的"创建海洋尾迹"对话框中设置"尾迹大小"为52.05、"尾迹强度"为5.11、"泡沫创建"为6.37，最后单击"创建海洋尾迹"按钮 ，如图10-97所示。

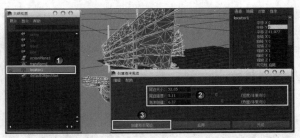

图10-97

> **提示** 上图"创建海洋尾迹"对话框中的几个参数含义如下。
> 尾迹大小：设定尾迹发射器的大小。数值越大，波纹范围也越大。
> 尾迹强度：设定尾迹的强度。数值越大，波纹上下波动的幅度也越大。
> 创建泡沫：设定伴随尾迹产生的海水泡沫的大小。数值越大，产生的泡沫就越多。

（2）播放动画，可以看到从船体底部产生圆形的波浪效果，如图10-98所示。

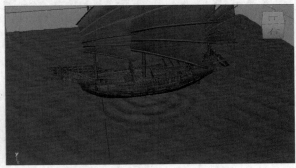

图10-98

4.创建船体动画

（1）在第1帧的位置使用"移动工具" 将locator1移动到如图10-99所示的位置，然后按快捷键Shift+W设置模型在"平移"属性上的关键帧。

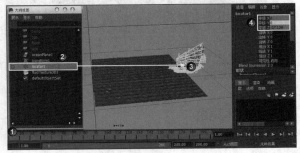

图10-99

（2）将时间滑块移动到第50帧的位置，然后使用"移动工具" 将locator1移动到如图10-100所示的位置，接着再按快捷键Shift+W设置"平移"属性上的关键帧。

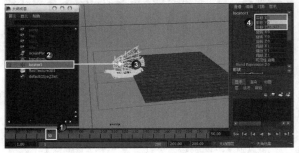

图10-100

（3）播放动画，可以看到船尾出现了尾迹的效果，如图10-101所示。但是船体尾迹的波浪效果只在fluidTexture3D物体中产生，fluidTexture3D物体以外的地方将不会产生尾迹的效果，如图10-102所示。

图10-101

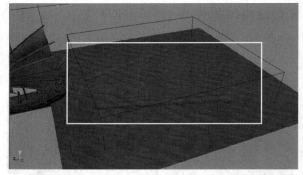

图10-102

5.调整船体尾迹

（1）选择场景中的fluidTexture3D物体，然后使用"缩放工具" 将其调整为如图10-103所示的大小。

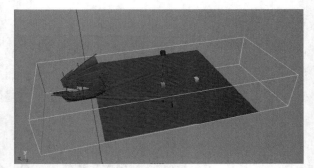

图10-103

> **提示** fluidTexture3D物体的大小不宜调整得过大，以尾迹效果在摄影机视图不发生穿帮为宜，否则会大大增加系统资源的占用。

（2）首先选择船体模型然后加选fluidTexture3D，接着执行"流体效果>使碰撞"菜单命令，如图10-104所示。

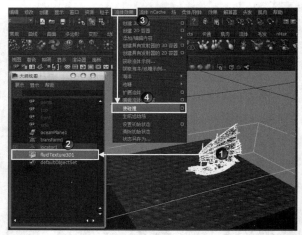

图10-104

（3）播放动画，可以看到船尾的效果更加真实、强烈，如图10-105所示。

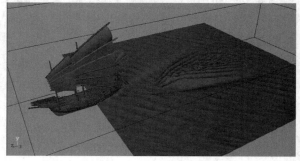

图10-105

6.设置海洋参数

（1）打开海洋的"属性编辑器"，然后按照图10-106所示和图10-107所示参数进行设置。

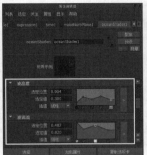

图10-106　　　　　　　图10-107

（2）播放动画，然后选择中间的一帧测试渲染，效果如图10-108所示。

图10-108

（3）为场景设置灯光，然后渲染出图，接着将渲染出来的单帧图在Photoshop中进行后期处理，最终效果如图10-109所示。

图10-109

10.3.2 海洋

用"海洋"命令可以模拟出很逼真的海洋效果，如图10-110所示。"海洋"命令包含10个子命令，如图10-111所示。

图10-110

图10-111

1.创建海洋

用"创建海洋"命令可以创建出海洋流体效果。打开"创建海洋"对话框，如图10-112所示。

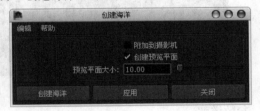

图10-112

参数详解

附加到摄影机： 启用该选项后，可以将海洋附加到摄影机。自动附加海洋时，可以根据摄影机缩放和平移海洋，从而为给定视点保持最佳细节量。

创建预览平面： 启用该选项后，可以创建预览平面，通过置换在着色显示模式中显示海洋的着色图片。可以缩放和平移预览平面，以预览海洋的不同部分。

预览平面大小： 设置预览平面的x、z方向的大小。

提示 预览平面并非真正的模型，不能对其进行编辑，只能用来预览海洋的动画效果。

259

2.添加预览平面

"添加预览平面"命令的作用是为所选择的海洋添加一个预览平面来预览海洋动画，这样可以很方便地观察到海洋的动态，如图10-113示。

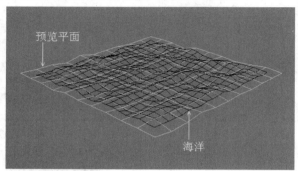

图10-113

> **提示** 如果在创建海洋时没有创建预览平面，就可以使用"添加预览平面"命令为海洋创建一个预览平面。

3.创建海洋尾迹

"创建海洋尾迹"命令主要用来创建海面上的尾迹效果。打开"创建海洋尾迹"对话框，如图10-114所示。

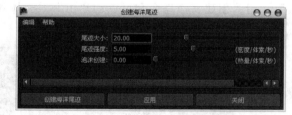

图10-114

参数详解

尾迹大小：设定尾迹发射器的大小。数值越大，波纹范围也越大。

尾迹强度：设定尾迹的强度。数值越大，波纹上下波动的幅度也越大。

泡沫创建：设定伴随尾迹产生的海水泡沫的大小。数值越大，产生的泡沫就越多。

> **提示** 可以将尾迹发射器设置为运动物体的子物体，让尾迹波纹跟随物体一起运动。

4.添加海洋表面定位器

"添加海洋表面定位器"命令主要用来为海洋表面添加定位器，定位器将跟随海洋的波动而上下波动，这样可以根据定位器来检测海洋波动的位置，相当于将"海洋着色器"材质的y方向平移属性传递给了定位器。

> **提示** 海洋表面其实是一个NUBBS物体，模型本身没有任何高低起伏的变化。海洋动画是依靠"海洋着色器"材质来控制的，而定位器的起伏波动是靠表达式来实现的，因此可以将物体设置为定位器的子物体，让物体随海洋的起伏波动而上下浮动。

5.添加动力学定位器

相比于"增加海洋表面定位器"命令，"添加动力学定位器"命令可以跟随海洋波动而起伏，并且会产生浮力、重力和阻尼等流体效果。打开"创建动力学定位器"对话框，如图10-115所示。

图10-115

参数详解

自由变换：选择该选项时，可以用自由交互的形式来改变定位器的位置；关闭该选项时，定位器的y方向将被约束。

6.添加船定位器

用"添加船定位器"可以为海洋表面添加一个船舶定位器。定位器可以跟随海洋的波动而上下起伏，并且可控制其浮力、重力和阻尼等流体动力学属性。打开"创建船定位器"对话框，如图10-116所示。

图10-116

参数详解

自由变换：选择该选项时，可以用自由交互的形式来改变定位器的位置；关闭该选项时，定位器的y方向将被约束。

> **提示** 相比"增加海洋表面定位器"命令，"添加船定位器"命令不仅可以跟随海洋的波动而上下波动，同时还可以左右波动，并且加入了旋转控制，使定位器能跟随海洋起伏而适当的旋转，这样可以很逼真地模拟船舶在海洋中的漂泊效果。

7.添加动力学浮标

"添加动力学浮标"命令主要用来为海洋表面添加动力学浮标。浮标可以跟随海洋波动而上下起伏，而且可以控制其浮力、重力和阻尼等流体动力学属性。打开"创建动力学浮标"对话框，如图10-117所示。

图10-117

参数详解

自由变换：选择该选项时，可以以自由交互的方式来改变浮标的位置；关闭该选项时，浮标的y方向将被约束。

8.漂浮选定对象

"漂浮选定对象"命令可以使选定对象跟随海洋波动而上下起伏，并且可以控制其浮力、重力和阻尼等流体动力学属性。这个命令的原理是为海洋创建动力学定位器，然后将所选对象作为动力学定位器的子物体，一般用来模拟海面上的漂浮物体（如救生圈等）。打开"漂浮选定对象"对话框，如图10-118所示。

图10-118

参数详解

自由变换：选择该选项时，可以用自由交互的形式来改变定位器的位置；关闭该选项时，定位器的y方向将被约束。

9.生成船

用"生成船"命令可以将所选对象设定为船体，使其跟随海洋起伏而上下浮动，并且可以将物体进行旋转，使其与海洋的运动相匹配，以模拟出船舶在水中的动画效果。这个命令的原理是为海洋创建船舶定位器，然后将所选物体设定为船舶定位器的子物体，从而使船舶跟随海洋起伏而浮动或旋转。打开"生成船"对话框，如图10-119所示。

图10-119

参数详解

自由变换：选择该选项时，可以以自由交互的形式改变定位器的位置；关闭该选项时，定位器的y方向将被约束。

10.生成摩托艇

用"生成摩托艇"命令可以将所选物体设定为机动船，使其跟随海洋起伏而上下波动，并且可以将物体进行适当地旋转，使其与海洋的运动相匹配，以模拟出机动船在水中的动画效果。这个命令的原理是为海洋创建船舶定位器，然后将所选物体设定为船舶定位器的子物体，从而使船舶跟随海洋起伏而波动或旋转。打开"生成摩托艇"对话框，如图10-120所示。

图10-120

参数详解

自由变换：选择该选项时，可以以自由交互的形式改变定位器的位置；关闭该选项时，定位器的y方向将被约束。

提示 "生成摩托艇"命令与"生成船"命令很相似，但"生成摩托艇"包含的属性更多，可以控制物体的运动、急刹、方向舵和摆动等效果。

10.3.3 创建火

用"创建火"命令可以很容易地创建出火焰动画特效，只需要调整简单的参数就能制作出效果很好的火焰，如图10-121所示。

图10-121

打开"创建火效果选项"对话框，如图10-122所示。

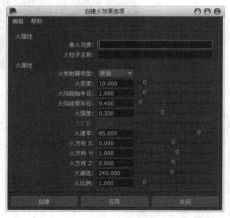

图10-122

参数详解

着火对象：设置着火的名称。如果在场景视图中已经选择了着火对象，则该选项将被忽略。

火粒子名称：设置生成的火焰粒子的名字。

火发射器类型：选择粒子的发射类型，有"泛向粒子""定向粒子""表面"和"曲线"4种类型。创建火焰之后，发射器类型不可以再修改。

火密度：设置火焰粒子的数量，同时将影响火焰整体的亮度。

火焰起始/结束半径：火焰效果将发射的粒子显示为"云"粒子渲染类型。这些属性将设置在其寿命开始和结束的每个粒子云的半径大小。

火强度：设置火焰的整体亮度。值越大，亮度越强。

火扩散：设置粒子发射的展开角度，其取值的范围为0~1。当值为1时，展开角度为180°。

火速率：设置发射扩散角度，该角度定义粒子随机发射的圆锥形区域，如图10-123所示。可以输入0~1之间的值，值为1表示180°。

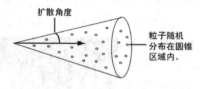

扩散角度

粒子随机分布在圆锥区域内。

图10-123

火方向x/y/z：设置火焰的移动方向。

火湍流：设置扰动的火焰速度和方向的数量。

火比例：缩放"火密度""火焰起始半径""火焰结束半径""火速率"和"火湍流"。

10.3.4 创建烟

"创建烟"命令主要用来制作烟雾和云彩效果。打开"创建烟效果选项"对话框，如图10-124所示。

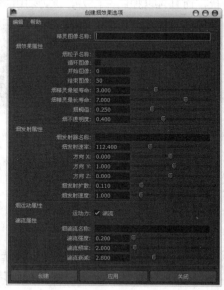

图10-124

参数详解

精灵图像名称：表示用于烟的系列中第1个图像的文件名（包括扩展名）。

> **提示** 在"精灵图像名称"中必须输入名称才可以创建烟雾的序列，而且烟雾属于粒子，所以在渲染时必须将渲染器设置为"Maya硬件"渲染器。

烟粒子名称：为发射的粒子对象命名。如果未提供名称，则Maya会为对象使用默认名称。

循环图像：如果启用"循环图像"选项，则每个发射的粒子将在其寿命期间内通过一系列图像进行循环；如果关闭"循环图像"选项，则每个粒子将拾取一个图像并自始至终都使用该图像。

开始/结束图像：指定该系列的开始图像和结束图像的数值文件扩展名。系列中的扩展名编号必须是连续的。

烟精灵最短/最长寿命：粒子的寿命是随机的，均匀分布在"烟精灵最短寿命"和"烟精灵最长寿命"值之间。例如，如果最短寿命为3，最长寿命为7，则每个粒子的寿命在3秒~7秒之间。

烟阈值：每个粒子在发射时，其不透明度为0。不透明度逐渐增加并达到峰值后，会再次逐渐减少到0。"烟阈值"可以设定不透明度达到峰值的时刻,指定为粒子寿命的分数形式。例如,如果设置"烟阈值"为0.25,则每个粒子的不透明度在其寿命的1/4时达到峰值。

烟不透明度:从0~1按比例划分整个烟雾的不透明度。值越接近0,烟越淡;值越接近1,烟越浓。

烟发射器名称:设置烟雾发射器的名称。

烟发射速率:设置每秒发射烟雾粒子的数量。

方向$x/y/z$:设置烟雾发射的方向。

烟发射扩散:设置烟雾在发射过程中的扩散角度。

烟发射速度:设置烟雾发射的速度。值越大,烟雾发射的速度越快。

运动力:为烟雾添加"湍流"场,使其更加接近自然状态。

烟湍流名称:设置烟雾"湍流"场的名字。

湍流强度:设置湍流的强度。值越大,湍流效果越明显。

湍流频率:设置烟雾湍流的频率。值越大,在单位时间内发生湍流的频率越高;值越小,在单位时间内发生湍流的频率越低。

湍流衰减:设置"湍流"场对粒子的影响。值越大,"湍流"场对粒子的影响就越小;如果值为0,则忽略距离对粒子的影响。

10.3.5 创建焰火

"创建焰火"命令主要用于创建焰火效果。打开"创建焰火效果选项"对话框,其参数分为"火箭属性""火箭轨迹属性"和"焰火火花属性"3个卷展栏,如图10-125所示。

图10-125

参数详解

焰火名称:指定焰火对象的名称。

1.火箭属性

展开"火箭属性"卷展栏,如图10-126所示。

图10-126

参数详解

火箭数:指定发射和爆炸的火箭粒子数量。

> **提示** 一旦创建焰火效果,就无法添加或删除火箭。如果需要更多或更少的火箭,需要再次执行"创建焰火"命令。

发射位置$x/y/z$:指定用于创建所有焰火火箭的发射坐标。只能在创建时使用这些参数,之后可以指定每个火箭的不同发射位置。

爆裂位置中心$x/y/z$:指定所有火箭爆炸围绕的中心位置坐标。只能在创建时使用这些参数;之后可以移动爆炸位置。

爆裂位置范围$x/y/z$:指定包含随机爆炸位置的矩形体积大小。

首次发射帧:在首次发射火箭时设定帧。

发射速率(每帧):设定首次发射后的火箭发射率。

最小/最大飞行时间:时间范围设定为每个火箭的发射和爆炸之间。

最大爆炸速率:设定所有火箭的爆炸速度,并因此设定爆炸出现的范围。

2.火箭轨迹属性

展开"火箭轨迹属性"卷展栏,如图10-127所示。

图10-127

参数详解

发射速率:设定焰火拖尾的发射速率。

发射速度:设定焰火拖尾的发射速度。

发射扩散:设定焰火拖尾发射时的展开角度。

最小/最大尾部大小:焰火的每个拖尾元素都是由圆锥组成,用这两个选项能够随机设定每个锥形的长短。

设置颜色创建程序:选择该选项后,可以使用用户自定义的颜色程序。

颜色创建程序:选择"设置颜色创建程序"选项时,可以激活该选项。可以使用一个返回颜色信息的程序,利用返回的颜色值来重新定义焰火拖尾的颜色,该程序的固定模式为global proc vector [] myFirewoksColors(int $numColors)。

轨迹颜色数:设定拖尾的最多颜色数量,系统会提取

这些颜色信息随机指定给每个拖尾。

辉光强度：设定拖尾辉光的强度。

白炽度强度：设定拖尾的自发光强度。

3.焰火火花属性

展开"焰火火花属性"卷展栏，如图10-128所示。

图10-128

参数详解

最小/最大火花数：设定火花的数量范围。

最小/最大尾部大小：设定火花尾部的大小。

设置颜色创建程序：选择该选项时，用户可以使用自定义的颜色程序。

颜色创建程序：选择"设置颜色创建程序"选项时，可以激活该选项，该选项可以使用一个返回颜色信息的程序。

火花颜色数：设定火花的最大颜色数量。

火花颜色扩散：设置每个火花爆裂时，所用到的颜色数量。

辉光强度：设定火花拖尾辉光的强度。

白炽度强度：设定火花拖尾的自发光强度。

10.3.6 创建闪电

"创建闪电"命令主要用来制作闪电特效。打开"创建闪电特效选项"对话框，如图10-129所示。

图10-129

参数详解

闪电名称：设置闪电的名称。

分组闪电：选择该选项时，Maya将创建一个组节点并将新创建的闪电放置于该节点内。

创建选项：指定闪电的创建方式，共有以下3种。

全部：在所有选定对象之间创建闪电，如图10-130所示。

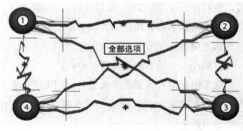

图10-130

按顺序：按选择顺序将闪电从第1个选定对象创建到其他选定对象，如图10-131所示。

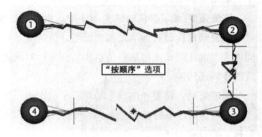

图10-131

来自第一个：将闪电从第1个对象创建到其他所有选定对象，如图10-132所示。

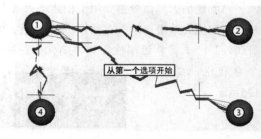

图10-132

曲线分段：闪电由具有挤出曲面的柔体曲线组成。"曲线分段"可以设定闪电中的分段数量，图10-133所示的是设置该值为10和100时的闪电效果。

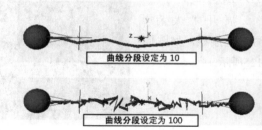

图10-133

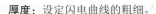

厚度：设定闪电曲线的粗细。

最大扩散：设置闪电的最大扩散角度。

闪电开始/结束：设定闪电距离起始、结束物体的距离百分比。

闪电辉光强度：设定闪电辉光的强度。数值越大，辉光强度越大。

> **提示** 闪电必须借助物体才能够创建出来，能借助的物体包括NURBS物体、多边形物体、细分曲面物体、定位器和组等有变换节点的物体。

10.3.7 创建破碎

爆炸或电击都会产生一些碎片，"创建破碎"命令就能实现这个效果。打开"创建破碎效果选项"对话框，可以观察到破碎分3种类型，分别是"曲面破碎""实体破碎"和"裂缝破碎"，如图10-134、10-135和图10-136所示。

图10-134

图10-135

图10-136

参数详解

曲面破碎名称：设置要创建的曲面碎片的名称。

碎片数：设定物体破碎的片数。数值越大，生成的破碎片数量就越多。

挤出碎片：指定碎片的厚度。正值会将曲面向外推以产生厚度；负值会将曲面向内推。

种子值：为随机数生成器指定一个值。如果将"种子值"设定为0，则每次都会获得不同的破碎结果；如果将"种子值"设定为大于0的值，则会获得相同的破碎结果。

后期操作：设置碎片产生的类型，共有以下6个选项。

曲面上的裂缝：仅适用于"裂缝破碎"。创建裂缝线，但不实际打碎对象。

形状：将对象打碎，使其成为形状，这些形状称为碎片。一旦将对象打碎，使其成为形状，即可对碎片应用任何类型的动画，如关键帧动画。

碰撞为禁用的刚体：将对象打碎，使其成为刚体。禁用碰撞是为了防止碎片接触时出现穿透错误。

具有目标的柔体：将对象打碎，使其成为柔体，在应用动力学作用力时柔体会变形。

具有晶格和目标的柔体：将对象打碎，使其成为碎片。Maya会将"晶格"变形器添加到每个碎片，并使晶格成为柔体。

集：仅适用于"曲面破碎"和"裂缝破碎"，将构成碎片的各个面置于称为surfaceShatter#Shard#的集中。当选择"集"选项时，Maya实际上不会打碎对象，而只是将每个碎片的多边形置于集中。

三角形化曲面：选择该选项时，可以三角形化破碎模型，即将多边形转化为三角形面。

平滑碎片：在碎片之间重新分配多边形，以便碎片具有更加平滑的边。

原始曲面：指定如何处理原始对象。

无：保持原始模型，并创建破碎效果。

隐藏：创建破碎效果后，隐藏原始模型。

删除：创建破碎效果后，删除原始模型。

链接到碎片：创建若干从原始曲面到碎片的连接。该选项允许使用原始曲面变换节点的一个属性控制原始曲面和碎片的可见性。

使原始曲面成为刚体：使原始对象成为主动刚体。

详细模式：在"命令反馈"对话框中显示消息。

> **提示** "曲面破碎"和"实体碎片"是针对NURBS物体而言的，而"裂缝破碎"对于NURBS物体和多边形物体都适用。

10.4 课堂练习：制作流体火球动画

本练习是一个火焰特效动画，希望读者好好练习，火焰在特效制作中是经常会用到的。

场景位置	无
实例位置	Examples>CH10>J4>J4.mb
难易指数	★★★☆☆
技术掌握	学习真实火焰动画特效的制作方法

参数详解

相信很多用户都在为不能制作出真实的火焰动画特效而烦恼。针对这个问题，本节就安排一个火球燃烧案例来讲解如何用流体制作火焰动画特效，图10-137所示的是本案例的渲染效果。

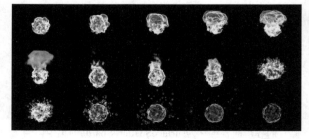

图10-137

制作思路

第1步：在创建中创建一个流体的容器。

第2步：在容器中添加发射器，并设置好其参数。

第3步：在3D容器中模拟动力场，接着设置流体的相应参数。

（1）执行"流体效果>创建3D容器"菜单命令，在视图中创建一个3D容器，如图10-138所示。

（2）按快捷键Ctrl+A打开3D容器的"属性编辑器"对话框，然后设置"分辨率"为（70，70，70），接着设置"边界x""边界y"和"边界z"为"无"，最后设置"密度""速度""温度"和"燃料"为"动态栅格"，如图10-139所示。

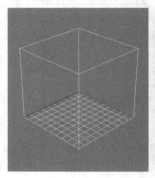 

图10-138　　　　　　　　　图10-139

（3）选择3D容器，单击"流体效果>添加/编辑内容>发射器"菜单命令后面的□按钮，打开"发射器选项"对话框，然后设置"发射器类型"为"体积"，"体积形状"为"球体"，接着单击"应用并关闭"按钮 应用并关闭 ，如图10-140所示。创建的发射器如图10-141所示。

 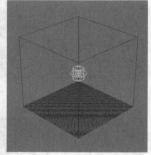

图10-140　　　　　　　　　图10-141

（4）打开3D容器的"属性编辑器"对话框，然后在"动力学模拟"卷展栏下设置"阻尼"为0.006、"模拟速率比"为4，接着在"内容详细信息"卷展栏下展开"速度"复卷展栏，最后设置"速度比例"为（1，0.5，1）、"漩涡"为10，如图10-142所示。

（5）在"大纲视图"对话框中选择fluidEmitter1节点，然后打开其"属性编辑器"对话框，接着在"流体属性"卷展栏下设置"流体衰减"为0，最后在"流体发射湍流"卷展栏下设置"湍流"为10、"湍流速度"为2、"湍流频率"为（2，2，2），如图10-143所示。

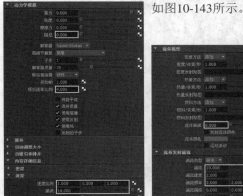

图10-142   图10-143

（6）播放动画并观察流体的运动，效果如图10-144所示。

（7）打开fluid1流体的"属性编辑器"对话框，然后展开"内容详细信息"卷展栏下的"密度"复卷展栏，接着设置"浮力"为1.6、"消散"为1，最后在"温度"复卷展栏下设置"浮力"为5、"消散"为3、"扩散"和"湍流"为0，如图10-145所示。

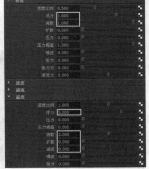

图10-144   图10-145

（8）展开"燃料"复卷展栏，然后设置"反应速度"为0.03，如图10-146所示。

（9）打开流体fluid1的"属性编辑器"对话框，展开"着色"卷展栏，然后在"颜色"复卷展栏下设置"选定颜色"为黑色，如图10-147所示。

图10-146   图10-147

（10）展开"白炽度"复卷展栏，然后设置第1个色标的"选定位置"为0.642、"选定颜色"为黑色，接着设置第2个色标的"选定位置"为0.717、"选定颜色"为（R:229，G:51，B:0），再设置第3个色标的"选定位置"为0.913、"选定颜色"为（R:765，G:586，B:230），最后设置"输入偏移"为0.8，如图10-148所示。

图10-148

（11）展开"不透明度"卷展栏，然后将曲线调节成如图10-149所示的形状。

图10-149

（12）展开"着色质量"复卷展栏，然后设置"质量"为5、"渲染插值器"为"平滑"，如图10-150所示。

图10-150

（13）展开"显示"卷展栏，然后设置"着色显示"为"密度"，接着设置"不透明度预览增益"为0.8，如图10-151所示。

图10-151

（14）播放动画，最终效果如图10-152所示。

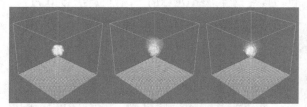

图10-152

10.5 本章小节

本章介绍了常见特效的制作方法，主要包括雪花、海洋和碰撞动画等，笔者通过介绍案例的制作方法来讲解这3种特效动画的制作方法，希望读者能反复练习。除此之外还介绍了常见的"火""烟"等特效的制作参数，在后面的练习和习题中，希望大家能好好练习。

10.6 课后习题

本章共提供了两个习题，这两个习题所涉及的特效都是在实际运用中会经常使用的，希望大家好好完成。

10.6.1 课后习题：制作深冬雪景

场景位置	Scenes>CH10>J5>J5.mb
实例位置	Examples>CH10>J5>J5.mb
难易指数	★★★☆☆
技术掌握	练习使用"粒子系统"制作雪景特效的方法

操作指南

首先在场景中创建一个NURBS平面和一个粒子发射器；然后为粒子创建一个重力场，并使用"使碰撞"工具 为场景中的粒子和NURBS平面创建碰撞关系；接着修改默认粒子材质的参数设置，将其调整为雪花材质并渲染输出，如图10-153所示。

图10-153

10.6.2 课后习题：制作3D流体火焰

场景位置	无
实例位置	Examples>CH10>J6.mb
难易指数	★★★☆☆
技术掌握	练习制作3D流体特效的方法

操作指南

首先在场景中创建一个3D流体容器，然后以3D流体容器为主体创建发射器，并调整发射器的位置，接着调整3D流体容器和发射器的各项参数，最后渲染输出并合成。练习效果如图10-154所示。

图10-154